木框架剪力墙结构
——设计与构造

《木框架剪力墙结构——设计与构造》编写委员会　主编

中国建筑工业出版社

图书在版编目（CIP）数据

木框架剪力墙结构 ：设计与构造 /《木框架剪力墙结构 ：设计与构造》编写委员会主编. —北京 ：中国建筑工业出版社，2020.11
ISBN 978-7-112-25577-1

Ⅰ.①木… Ⅱ.①木… Ⅲ.①木结构－框架剪力墙结构－研究 Ⅳ.①TU398

中国版本图书馆 CIP 数据核字（2020）第 210560 号

随着国家不断加大对装配式建筑和木结构建筑的政策支持，以及社会各界对采用绿色环保、低碳节能建筑材料的共识不断提高，木结构建筑将在我国获得前所未有的发展机遇。新的国家标准《木结构设计标准》GB 50005－2017 中，增加了对木框架剪力墙结构的相关规定，为采用该结构体系的木结构建筑提供了技术支持。

本书通过借鉴日本木框架剪力墙结构的实践经验和相关标准，结合我国实际情况，对该体系的木结构建筑的设计和构造进行了深入介绍，可作为执行《木结构设计标准》GB 50005－2017 相关规定的配套工具书。全书共包括 9 章，分别为：概述；材料；结构设计；构造要求；构件设计；节点与连接件；防火耐火设计；耐久设计；结构计算案例。

本书内容全面，数据翔实，结合大量图表及案例，有助于广大工程技术人员加深对木框架剪力墙结构的理解，并有助于进一步推广应用木框架剪力墙结构体系。

责任编辑：刘婷婷　刘瑞霞
责任校对：赵　颖

木框架剪力墙结构——设计与构造
《木框架剪力墙结构——设计与构造》编写委员会　主编

*

中国建筑工业出版社出版、发行（北京海淀三里河路 9 号）
各地新华书店、建筑书店经销
北京红光制版公司制版
北京建筑工业印刷厂印刷

*

开本：787 毫米×1092 毫米　1/16　印张：11½　字数：282 千字
2020 年 11 月第一版　2020 年 11 月第一次印刷
定价：**45.00** 元
ISBN 978-7-112-25577-1
（36052）

《木框架剪力墙结构——设计与构造》
编 写 委 员 会

前　言

近年来我国不断加大对装配式建筑和木结构建筑的政策支持，社会各界对采用绿色环保、低碳节能建筑材料的共识不断提高，木结构建筑在我国迎来前所未有的发展机遇。随着我国木结构建筑行业的蓬勃发展，在建筑工程中各种不同的木结构体系也越来越多地被采用，木框架剪力墙结构就是其中之一。在国家标准《木结构设计标准》GB 50005-2017中，对木框架剪力墙结构的设计要求也作出了相关规定，为在工程建设中广泛应用提供了坚实的基础。

目前，采用木框架剪力墙结构建造木结构建筑，在我国还处于刚刚起步阶段，许多工程技术人员对该结构体系的具体技术了解不多，不能熟练地掌握相关技术。为了推广应用木框架剪力墙结构，配合国家标准《木结构设计标准》GB 50005-2017的实施，我们编写了本书，给工程技术人员提供参考。

本书主要参照日本的相关标准和技术资料进行编写。主要内容包括：第1章 概述、第2章 材料、第3章 结构设计、第4章 构造要求、第5章 构件设计、第6章 节点与连接件、第7章 防火耐火设计、第8章 耐久设计、第9章 结构计算案例和6个附录。

各章编写人员有：第1章—坂本功；第2章—长尾博文、加藤英雄；第3章—神谷文夫、青木谦治；第4章—梶川久光、青木谦治；第5章—神谷文夫、青木谦治；第6章—岡田恒；第7章—逢坂达男；第8章—松本义胜；第9章—陈志坚、山本德人。

本书是国内木框架剪力墙结构技术指南类的第一部。本书编写委员会计划将陆续编写《木框架剪力墙结构——制作与安装》《木框架剪力墙结构——使用与维护》等系列技术指南。

《木框架剪力墙结构——设计与构造》
编写委员会
2020年4月

目　录

第1章　概述 ……………………………………………………………………… 1

1.1　起源及变迁 ………………………………………………………………… 1

1.2　抗震规定的变化历程 ……………………………………………………… 3

1.2.1　浓尾地震与震灾预防调查会 ……………………………………………… 3

1.2.2　关东地震与“城区建筑物法”的抗震基本要求 …………………………… 3

1.2.3　福井地震与“建筑标准法”的抗震基本要求 ……………………………… 4

1.2.4　十胜冲地震与新抗震基本要求 …………………………………………… 4

1.2.5　“新抗震基本要求”中木结构建筑物的抗震设计 ………………………… 5

1.2.6　阪神淡路大地震与基本要求的确定……………………………………… 5

1.2.7　现行抗震基本要求与熊本地震 …………………………………………… 6

1.2.8　轻型木结构的引进和工业化木结构住宅的开发 ………………………… 6

1.2.9　大、中规模木结构建筑物的结构设计 …………………………………… 6

第2章　材料 ……………………………………………………………………… 7

2.1　结构用锯材 ………………………………………………………………… 7

2.2　胶合木 ……………………………………………………………………… 8

2.3　旋切板胶合木 ……………………………………………………………… 8

2.4　日本结构材的规格和强度 ………………………………………………… 8

2.4.1　结构用锯材 ………………………………………………………………… 10

2.4.2　结构用集成材 ……………………………………………………………… 15

2.4.3　结构用单板层积材 ………………………………………………………… 18

第3章　结构设计………………………………………………………………… 21

3.1　木结构设计标准对木框架剪力墙结构的规定……………………………… 21

3.2　一般规定…………………………………………………………………… 22

3.3　剪力墙最小用量…………………………………………………………… 23

3.4　剪力墙的构造……………………………………………………………… 25

3.5　楼盖和屋盖………………………………………………………………… 26

3.6　柱…………………………………………………………………………… 27

第4章　构造要求………………………………………………………………… 29

4.1　概要………………………………………………………………………… 29

4.2 建造方法…… 30
4.3 基础…… 35
4.3.1 基础的构成…… 35
4.3.2 基础的截面…… 35
4.3.3 基础的配筋…… 36
4.4 框架…… 37
4.4.1 地梁…… 37
4.4.2 柱…… 40
4.4.3 梁…… 41
4.5 剪力墙…… 41
4.6 楼盖…… 42
4.6.1 楼盖的构成…… 42
4.6.2 水平斜撑…… 43
4.7 屋盖…… 43
4.7.1 屋盖的构造…… 43
4.7.2 屋盖各部分的详细构造图…… 45
第5章 构件设计…… 47
5.1 墙体…… 47
5.1.1 剪力墙的适用条件…… 47
5.1.2 剪力墙受剪承载力设计值…… 48
5.1.3 剪力墙的性能评价…… 49
5.2 楼屋盖…… 52
5.2.1 楼屋盖的适用范围…… 52
5.2.2 楼盖屋盖的抗剪强度设计值…… 55
5.2.3 其他构造形式的楼盖、屋盖的性能评价…… 57
5.3 柱端节点…… 58
5.3.1 柱端节点拉拔力的计算…… 58
5.3.2 柱端连接节点的实验评价…… 59
第6章 节点与连接件…… 61
6.1 概要…… 61
6.2 建筑标准法的规定…… 62
6.3 金属连接件规格…… 68
6.3.1 种类及型号…… 68
6.3.2 材料…… 69
6.3.3 形状、尺寸和容许偏差…… 70
6.3.4 强度性能…… 70
6.3.5 防锈防腐性能…… 74

6.3.6 外观 …… 75
6.3.7 检查 …… 75
6.3.8 标识 …… 75
第 7 章 防火耐火设计 …… 76
7.1 防火设计的要点 …… 76
7.1.1 目的 …… 76
7.1.2 适用范围 …… 76
7.1.3 术语 …… 76
7.2 建筑物场地、规模、用途相应的防火耐火性能要求 …… 78
7.2.1 按建筑物场地的防火规定 …… 78
7.2.2 按建筑物规模的防火规定 …… 79
7.2.3 按建筑物用途的防火规定 …… 81
7.2.4 内部装饰限制 …… 83
7.2.5 防火墙和防火分区 …… 84
7.3 各部分详细要求 …… 86
7.3.1 耐火建筑物 …… 86
7.3.2 准耐火建筑物 …… 90
7.3.3 准防火结构 …… 106
第 8 章 耐久设计 …… 108
8.1 耐久设计的要点 …… 108
8.1.1 目的 …… 108
8.1.2 适用范围及前提条件 …… 108
8.1.3 适用地区 …… 108
8.1.4 目标使用年限 …… 108
8.1.5 劣化因数的假定 …… 108
8.1.6 术语 …… 109
8.2 木材的耐久性和浸渍处理 …… 109
8.2.1 木材的耐久性 …… 109
8.2.2 关于木材的劣化现象和生物劣化 …… 110
8.2.3 木材的保存处理 …… 111
8.2.4 防白蚁的土壤处理药剂 …… 114
8.2.5 加压式浸入处理木材的使用标准 …… 115
8.2.6 日本木材防腐工业公会推荐的长使用年限住宅的规格 …… 116
8.3 提高建筑金属连接件的耐久性 …… 116
8.4 各部分结构 …… 118
8.4.1 基础工程 …… 118
8.4.2 地板下地基的防蚁措施 …… 120

8.4.3 地板下通风 …… 120
8.4.4 地板下防潮 …… 121
8.4.5 地板下检查孔的设置 …… 121
8.4.6 地板下的空间高度 …… 122
8.4.7 木质部分的防腐防虫措施 …… 122
8.4.8 窗洞开口处 …… 124
8.4.9 阳台 …… 125
8.4.10 浴室等处的防水措施 …… 125
8.4.11 屋盖桁架内的通风口 …… 126

第 9 章 结构计算案例 …… 127

9.1 设计依据 …… 127
9.1.1 建筑物概要 …… 127
9.1.2 结构计算的条件 …… 127
9.2 墙量计算所得的剪力墙强度设计 …… 127
9.2.1 剪力墙的抗剪力要求值（最小墙量） …… 127
9.2.2 剪力墙抗剪力设计值（存在壁量） …… 133
9.2.3 壁量充足率 …… 133
9.3 基于四分割法的剪力墙配置设计 …… 135
9.3.1 四分割部分的抗剪力要求值（最小壁量） …… 135
9.3.2 四分割部分的抗剪力设计值（存在壁量） …… 136
9.3.3 四分割部分的壁量充足率 …… 136
9.4 柱头柱脚节点的设计 …… 138
9.4.1 柱头柱脚节点的拉应力要求值 …… 138
9.4.2 柱头柱脚节点的拉应力设计值 …… 139
9.4.3 柱头柱脚节点的锚件计算 …… 139

附录 1 木框架剪力墙结构中剪力墙的四分割法平面布置规定 …… 141

附录 2 柱端节点抗拉力计算的 N 值计算法 …… 143

附录 3 剪力墙的试验方法 …… 145

附录 4 剪力墙的评价方法 …… 151

附录 5 木框架剪力墙结构节点的试验方法和评价方法 …… 153

附录 6 木结构防火构造的性能试验方法和评价方法 …… 158

参考文献 …… 174

第1章　概　　述

1.1　起源及变迁

日本木框架剪力墙结构建筑的起源，最早可追溯于1400多年前由中国途经朝鲜半岛传入日本的寺院木结构建筑。这种建筑是直接在柱础上放置大木柱的木结构建筑（图1.1）。随着历史的变迁，寺院木结构建筑逐渐演变形成了现在大量采用的木框架剪力墙结构体系。在日本的禅宗寺，发现了大约900年前的南宋时期从中国传入的在大木柱上设置方形孔，并通过横木（横架梁）将柱子相连接的木排架结构。图1.2为能够抵抗风压和地震作用的柱与横木（横架梁）连接的木构架结构示意图。

图1.1　飞鸟寺

（在柱础上放置柱子的方法建造的木结构建筑）

图1.2　木构架（横木）示意图

这些传统技术的主要特征是：构件节点或接头大多采用榫卯连接，基本不用金属连接件来进行连接。一般认为不用金属连接件是因为考虑到耐久性的要求，但事实上能够大量生产铁件是在20世纪之后，并且当时铁的生产量也不足以满足普通建筑的使用。

传统的木结构是在大木柱上穿插大木梁的一种近似刚性的木构架，穿过横木的木构架也作为墙体的主要支撑框架，并在墙体支撑框架上再制作夹筋土墙。夹筋土墙是在木构架的柱与柱之间固定板材，并安装木制小板条后，涂抹上掺和了稻草或麦秆等纤维的泥浆而制作。现在，中国南方地区还有同样构造的木结构建筑仍在大量使用。

在日本，每年都会遭受大型台风的侵袭，也时常发生地震，偶尔还会遭受百年一遇的大地震。因此，我们可以推测，在古代没有建筑用的铁件时期，当时的工匠师傅们为了建造能够抵御台风和地震的木结构建筑是一项非常困难的工程。传统木结构的整体刚度虽然没有现代结构的整体刚度好，材料强度也没有现代结构的材料强度高，但是，传统木结构却具有即使出现很大变形的状况下，整体结构也能继续保持稳定的特征。在当时的建筑材料条件下，抗变形能力强的传统木结构已是最好的抗风和抗震的建筑结构体系。

一般认为，当时的木构架中不使用斜撑的原因，是因为在建筑文化上难以接受斜撑的设置。但事实是，当设置斜撑之后，而不去加强斜撑端部或木柱与横木的节点，反而会把力传递到节点位置处，容易造成脆性破坏。因此，我们要充分考虑到斜撑的作用，从而进行合理的设置并使用。

进入 20 世纪后，随着从欧美地区引入的以桁架为主的木结构体系的出现，在日本用于加强结构抗台风和抗地震作用的斜撑也开始在传统的梁柱结构中应用。同时，随着钢铁工业的大力发展，生产出了大量的金属连接件，以及使用了钉、扒钉、螺栓等金属紧固件。这些巨大的变化促进了日本传统梁柱结构不断演变为木框架剪力墙结构的进化历程。

在第二次世界大战后，日本制定了“建筑标准法”，要求必须确实保证建筑物的抗震性能。从此之后，日本在住宅建造中使用斜撑构件成为必备的构造措施。由于斜撑构件能够确保并且能够提高结构抗台风和抗地震的性能，所以，在住宅建造中就不再需要使用大木柱和大木梁的组合了。随后，在木框架剪力墙结构的建造过程中柱子的截面尺寸逐步得到统一。目前，通常采用的柱子截面标准尺寸为 105mm×105mm 或 120mm×120mm，梁截面标准宽度是 105mm 或 120mm，梁的截面高度随着跨度的增大而增大，增大的模数为 30mm 的倍数。

20 世纪 70 年代，日本引进了北美的轻型木结构。之后，由于胶合板与木框架连接后结构具有较高的抗台风和抗地震能力，在木框架剪力墙结构中，采用胶合板作为墙体、楼板、屋面的覆面板的结构形式成为主流。

木框架剪力墙结构的另一个主要特征是施工方法。一般而言，所有木构件及节点应先在工厂进行加工制作，然后将构件运到施工现场，并应在数天内完成结构主体的建造。在多雨的日本，为了避免木材、木构件被雨淋湿受潮，人们想出了尽早建造好屋顶的施工办法。为了在短时间内建造完成木结构建筑，采用了将所有的节点利用构件自重，由节点上方放入连接处，然后在连接处将楔子或榫头敲打进去的方式，卡紧并锚固连接节点。

这种施工方法虽然具有出色的优点，但其缺点也是明显的。因其建造的速度和效率完全取决于安装工匠人数。建筑公司若欲扩大建造规模，就需要雇用大量的工匠，这样公司事业的发展势必受到制约。同时，在使用普通工具就能完成建造的轻型木结构建筑的应用越来越多的影响下，使用传统施工方法愈发显出不利于木框架剪力墙结构的发展。

在 20 世纪 80 年代中期，随着预制加工机械的出现，彻底改变了木框架剪力墙结构的发展进程。虽然，木结构建筑现场的安装仍然是依靠工匠个人的技能，但是，机械加工的优点是节点的加工精准度高，节点的性能能够得到保障。预制加工机械逐渐改良后，通过与采用计算机控制的 CAM，以及与采用计算机设计的 CAD 进行联动，就可形成一套自动加工的系统。因此，极大地促进了建筑公司的大规模化发展和资本集中，加速了技术革新。

目前，为了增强木结构抗风抗震能力，均采用金属连接件来加强由预制加工机械所加工的节点。但是，采用的金属连接件的基本形状，还是传承了安装性能优良的传统榫卯连接方式。其后，还发明了不使用传统的榫卯连接方式而使用金属连接件进行连接的方法。但是，在节点上利用构件自重放入连接处，然后，利用将楔子或榫头敲打进连接处的方式卡紧并锚固节点的这种施工方式以及采用的机械装置，全部都传承了传统木结构。

由于预制加工机械的发明及使用，木结构建筑采用的木材以及建造工期发生了巨大的变化。过去采用的方法基本上是将木结构建筑建造完成后再继续放置一段时间，让木材进行充分干燥，并让木材尺寸变化基本稳定，再采用横撑等线性材料进行内外部的装饰。而现在采用的方法是，使用充分干燥过的锯材、胶合木（结构用集成材）或旋切板胶合木（简称为 LVL 的单板层积材）等结构材进行建造。在结构材上直接安装内外部装修材料，建成的木结构建筑不需要再空置一段时间，而可以直接使用，因此，大大缩短了建造工期。现在，日本的相关标准对木结构建筑的施工工期一般要求在地基基础施工完成后，在 3～4 个月内完成全部建设。

使用人工干燥锯材或胶合木制作构件，能够提高节点的加工精度。如果将具有弯曲变形等尺寸精度不高的木材使用预制加工机械进行加工，加工完成后节点位置的精确度降低，在现场安装时连接节点会出现无法接合的施工困难，影响施工进度。随着木结构建筑的应用增加，虽然，人工干燥锯材的生产量也在不断增加，但是，与胶合木相比，锯材供给能力仍然较低，也很难在木结构建造高峰期稳定供给。因此，将建造采用的锯材改换成胶合木的建筑公司不断增加。在日本，木框架剪力墙结构大多数采用工程木建造。胶合木（结构用集成材）、结构用 LVL、结构用胶合板等统称为工程木（Engineered Wood，EW）。

在日本，随着采用胶合木构件建造木结构的公司的增多，木框架剪力墙结构体系在工程实践应用中不断得到改进、完善和优化。虽然，在历史发展过程中木框架剪力墙结构的变迁已经基本完成，但是，今后还将会持续不断地优化。

1.2 抗震规定的变化历程

日本自古以来就频繁遭受各种自然灾害的破坏，地震和台风引起的灾害（火灾、风灾和水灾）非常严重。特别是在城市区域，由于建筑物密集，很多建筑物都是采用木材建造，因此，灾害之后常常发生大火灾。

为了对这些灾害防患于未然，日本不断完善了相关法令和建筑设计方法。也就是说，当历史上发生一次地震灾害后，为了不让相同灾害再度发生，而对法令进行不断的完善。在这里，本书以地震灾害为重点，并以单户独立住宅类型的木框架剪力墙结构住宅建筑为例，简单阐述地震灾害和相关法令之间的关系。

1.2.1 浓尾地震与震灾预防调查会

在日本，地震学的研究作为理学的一个领域，于明治维新初期（1868 年）就开始了，但是，对于保护地震灾害中建筑物的研究即抗震研究，始于 1891 年的浓尾地震之后。

浓尾地震是日本中部地区的内陆地震，震级约为 8 级，这次地震引起的灾害非常大。地震后第二年即 1892 年，日本设立了震灾预防调查会（东京大学地震研究所的前身），开始了对抗震工学的研究。

1.2.2 关东地震与“城区建筑物法”的抗震基本要求

1923 年 9 月，日本的横滨和东京一带发生 8.1 级地震，地震造成东京首都圈在内的广大区域遭受破坏，特别是该地震发生后引起的火灾，致使人员伤亡和财产损失大量增加。日本将该次地震称为关东大地震。

震后第二年即 1924 年，为了吸取这次关东大地震的教训，日本在已经制定好的“城区建筑物法”中增加了新的抗震规定。这是日本抗震基本要求的开始。其规定的主要内容有：计算容许应力强度时把建筑物的设计震度（地震加速度）设定为 0.1；要求在木结构建筑物（城区建造的大规模建筑）中适当地加入抗震斜撑等。

1.2.3 福井地震与“建筑标准法”的抗震基本要求

1948 年 6 月，日本福井市发生 7.1 级地震，震中位于城市的正下方。虽然地震破坏范围不广，但是，极其剧烈的摇晃致使很多建筑物遭受严重破坏，木结构建筑大量倒塌。

福井地震 2 年后的 1950 年，日本修订了“城区建筑物法”并更名为“建筑标准法”。在这次修订中，重新认识了抗震基本要求。

“建筑标准法”中，建筑物的设计震度分为长期和短期 2 个阶段。即把以前的容许应力强度称为长期容许应力强度，把其 2 倍（对于混凝土材料和木材）或 1.5 倍（对于钢材）的强度称为短期容许应力强度。由此，把建筑物的设计震度提高到了 0.2。这样规定对建筑物抗震性的要求水准几乎没有太大变化。

“建筑标准法”中，对于木结构建筑物中占大多数的单户独立住宅类型，采用了“壁量计算法”作为抗震设计的简便方法。壁量计算法是根据住宅建筑物地板面积来规定剪力墙的最小长度的方法。其基本原理是地板面积与地震力相对应，剪力墙包括有斜撑的墙与抵抗力相对应，并采用“壁倍率”来进行评定。所谓壁倍率，是指将剪力墙承受水平力形成半径 1/120 的可见变形角时，容许剪切力为 130kg/m 的做法作为基准倍率 1.0，各剪力壁的剪切性能用与之相对的耐力比来表示。设计时，需要根据剪力墙最小长度、建造几层建筑以及屋面系统铺设的木材的不同形式，来最终确定整个建筑中剪力墙的长度。根据福井地震的受害调查结果得知，木结构住宅中墙壁越多受损害越少，以及通过对剪力墙进行的试验研究，进一步表明了“壁量计算法”这一简便方法的实用性。

在 1971 年，基于“壁量计算法”的简便设计法应用于抗风设计法中。也就是说，使用这种方法的抗震设计的剪力墙最小长度计算，也适用于抗风设计的剪力墙最小长度计算。虽然，之后在规定数值上进行了一些修改调整，但是，其基本原理和基本方法一直沿用至今。

1.2.4 十胜冲地震与新抗震基本要求

1968 年 5 月，日本十胜冲地震造成了从东北地区至北海道地区的强烈摇晃，其受灾情况非常令人震惊。在 4 年前的新潟地震中，地基液化致使钢筋混凝土建造的单元住宅倾覆，但是主体结构很少受到较大的损害，当时，据此基本上确认了“钢筋混凝土建筑的抗震性”。

可是，在这次十胜冲地震中，由于钢筋混凝土短柱的剪切破坏，致使采用钢筋混凝土建造的很多校舍和官署等建筑物都产生了倒塌。这就意味着，仅仅将以前的设计震度规定为 0.2 进行容许应力强度设计，建筑物会在强烈的地震运动中倒塌。基于这一认识，日本全国抗震科研人员都在为了制定新的抗震设计法进行大量研究，积极参与“新抗震设计法的开发”这一综合技术开发项目。基于这个研究项目的成果，大幅度修正了“建筑标准法”的抗震基本要求，并在1981年开始施行，其内容被称为“新抗震基本要求”。

“新抗震基本要求”的基本原则是：在原设计震度为0.2时的容许应力强度计算方法的基础上，为了保证超过一定规模的建筑物在罕见的地震运动（即中级地震运动）中不受损坏外，同时也应保证超过一定规模的建筑物在极其罕见的地震运动（即大地震运动）中至少不会发生倒塌，需要进行“最小水平应力”的计算。而“最小水平应力”计算的方法是建筑物具有对于设计震度为1.0（基准层剪力系数）的抗震性能，即塑性化后也不倒塌。

“新抗震基本要求”在其后的应用中做过修改或者是增加内容，但其基本原则和方法是现行抗震基本要求的技术基础。

1.2.5 “新抗震基本要求”中木结构建筑物的抗震设计

“新抗震基本要求”主要是针对钢筋混凝土建造的大规模、大体量建筑物，但是，也对木结构建筑物的抗震原则进行了一些修改。

木结构建筑物方面较大的修改是重新评价了壁量计算法，在最小水平应力计算的原则下，如果剪力墙最小长度大幅增加，同时也要重新评估壁倍率，这些数值应与容许应力强度计算的结果基本相同。“新抗震基本要求”的剪力墙最小长度是以中级地震运动的地震力（即基准层剪切力系数0.2）为基础来确定的，而且，“壁倍率”也是根据之前完成的很多试验的结果，大致将弹性极限或破坏极限作为容许应力，进行了重新评价。可以推测，对于采用容许应力强度计算方法进行设计的普通木结构住宅建筑，在经受极其罕见的地震运动（即大地震运动）时，能够保持建筑物基本不倒塌。

1.2.6 阪神淡路大地震与基本要求的确定

1995年1月，日本兵库县南部发生了阪神淡路大地震。这次地震引起了神户市所在位置正下方的断层震动，使神户市中心区等地出现了日本气象厅震度等级规定表中最高等级标准7级的摇动，很多大楼和木结构住宅都发生了倒塌。但是，在神户市的建筑物中，如果采用了1981年开始施行的“新抗震基本要求”所建造的建筑物受灾害比较少。这也充分证明了“新抗震基本要求”的有效性。

在对木结构住宅的受灾情况进行仔细调查后发现，使木结构住宅建筑发生倒塌或受到很大损坏的主要原因是剪力墙的配置不平衡，以及柱子与横架梁、柱子与地梁等的连接节点不完善。

1950年，日本把“建筑标准法”作为抗震基本要求，其中规定了剪力墙应该平衡配置，柱子的节点应该连接紧密，但是，这些规定可以说是原则上的规定，并没有明确指出在实际工程中应该采用的具体技术措施。通过阪神大地震，人们反省后认识到，这种状况下导致了木结构住宅抗震性能的诸多不完备。将这次反省作为教训，在2000年日本重新发布了施行公告，明确了“新抗震基本要求”中对木结构建筑的具体规定，也被称其为“抗震基本要求的确定”。该告示明确了平衡配置剪力墙的“四分割法”，以及关于梁柱节点处使用金属连接件的具体连接方法。

1.2.7 现行抗震基本要求与熊本地震

2016年4月，日本九州发生了熊本地震。熊本市附近的益城町两次观测到震度为7级的地震，包括新旧建筑在内的很多木结构住宅都发生了倒塌，其中，采用2000年发布的“抗震基本要求的确定”进行建造的木结构住宅也有一些倒塌的情况发生。但是，木结构住宅整体倒塌的情况较少，而且除木结构住宅以外，2000年以后建造的新建筑受损情况都比较轻。

由此可见，日本现阶段还没有计划对“新抗震基本要求”（包括“抗震基本要求的确定”）进行修订。因此，当前在日本建造木结构建筑物，抗震基本要求应按“新抗震基本要求”的相关规定执行。

1.2.8 轻型木结构的引进和工业化木结构住宅的开发

1970年左右，来自于北美地区的轻型木结构建筑即平台式建造法开始引入日本。在引入的初期需要获得政府的特别许可才能建造。日本于1974年发布公告实施了《轻型木结构技术基本要求》。由于轻型木结构中采用的规格材截面公称尺寸为2英寸×4英寸，也称该种木结构为2×4木结构。

在制定2×4木结构的技术基本要求时，为了整合包括抗震设计在内的木结构设计法和各种规格尺寸，日本进行了技术方面的探讨和研究。其研究结果在公布之后，对2×4木结构的剪力墙配置进行了严格的控制，为此在阪神淡路大地震时没有轻型木结构发生倒塌。可以认为《轻型木结构技术基本要求》保证了在实际工程中应用的2×4结构具有相当高的抗震性能。至今，2×4木结构的技术基本要求已修订过数次。

在日本，工业化木结构住宅是20世纪60年代才开始出现，具有代表性的工业化建筑是日本三泽住宅公司采用的木基材板式组件结构体系。随后，工业化木结构住宅逐渐开发了很多不同的构造体系。S×L体系也是采用与三泽住宅公司相似的木基材板式组件结构体系。

在北美地区轻型木结构建筑引进之前，日本的工业化木结构住宅的开发就已经开始了。因此，工业化木结构住宅的建造受到包括抗震设计法在内的木结构设计方法的严格制约，其最终结果是在阪神淡路大地震时没有发生倒塌。

1.2.9 大、中规模木结构建筑物的结构设计

以上主要对单户独立住宅类型的木框架剪力墙结构建筑进行了介绍，在此将对较大规模的木结构建筑物作出简单阐述。

直到1960年左右，日本中小学校的校舍、乡镇政府办公楼等公共建筑大多使用木结构进行建造。可是在此之后，由于众多原因，这类建筑大多数都采用钢筋混凝土结构和钢结构来进行建造，几乎没有新建的中型或大型的木结构建筑物。1990年以后，中大型的建筑物再一次开始采用木结构来建造。这时，建造使用的结构材料已不只是锯材，而主要是采用胶合木（结构用集成材）、结构用旋切板胶合木（LVL）、结构用胶合板等工程木。

中大型的木结构建筑物主要采用容许应力强度计算方法进行静载荷设计和抗震设计，并编制了相应的设计手册。

第 2 章　材　　料

木框架剪力墙结构的承重构件主要采用结构用锯材、胶合木（结构用集成材）、结构用旋切板胶合木（LVL）等结构用材和结构用胶合板、OSB 等覆面板材。在日本，单户独立住宅和低层公寓住宅楼大多采用木框架剪力墙结构，其主要承重的柱、梁等结构构件的截面宽度尺寸一般采用 105mm 或 120mm。当建筑物中有较大跨度的空间或建筑整体规模较大时，柱、梁等结构构件的截面宽度尺寸采用 150mm。

2.1　结构用锯材

中国国家标准《木结构设计标准》GB 50005－2017（以下简称为“设计标准 GB 50005”）第 3 章中将结构用锯材分为三个等级，并规定应根据构件不同的主要用途选用不同材质等级的木材，见表 2.1。各等级木材的材质标准应符合设计标准 GB 50005 附录 A.1 的相关规定。

设计标准 GB 50005 中方木原木构件的材质等级要求　　表 2.1

项次	主要用途	最低材质等级
1	受拉或拉弯构件	$Ⅰ_a$
2	受弯或压弯构件	$Ⅱ_a$
3	受压构件及次要受弯构件	$Ⅲ_a$

设计标准 GB 50005 第 4 章“基本设计规定”中规定了结构用锯材的树种强度等级，见表 2.2。并规定了各强度等级相对应的结构设计时采用的强度设计值和弹性模量值。其中，日本产树种也纳入了该国家标准规定的锯材树种强度等级，日本柳杉为 TC11B 级，日本扁柏和日本落叶松为 TC13A 级。

设计标准 GB 50005 规定的针叶树种木材适用的强度等级　　表 2.2

强度等级	组别	适用树种
TC17	A	柏木　长叶松　湿地松　粗皮落叶松
	B	东北落叶松　欧洲赤松　欧洲落叶松
TC15	A	铁杉　油杉　太平洋海岸黄柏　花旗松—落叶松　西部铁杉　南方松
	B	鱼鳞云杉　西南云杉　南亚松
TC13	A	油松　西伯利亚落叶松　云南松　马尾松　扭叶松　北美落叶松　海岸松　**日本扁柏**　**日本落叶松**
	B	红皮云杉　丽江云杉　樟子松　红松　西加云杉　欧洲云杉　北美山地云杉　北美短叶松
TC11	A	西北云杉　西伯利亚云杉　西黄松　云杉—松—冷杉　铁—冷杉　加拿大铁杉　杉木
	B	冷杉　速生杉木　速生马尾松　新西兰辐射松　**日本柳杉**

日本产树种日本柳杉、日本扁柏、日本落叶松的主要特性：

日本柳杉——分布于北自日本北海道南部南至鹿儿岛县屋久岛的一种常绿针叶树，是日本最主要的人工造林树种。气干密度平均值约为0.38g/cm³，抗弯弹性模量平均值约为7100N/mm²，均是由锯材足尺材的数据计算获得的平均值（下同）。该木材的性能因种植区域（环境因素）以及栽培品种、遗传因素而差异较大。木纹流畅、纹理清晰通直、木材较轻、材质柔软，易于加工。广泛应用于柱、梁、板等结构材料、室内装饰装修材料、家具材料。一般情况下，边心材的边界清晰，边材近白色，心材呈淡红色至赤褐色，也存在心材呈黑褐色（黑心）的木材。

日本扁柏——分布于北自日本东北南部南至屋久岛的一种常绿针叶树，同日本柳杉一样是日本主要的人工造林树种。气干密度平均值约为0.44g/cm³，抗弯弹性模量平均值约为11000N/mm²。木纹流畅、心材呈淡红色，边材为白色，心材与边材的分界线难以辨别。早材与晚材的性能差异小，都是较为均质的材料，易于加工。尤其是心材的耐久性高，常被用于古代神社和寺院建筑的结构构件。世界上最早的木结构建筑日本奈良的法隆寺同样也使用了该树种心材。在木结构住宅中，常用于柱和易发生生物侵害的地梁等构件。该树种木材在木材行业和流通中常称为日本桧木。

日本落叶松——天然林仅分布于日本本州的山岳地区，人工林分布于北海道、东北、中部地区，是一种落叶针叶树。气干密度平均值约为0.50g/cm³，抗弯弹性模量平均值约为9400N/mm²。由于在日本国产针叶树材中，密度与弹性模量都较高，过去主要用于煤矿的坑木等土木材料，近年主要用于制作结构用胶合板、结构用集成材，即在旋切板（单板）或胶合层板中的使用量在逐渐不断地增加。

2.2 胶 合 木

胶合木（结构用集成材）采用的层板分为目测分级层板和机械应力分级层板。在中国，目测分级层板的材质等级和机械应力分级层板的强度等级均应符合现行国家标准《胶合木结构技术规范》GB/T 50708和《结构用集成材》GB/T 26899的相关规定。在中国进行结构设计时，胶合木构件的强度设计指标和弹性模量值应按《木结构设计标准》GB 50005的相关规定执行。

2.3 旋切板胶合木

在中国，旋切板胶合木（单板层积材、LVL）的制造与使用应符合现行国家标准《木结构用单板层积材》GB/T 36408的相关规定。在结构设计中，旋切板胶合木构件的强度设计指标和弹性模量值应按《木结构设计标准》GB 50005附录F的相关规定进行确定。

2.4 日本结构材的规格和强度

日本制定的《锯材的日本农林标准》（最终修正版，农林水产省告示1920号，平成25（2013）年6月12日，以下简称为“锯材JAS标准”）中，将结构用的针叶树锯材定义为结构用锯材。该标准对锯材的分类见表 2.3，所规定的结构用锯材的标准尺寸见表 2.4。该标准根据结构用锯材的尺寸精度和干燥状态，将锯材分为精加工材和非精加工材，见表 2.5、表 2.6。

锯材 JAS 标准的锯材分类表　　表 2.3

锯材分类	分类说明	本标准中具体条款
室内装修用锯材	包括表面未砂光材	第 4 条
目测分级结构用锯材		第 5 条
机械应力分级结构用锯材		第 6 条
基础用锯材	包括粗木方、未砂光材、枕木	第 7 条
阔叶树锯材	包括未砂光材、枕木	第 8 条

锯材 JAS 标准规定的结构用锯材标准截面尺寸　　表 2.4

木材截面短边 (mm)	木材截面长边 (mm)																	
15						90	105	120										
18						90	105	120										
21						90	105	120										
24						90	105	120										
27			45	60	75	90	105	120										
30		39	45	60	75	90	105	120										
36	36	39	45	60	75	90	105	120										
39		39	45	60	75	90	105	120										
45			45	60	75	90	105	120										
60				60	75	90	105	120										
75					75	90	105	120										
90						90	105	120	135	150	180	210	240	270	300	330	360	
105							105	120	135	150	180	210	240	270	300	330	360	390
120								120	135	150	180	210	240	270	300	330	360	390
135									135	150	180	210	240	270	300	330	360	390
150										150	180	210	240	270	300	330	360	390
180											180	210	240	270	300	330	360	390
210												210	240	270	300	330	360	390
240													240	270	300	330	360	390
270														270	300	330	360	390
300															300	330	360	390

锯材 JAS 标准规定的结构用锯材的尺寸偏差允许值　　　表 2.5

分类	截面短边或长边尺寸（a）	偏差允许范围（mm）
精加工材	$a\leq75$mm 时	+1.5～0
	$a>75$mm 时	+2.0～0
非精加工材	$a\leq75$mm 时	+1.5～0
	75mm$<a\leq$105mm 时	+2.0～0
	$a>105$mm 时	+5.0～0
未干燥材	$a\leq75$mm 时	+2.0～0
	75mm$<a\leq$105mm 时	+3.0～0
	$a>105$mm 时	+5.0～0
锯材长度		+无限制 ～0

注：当精加工材干燥状态为 SD15 时，表中偏差范围的“0”应为“−0.5”。

锯材 JAS 标准规定的结构用锯材干燥分类表　　　表 2.6

干燥状态分类		基本含水率 w
精加工材	SD15	$w<15\%$
	SD20	$w<20\%$
非精加工材	D15	$w<15\%$
	D20	$w<20\%$
	D25	$w<25\%$

2.4.1　结构用锯材

锯材 JAS 标准中规定了结构用锯材应采用目测分级和机械应力分级两种分级法。当结构用锯材采用目测分级时，与强度等级标准要求相关的节径比、木纹倾斜度、平均年轮宽度等锯材的材质等级的标准值见表 2.7。

锯材 JAS 标准的目测分级结构用锯材的材质标准（部分摘录）　　　表 2.7

项　目			甲种结构材结构用Ⅰ			甲种结构材结构用Ⅱ			乙种结构材		
			1 级	2 级	3 级	1 级	2 级	3 级	1 级	2 级	3 级
单独节径比	全面		≤20%	≤40%	≤60%				≤30%	≤40%	≤70%
	窄面					≤20%	≤40%	≤60%			
	宽面	中间部				30%以下	≤40%	≤70%			
		材边部				≤15%	≤25%	≤35%			
集中节径比	全面		≤30%	≤60%	≤90%				≤45%	≤60%	≤90%
	窄面					≤30%	≤60%	≤90%			
	宽面	中间部				≤45%	≤60%	≤90%			
		材边部				≤20%	≤40%	≤50%			
木纹的倾斜度			≤1/12	≤1/8	≤1/6	≤1/12	≤1/8	≤1/6	≤1/12	≤1/8	≤1/6
平均年轮宽度（mm）			≤6	≤8	≤10	≤6	≤8	≤10	≤6	≤8	≤10

该标准中的甲种结构材结构用Ⅱ是指在甲种结构材中，木材横截面的短边尺寸大于36mm，且长边尺寸大于90mm的锯材（以下称甲种结构用Ⅱ）。甲种结构用Ⅱ与乙种结构材的不同之处在于：将横截面外边的4个材面对称地分为宽面2个和窄面2个，并且在宽面上，根据木节髓心的位置将宽面划分为中间部（即木节位于中间1/2尺寸范围）和材边部（即木节位于边缘1/4尺寸范围），如图2.1所示。该标准对于材边部节径比的基本要求的规定，比中间部节径比的要求更为严格。一般情况下，用于梁、桁等横架材的甲种结构用Ⅱ通常采用截面窄面承受弯曲载荷，因此，受到窄面抗拉侧材边部或宽面抗拉侧材边部的木节的影响，梁、桁等横架材会产生弯曲破坏。

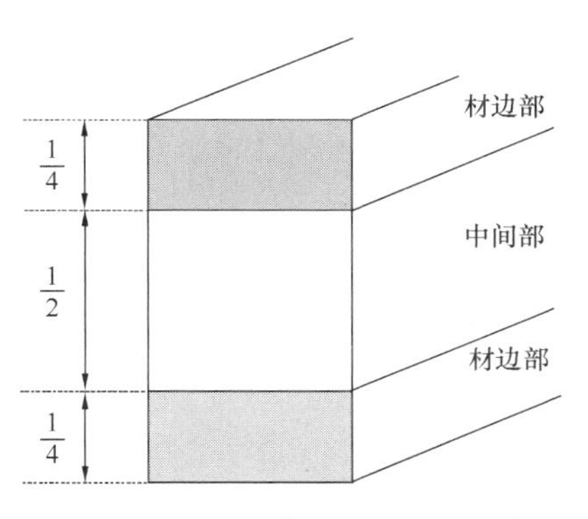

图2.1　宽面上木节的位置划分示意图

当采用机械应力分级结构用锯材时，该标准根据不同抗弯弹性模量的大小划分了相对应的强度等级（见表2.8）。由于机械应力分级锯材是以传统木框架剪力墙结构中梁、桁等截面尺寸较大的锯材为应用目标，因此，通常使用弯曲载荷方式（非连续式，分批式）或打击振动方式（垂直振动法）的强度等级分级设备。但是机械应力分级对于评价局部的缺陷是困难的，为了确保受局部缺陷所影响的强度，因此对于机械应力分级锯材的木节等缺陷还需要同时满足目测分级的材质标准。该标准所对应的机械应力分级设备为弯曲载荷式（E_m装置，见图2.2）和打击振动式（E_f装置，见图2.3）两种设备。截至2016年3月31日，日本一般社团法人全国木材检查研究协会将上述两种设备分别认定了5种和6种，合计共11种设备。为了申请成为机械应力分级结构用锯材的JAS认证的工厂，必须拥有被认定的机械应力分级设备，并且应在结构用锯材进行分级时使用。在机械应力分级设备的认定中，E_m设备与E_f设备的型式完全不同，各自分别确定了按该标准所划分等级的锯材尺寸的应用范围，以及实施再现性试验和测量精度试验。此外，在动态弹性模量与

图2.2　弯曲载荷式（E_m型）机械分级设备

抗弯弹性模量之间，或在相同抗弯弹性模量之间，也会由于载荷条件、支点和载荷作用点的形状而产生绝对值不同。所以，预先准备由试验数据获得的调整（更正）嵌入式装置，是质量管理十分重要的部分。

锯材 JAS 标准的机械应力分级结构用锯材的材质标准（部分摘录）　　表 2.8

<table>
<tr><td>抗弯性能</td><td>根据附录（3）中的方法测定各自的抗弯弹性模量 E_m，其值应满足下表中各级强度等级分别对应的抗弯弹性模量值
<table>
<tr><th>强度等级</th><th>抗弯弹性模量 E_m（GPa 或 $10^3 N/mm^2$）</th></tr>
<tr><td>E50</td><td>$3.9 \leqslant E_m < 5.9$</td></tr>
<tr><td>E70</td><td>$5.9 \leqslant E_m < 7.8$</td></tr>
<tr><td>E90</td><td>$7.8 \leqslant E_m < 9.8$</td></tr>
<tr><td>E110</td><td>$9.8 \leqslant E_m < 11.8$</td></tr>
<tr><td>E130</td><td>$11.8 \leqslant E_m < 13.7$</td></tr>
<tr><td>E150</td><td>$E_m \geqslant 13.7$</td></tr>
</table>
</td></tr>
<tr><td>节（集中节除外）</td><td>节径比为≤70%</td></tr>
<tr><td>集中节</td><td>节径比为≤90%</td></tr>
</table>

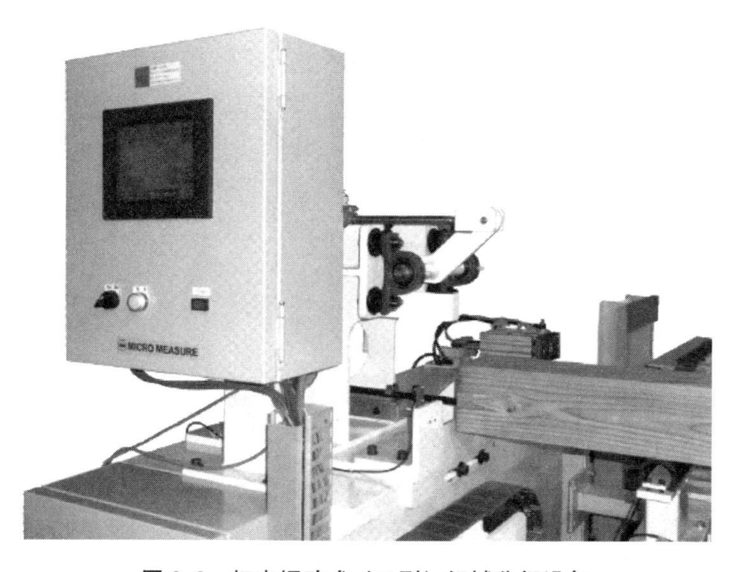

图 2.3　打击振动式（E_f型）机械分级设备

《木材的标准强度 F_c、F_t、F_b 及 F_s 的规定》（2000 年 5 月 31 日日本建设部告示第 1452 号）规定了锯材 JAS 规格的结构用锯材对应的标准强度，标准弹性模量公布在建筑学会发行的《木结构设计规范・同解说 1》的设计资料中。目测分级结构用锯材以及机械应力分级结构用锯材各自的树种（群）、等级的强度值见表 2.9、表 2.10。

目测分级结构用锯材的标准强度与基准弹性模量 **表 2.9**

树种	分类	等级	标准强度 (N/mm²) F_c	F_t	F_b	F_s	基准弹性模量 (kN/mm²) E_0	$E_{0.05}$ *	G_0
赤松	甲种结构材	1级	27.0	20.4	33.6	2.4	10.0	6.5	E_0值的1/15
		2级	16.8	12.6	20.4				
		3级	11.4	9.0	14.4				
	乙种结构材	1级	27.0	16.2	26.4				
		2级	16.8	10.2	16.8				
		3级	11.4	7.2	11.4				
花旗松	甲种结构材	1级	27.0	20.4	34.2	2.4	12.0	8.5	
		2级	18.0	13.8	22.8				
		3级	13.8	10.8	17.4				
	乙种结构材	1级	27.0	16.2	27.0				
		2级	18.0	10.8	18.0				
		3级	13.8	8.4	13.8				
日本落叶松	甲种结构材	1级	23.4	18.0	29.4	2.1	9.5	6.0	
		2级	20.4	15.6	25.8				
		3级	18.6	13.8	23.4				
	乙种结构材	1级	23.4	14.4	23.4				
		2级	20.4	12.6	20.4				
		3级	18.6	10.8	17.4				
兴安落叶松	甲种结构材	1级	28.8	21.6	36.0	2.1	13.0	9.0	
		2级	25.2	18.6	31.2				
		3级	22.2	16.8	27.6				
	乙种结构材	1级	28.8	17.4	28.8				
		2级	25.2	15.0	25.2				
		3级	22.2	13.2	22.2				
日本罗汉柏	甲种结构材	1级	28.2	21.0	34.8	2.1	10.0	7.5	
		2级	27.6	21.0	34.8				
		3级	23.4	18.0	29.4				
	乙种结构材	1级	28.2	16.8	28.2				
		2级	27.6	16.8	27.6				
		3级	23.4	12.6	20.4				

续表

树种	分类	等级	标准强度 (N/mm²)				基准弹性模量 (kN/mm²)		
			F_c	F_t	F_b	F_s	E_0	$E_{0.05}$ *	G_0
日本扁柏	甲种结构材	1 级	30.6	22.8	38.4	2.1	11.0	8.5	E_0值的1/15
		2 级	27.0	20.4	34.2				
		3 级	23.4	17.4	28.8				
	乙种结构材	1 级	30.6	18.6	38.4				
		2 级	27.0	16.2	30.6				
		3 级	23.4	13.8	27.0				
西部铁杉	甲种结构材	1 级	21.0	15.6	23.4	2.1	9.5	6.5	
		2 级	21.0	15.6	26.4				
		3 级	17.4	13.2	26.4				
	乙种结构材	1 级	21.0	12.6	21.6				
		2 级	21.0	12.6	210				
		3 级	17.4	10.2	17.4				
鱼鳞云杉 库页冷杉	甲种结构材	1 级	27.0	20.4	34.2	1.8	10.0	7.5	
		2 级	22.8	17.4	28.2				
		3 级	13.8	10.8	17.4				
	乙种结构材	1 级	27.0	16.2	27.0				
		2 级	22.8	13.8	22.8				
		3 级	13.8	5.4	9.0				
日本柳杉	甲种结构材	1 级	21.6	16.2	27.0	1.8	7.0	4.5	
		2 级	20.4	15.6	25.8				
		3 级	18.0	13.8	22.2				
	乙种结构材	1 级	21.6	13.2	21.6				
		2 级	20.4	12.6	20.4				
		3 级	18.0	10.8	18.0				

注：* 表中$E_{0.05}$为置信度水平75%的95%下临界值。

机械应力分级结构用锯材的标准强度与标准弹性模量 表 2.10

树种	等级	标准强度（N/mm²）				标准弹性模量（kN/mm²）		
		F_c	F_t	F_b	F_s	E_0	$E_{0.05}$	G_0
赤松 花旗松 兴安落叶松 西部铁杉 鱼鳞云杉 库页冷杉	E50	—	—	—	各树种按表 2.9 的标准强度取值	—	—	E_0值的1/15
	E70	9.6	7.2	12.0		7.0	6.0	
	E90	16.8	12.6	21.0		9.0	8.0	
	E110	24.6	18.6	30.6		11.0	10.0	
	E130	31.8	24.0	39.6		13.0	12.0	
	E150	39.0	29.4	48.6		15.0	14.0	
日本落叶松 日本扁柏 日本罗汉柏	E50	11.4	8.4	13.8		5.0	4.0	
	E70	18.0	13.2	22.2		7.0	6.0	
	E90	24.6	18.6	30.6		9.0	8.0	
	E110	31.2	23.4	38.4		11.0	10.0	
	E130	37.8	28.2	46.8		13.0	12.0	
	E150	44.4	33.0	55.2		15.0	14.0	
日本柳杉	E50	19.2	14.4	24.0		5.0	4.0	
	E70	24.0	18.0	29.4		7.0	6.0	
	E90	28.2	21.0	34.8		9.0	8.0	
	E110	32.4	24.6	40.8		11.0	10.0	
	E130	37.2	27.6	46.2		13.0	12.0	
	E150	41.4	31.2	51.6		15.0	14.0	

2.4.2 结构用集成材

结构用集成材也称为胶合木。在《集成材的日本农林规格》（最终修正：日本农林水产省告示 1587 号、2012 年 6 月 21 日，以下简称为“集成材 JAS 标准”）中将集成材分为室内装修用集成材、装饰用集成材、结构用集成材、装饰结构用集成柱 4 种规格，后两者属于结构用材。该标准对结构用集成材产品的抗弯性能、层板质量、胶合能力、含水率（≤15%）、尺寸偏差、甲醛释放量等的基准值均作出了明确规定。此外，根据使用环境（使用环境分为 A、B、C 级），还分别规定了能够用于层板接长或层板叠层胶合的胶粘剂。另外，结构用集成材根据截面尺寸大小分为：大截面集成材、中截面集成材和小截面集成材；根据层板组坯的截面形式分为：对称异等组合集成材、非对称异等组合集成材、特定对称异等组合集成材、同等组合集成材和内层特殊组合集成材。

一般情况下，集成材的强度、等级类别是通过加工制造时，按照标准规定的截面层板配置标准进行组坯来形成保证体系的。对称异等组合集成材的层板配置标准，以及各强度等级所规定的各层层板等级见图 2.4 和表 2.11。因此，集成材制作时，各层配置的层板等级的质量检查和质量管理是十分重要的。

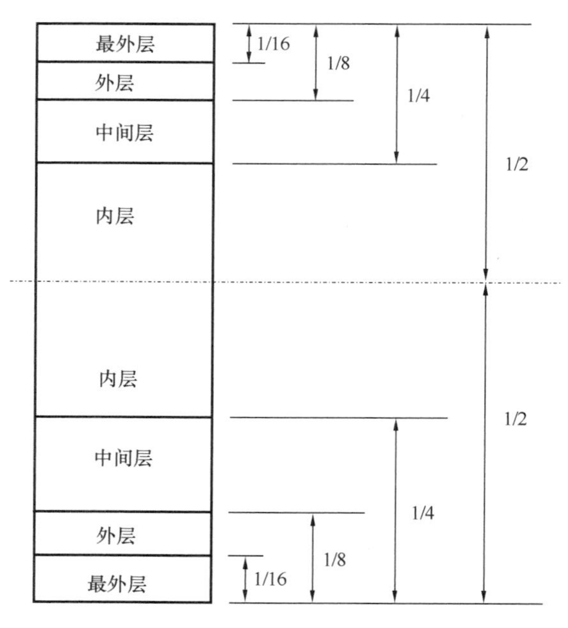

图 2.4　对称异等组合集成材的截面构成示意图

对称异等组合集成材的层板配置标准　　**表 2.11**

集成材等级	最外层	外层	中间层	内层
E170-F495	L200	L180	L160	L125
E150-F435	L180	L160	L140	L110
E135-F375	L160	L140	L125	L100
E120-F330	L140	L125	L110	L90
E105-F300	L125	L110	L100	L80
E95-F270	L110	L100	L90	L70
E85-F255	L100	L90	L80	L60
E75-F240	L90	L80	L70	L50
E65-F225	L80	L70	L60	L50
E65-F220	L80	L70	L60	L40
E55-F200	L70	L60	L50	L30

原则上，层板的厚度不应大于 50mm。另外，层板的强度分级方法有“目测分级”“弹性模量分级（一般称 E-rate）”“机械应力分级（MSR）”三种。以上分级方法规定了层板的材质标准。例如，弹性模量分级层板和机械应力分级（MSR）层板的标准强度见表 2.12，通常根据抗弯强度和抗拉强度的其中一种强度值进行检查。

机械分级层板的标准强度（弹性模量分级层板和机械应力分级 MSR 层板） 表 2.12

机械分级层板等级	抗弯弹性模量（GPa 或 10^3N/mm^2）	抗弯强度（MPa 或 N/mm^2）		抗拉强度（MPa 或 N/mm^2）	
		平均值	下限值	平均值	下限值
L200	20.0	81.0	61.0	48.0	36.0
L180	18.0	72.0	54.0	42.5	32.0
L160	16.0	63.0	47.5	37.5	28.0
L140	14.0	54.0	40.5	32.0	24.0
L125	12.5	48.5	36.5	28.5	21.5
L110	11.0	45.0	34.0	26.5	20.0
L100	10.0	42.0	31.5	24.5	18.5
L90	9.0	39.0	29.5	23.5	17.5
L80	8.0	36.0	27.0	21.5	16.0
L70	7.0	33.0	25.0	20.0	15.0
L60	6.0	30.0	22.5	18.0	13.5
L50	5.0	27.0	20.5	16.5	12.0
L40	4.0	24.0	18.0	14.5	10.5
L30	3.0	21.0	16.0	12.5	9.5

结构用集成材的各等级对应的标准强度由日本国土交通省告示（2001 年 6 月 12 日国土交通省告示第 1024 号）发布。例如，对称异等组合集成材不同级别的标准强度见表 2.13。

结构用对称异等组合集成材的标准强度 表 2.13

集成材等级	标准强度（N/mm^2）			
	抗压强度	抗拉强度	抗弯强度（层积方向）	抗弯强度（宽度方向）
E170-F495	38.4	33.5	49.5	35.4
E150-F435	33.4	29.2	43.5	30.6
E135-F375	29.7	25.9	37.5	27.6
E120-F330	25.9	22.4	33.0	24.0
E105-F300	23.2	20.2	30.0	21.6
E95-F270	21.7	18.9	27.0	20.4
E85-F255	19.5	17.0	25.5	18.0
E75-F240	17.6	15.3	24.0	15.6
E65-F225	16.7	14.6	22.5	15.0
E65-F220	15.3	13.4	22.0	12.6
E55-F200	13.3	11.6	20.0	10.2

2.4.3 结构用单板层积材

结构用单板层积材也称为旋切板胶合木（LVL），在《单板层积材的日本农林规格》（以下简称为“LVL JAS标准”，最终修正：日本农林水产部告示2773号、2013年11月12日）的规定中分为室内装修用LVL和结构用LVL 2种类别。并且，结构用LVL又分为基本没有正交层的A类和在规定范围内配置正交层的B类两种结构用LVL。一般情况下，A类用于结构用主材，B类用于结构用板材。《LVL JAS标准》对结构用LVL中使用的单板（旋切板）的质量、胶合强度、含水率（≤14%）、产品厚度（≥25mm）、尺寸偏差和甲醛释放量等的基准值均作出了明确规定。此外，与集成材一样，根据使用环境（使用环境分为A、B、C级），分别限定了能够使用的胶粘剂。

在保证强度质量方面，根据产品的抗弯弹性模量级别、加工制造中单板层数以及对单板接长节点的质量要求，分别设定了相应的强度等级（特级、1级和2级），见表2.14。各等级产品的抗弯试验结果，应满足抗弯弹性模量及抗弯强度的质量标准强度值。另外，抗剪强度是根据与胶合层平行方向以及垂直方向产生的弯曲式水平抗剪的试验结果来确定。

结构用LVL的单板层数和接长的规定　　表2.14

<table>
<tr><th colspan="2" rowspan="2">结构用LVL类别</th><th colspan="3">强度等级</th></tr>
<tr><th>特级</th><th>1级</th><th>2级</th></tr>
<tr><td rowspan="2">单板层数</td><td>A类</td><td>1. 无正交单板层时≥12层
2. 有正交单板时，应为除去最外层单板和正交单板层之外≥12层</td><td>1. 无正交单板层时≥9层
2. 有正交单板时，应为除去最外层单板和正交单板层之外≥9层</td><td>1. 无正交单板层时≥6层
2. 有正交单板时，应为除去最外层单板和正交单板层之外≥6层</td></tr>
<tr><td>B类</td><td colspan="3">≥9层</td></tr>
<tr><td colspan="2" rowspan="2">同一横截面上单板接长节点的间距</td><td>A类除去正交单板层外≥6层</td><td>A类除去正交单板层外≥4层</td><td>A类除去正交单板层外≥2层</td></tr>
<tr><td colspan="3">B类为除去正交单板之外≥6层</td></tr>
<tr><td rowspan="2">单板长度方向上节点的质量</td><td>A类</td><td>采用斜接或搭接缝，粘合部分无缝隙</td><td>—</td><td>—</td></tr>
<tr><td>B类</td><td colspan="3">采用斜接或搭接缝，节点无缝隙</td></tr>
</table>

注：表中同一截面单板接长节点应包括该横截面至位于长度方向上尺寸为10倍单板厚度范围内的所有接长节点。

结构用LVL各等级对应的标准强度由日本国土交通省告示（2001年6月12日国土交通省告示第1024号）发布。A类结构用LVL及B类LVL的标准强度分别见表2.15和表2.16。

A 类结构用 LVL 的标准强度　　表 2.15

抗弯弹性模量分级	强度等级	表示	标准强度（N/mm²）		
			抗压	抗拉	抗弯
180E	特级	180E-675F	46.8	34.8	52.8
	1级	180E-580F	45.0	30.0	49.8
	2级	180E-485F	42.0	25.2	42.0
160E	特级	160E-600F	41.4	31.2	51.6
	1级	160E-515F	40.2	27.0	44.4
	2级	160E-430F	37.2	22.2	37.2
140E	特级	140E-525F	36.0	27.0	45.0
	1级	140E-450F	34.8	23.4	39.0
	2级	140E-375F	32.4	19.8	32.4
120E	特级	120E-450F	31.2	23.4	39.0
	1级	120E-385F	30.0	19.8	33.0
	2级	120E-320F	27.6	16.8	27.6
110E	特级	110E-410F	28.2	21.6	35.4
	1级	110E-350F	27.0	18.0	30.0
	2级	110E-295F	25.8	15.6	25.8
100E	特级	100E-375F	25.8	19.8	32.4
	1级	100E-320F	25.2	16.8	27.6
	2级	100E-270F	23.4	14.4	23.4
90E	特级	180E-675F	23.4	17.4	28.8
	1级	180E-675F	22.8	15.0	25.2
	2级	180E-675F	21.0	12.6	21.0
80E	特级	180E-675F	21.0	15.6	25.8
	1级	180E-675F	19.8	13.2	22.2
	2级	180E-675F	18.6	11.4	18.6
70E	特级	180E-675F	18.0	13.8	22.8
	1级	180E-675F	17.4	12.0	19.8
	2级	180E-675F	16.2	9.6	16.2
60E	特级	180E-675F	15.6	12.0	19.8
	1级	180E-675F	15.0	10.2	16.8
	2级	180E-675F	13.8	8.4	13.8
50E	特级	180E-675F	15.6	12.0	19.8
	1级	180E-675F	15.0	10.2	16.8
	2级	180E-675F	13.8	8.4	13.8

B 类结构用 LVL 的标准强度 **表 2.16**

抗弯弹性模量分级	标准强度（N/mm²）					
	抗压		抗拉		抗弯	
	强轴	弱轴	强轴	弱轴	强轴	弱轴
140E	21.9	4.3	18.3	2.9	32.2	5.8
120E	18.7	3.7	15.6	2.5	27.5	4.9
110E	17.2	3.4	14.4	2.3	25.3	4.5
100E	15.7	3.1	13.2	2.1	23.2	4.1
90E	14.0	2.8	11.7	1.8	20.6	3.7
80E	12.5	2.5	10.5	1.6	18.4	3.3
70E	10.8	2.1	9.0	1.4	15.9	2.8
60E	9.3	1.8	7.8	1.2	13.7	2.4
50E	7.6	1.5	6.3	1.0	11.1	2.0
40E	6.1	1.2	5.1	0.8	9.0	1.6
30E	4.6	0.9	3.9	0.6	6.8	1.2

第 3 章　结　构　设　计

设计标准 GB 50005 中，将木框架剪力墙结构定义为方木原木结构的一种。木框架剪力墙结构是采用柱、梁来承受构件的自重、楼屋面荷载和雪载荷等竖向载荷，采用竖向的剪力墙和水平的楼面板、屋面板来抵抗地震作用和风荷载等产生的水平载荷。因此，木框架剪力墙结构的抗震、抗风设计大多数情况下与轻型木结构中相关的设计基本相同，因而，在设计标准 GB 50005 中关于抗震、抗风设计的很多规定，都适用于这两种结构形式。

3.1　木结构设计标准对木框架剪力墙结构的规定

采用结构板材的剪力墙分为：在框架上用钉固定支撑材（竖龙骨）并在支撑材上铺设结构板材的明柱墙和直接在框架上铺设结构板材的隐柱墙（图 3.1）。明柱墙的构造与隐柱墙相似，由于结构板材与木框架剪力墙结构之间的相互作用力通过支撑材进行传递，按照规定，支撑材必须牢固地固定在框架上。而且，在最终状态下，明柱墙的面材在四边形框架中具有斜撑的作用。

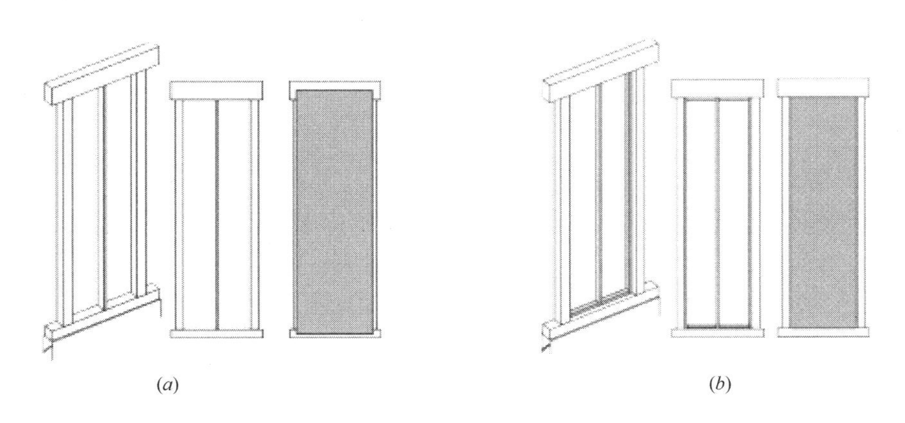

(*a*)　　(*b*)

图 3.1　木框架剪力墙构造示意图

(*a*) 隐柱墙的骨架结构；(*b*) 明柱墙的骨架结构

为了确保墙体平面外的刚性，采用的结构板材的厚度不应小于 11mm。

框架柱上即使铺设了板材，也应忽略它加强框架柱整体刚度的作用，将柱子假定为两端铰接。当有必要时，应对平面内和平面外两个方向的轴心受压和受拉进行计算。此外，柱子作为两端铰接也应对风载荷进行计算。

木框架剪力墙结构的受剪承载力设计值是各段剪力墙受剪承载力设计值的总和 [见式 (3-1)]，各段剪力墙的受剪承载力设计值是根据标准规定的各类剪力墙的抗剪强度设计值乘以其长度得到。

$$V=\sum f_{vd}l \tag{3-1}$$

式中：f_{vd}——单面采用结构用胶合板作面板的剪力墙的抗剪强度设计值（kN/m）；

l——平行于荷载作用方向的剪力墙墙体长度（m）。

在设计标准 GB 50005 的附录中，规定了各种构造类型的结构用胶合板剪力墙的抗剪强度设计值。

木框架剪力墙结构的剪力墙的构造规定如下：

1. 墙体两端连接部应设置截面不小于 105mm×105mm 的端柱；

2. 当墙体采用的结构用胶合板厚度大于 24mm、墙体长度大于 1000mm 时，应在墙体中间设置柱子或间柱；

3. 当采用的结构用胶合板厚度小于 24mm、墙体长度大于 600mm 时，应在墙体中间设置间柱；

4. 墙体面板宜采用竖向铺设，当采用横向铺设时，面板拼接缝部位应设置横撑；墙体面板应采用钉子将面板与横撑、间柱或柱子连接。

当板材的厚度小于 24mm 时，为了防止墙面板材的抗剪屈曲，应设置间柱。当板材的厚度大于 24mm 时，可以省略。

墙面板连接时，相邻面板之间的接缝应位于柱子、间柱或横撑等骨架构件上。间柱或横撑在接缝处的投影宽度不应小于 45mm，当板材厚度大于 24mm 时，间柱或横撑在接缝处的投影宽度不应小于 60mm。

在评价剪力墙的抗剪能力时，将位移变形值 1/120 作为抗剪能力控制指标，各层的水平位移均不应大于 1/120。因此，当要求变形在 1/120 以下时，没有必要特别进行水平位移的计算，但是，在其他情况下，要用下式计算水平位移：

$$\Delta=\frac{Vh_w}{K_w} \tag{3-2}$$

式中：Δ——剪力墙顶部的水平位移（mm）；

V——每米长度上剪力墙顶部承受的水平剪力标准值（kN/m）；

h_w——剪力墙的高度（mm）；

K_w——剪力墙的抗剪刚度。应按《木结构设计标准》GB 50005 附录 N 的规定取值。

3.2 一　般　规　定

对于木框架剪力墙结构的抗震抗风设计，当符合下列所有规定时，可按构造要求进行设计，不需进行抗震抗风的结构计算：

1. 木框架剪力墙结构的层数不应大于 3 层；包括木框架剪力墙结构的上下混合木结构建筑的总层数不应大于 7 层；

2. 建筑物各层面积不应超过 600m^2，层高不应大于 3.6m；

3. 楼面活荷载标准值不应大于 2.5kN/m^2；屋面活荷载标准值不应大于 0.5 kN/m^2；

4. 建筑物屋面坡度不应小于 1∶12，且不应大于 1∶1；

5. 纵墙上檐口悬挑长度不应大于 1.2m，山墙上檐口悬挑长度不应大于 0.4m；

6. 承重构件的净跨距不应大于 12.0m。

木框架剪力墙结构的平面布置宜规则，质量和刚度变化宜均匀。所有构件之间应有可靠的连接，必要的锚固、支撑，足够的承载力，保证结构正常使用的刚度，良好的整体性。采用传统技术连接的节点，必要时应采用金属锚件进行加强，或采用以金属连接件为主的连接方法。

在验算屋盖与下部结构连接部位的连接强度及局部承压时，应对风荷载引起的上拔力乘以 1.2 倍的放大系数。

3.3 剪力墙最小用量

通常的结构计算中，抗震抗风设计时，应根据建筑物的质量和投影面积来分别计算地震作用力和风荷载作用力，但是这种计算过程相当麻烦。一般情况下，木结构住宅的质量和荷载处于某个范围以内，因此，只要根据建筑物的楼板面积和宽度来间接求出地震作用力和风荷载作用力，然后再计算出必要的剪力墙抗剪承载力（最小用墙量）。这种方法称为墙量计算方法。墙量计算方法是日本独创。

当抗震设计按楼面面积进行计算时，剪力墙最小长度（最小用墙量）应符合表 3.1 的规定。本设计法假定建筑物是平房、2 层或 3 层，建筑物的重量与楼面面积成正比。

抗震设计时剪力墙的最小长度 **表 3.1**

抗震设防烈度		最大许可层数	结构用胶合板材剪力墙最大间距（m）	剪力墙的最小长度（m）		
				1 层、2 层屋顶或 3 层的屋顶	2 层的底层或 3 层的 2 层	3 层的底层
6 度	—	3	10.6	0.02A	0.03A	0.04A
7 度	0.10g	3	10.6	0.05A	0.09A	0.14A
	0.15g	3	7.6	0.08A	0.15A	0.23A
8 度	0.20g	2	7.6	0.10A	0.20A	—

注：1. 表中 A 指建筑物的最大楼层面积（m^2）。
2. 表中剪力墙的最小长度以墙体一侧采用 9.5mm 厚结构用胶合板材作面板、150mm 钉距的剪力墙为基础。当墙体两侧均采用结构用胶合板材作面板时，剪力墙的最小长度为表中规定长度的 50%。
3. 对于其他形式的剪力墙，其最小长度可按表中数值乘以 $3.5/f_{vt}$ 确定，f_{vt} 为其他形式剪力墙抗剪强度设计值。
4. 当楼面有混凝土面层时，表中剪力墙的最小长度应增加 20%。

在不同风荷载作用时，剪力墙最小长度应符合表 3.2 的规定。

抗风设计时剪力墙的最小长度 **表 3.2**

基本风压（kN/m^2）				最大允许层数	结构用胶合板材剪力墙最大间距（m）	剪力墙的最小长度（m）		
地面粗糙度						1 层、2 层的屋顶或 3 层的屋顶	2 层的底层或 3 层的 2 层	3 层的底层
A	B	C	D					
—	0.30	0.40	0.50	3	10.6	0.34L	0.68L	1.03L
—	0.35	0.50	0.60	3	10.6	0.40L	0.80L	1.20L

续表

基本风压（kN/m²）				最大允许层数	结构用胶合板材剪力墙最大间距（m）	剪力墙的最小长度（m）		
地面粗糙度						1层、2层的屋顶或3层的屋顶	2层的底层或3层的2层	3层的底层
A	B	C	D					
0.35	0.45	0.60	0.70	3	7.6	$0.51L$	$1.03L$	$1.54L$
0.40	0.55	0.75	0.80	2	7.6	$0.62L$	$1.25L$	—

注：1. 表中 L 指垂直于该剪力墙的建筑物长度（m）。

2. 表中剪力墙的最小长度以墙体一侧采用9.5mm厚结构用胶合板材作面板、150mm钉距的剪力墙为基础。当墙体两侧均采用结构用胶合板材作面板时，剪力墙的最小长度为表中规定长度的50%。

3. 对于其他形式的剪力墙，其最小长度可按表中数值乘以 $3.5/f_{vt}$ 确定，f_{vt} 为其他形式剪力墙抗剪强度设计值。

当木结构不能满足表3.1、表3.2中剪力墙最小长度的规定时，必须进行地震作用或风荷载的计算，并进行抗震抗风设计。

由于表3.1、表3.2中剪力墙最小长度是对应的轻型木结构墙体一侧采用9.5mm厚结构用胶合板材作面板、150mm钉距，其抗剪强度设计值为3.5kN/m的剪力墙，因此，对于木框架剪力墙结构抗震设计时，表3.1中规定的各层剪力墙的最小长度可以转换为各层剪力墙最小受剪承载力。具体转换见表3.3。即：表3.1中抗震设防烈度6度时，最小剪力墙长度为 $0.02A$（m），可转换为最小受剪承载力为：$0.02A \times 3.5\text{kN/m} = 0.07A$（kN）。木框架剪力墙结构的剪力墙抗剪强度设计值见本书第5章“构件设计”。

抗震设计时各层剪力墙最小受剪承载力　　表3.3

抗震设防烈度		最大许可层数	木结构板材剪力墙的最大间距（m）	剪力墙的最小受剪承载力（kN）		
				1层、2层的屋顶或3层的屋顶	2层的底层或3层的2层	3层的底层
6度	—	3	10.6	$0.07A$	$0.105A$	$0.14A$
7度	$0.10g$	3	10.6	$0.175A$	$0.315A$	$0.49A$
	$0.15g$	3	7.6	$0.28A$	$0.525A$	$0.805A$
8度	$0.20g$	2	7.6	$0.35A$	$0.7A$	—

注：表中 A 指建筑物的最大楼层面积（m²）。

在抗震设计中，可以混用多个抗剪强度不同的剪力墙。例如，木框架剪力墙结构建筑某层必需的剪力墙最小受剪承载力为68kN时，可以采用长度8m、抗剪强度设计值为5.0kN/m的剪力墙与长度4m、抗剪强度设计值为7.1kN/m的剪力墙进行组合设计。即：

$$5.0\text{kN/m} \times 8\text{m} + 7.1\text{kN/m} \times 4\text{m} = 68.4\text{kN} > 68\text{kN}$$

另外，表3.3规定的最小受剪承载力是建筑物在大地震中不倒塌的承载力，由于遭受较大损害的可能性很大，因此，抗震设计时尽量采用有富余的设计结果。

在抗风设计中，采用剪力墙的最小长度为基础的剪力墙同样可以将表3.2转换为表3.4。

抗风设计时各层剪力墙最小受剪承载力　　表3.4

基本风压（kN/m²）				最大允许层数	结构用胶合板材剪力墙最大间距（m）	剪力墙的最小受剪承载力（kN）		
地面粗糙度						1层、2层的屋顶或3层的屋顶	2层的底层或3层的2层	3层的底层
A	B	C	D					
—	0.30	0.40	0.50	3	10.6	1.19L	2.38L	3.605L
—	0.35	0.50	0.60	3	10.6	1.4L	2.8L	4.2L
0.35	0.45	0.60	0.70	3	7.6	1.785L	3.605L	5.39L
0.40	0.55	0.75	0.80	2	7.6	2.17L	4.375L	—

注：表中L指垂直于该剪力墙的建筑物长度（m）。

3.4　剪力墙的构造

剪力墙的设置应符合下列规定（图3.2）：

1. 单个墙段的墙体长度不应小于0.6m，墙段的高宽比不应大于4：1；
2. 同一轴线上相邻墙段之间的距离不应大于6.4m；
3. 墙端与离墙端最近的垂直方向的墙段边的垂直距离不应大于2.4m；
4. 一道墙中各墙段轴线错开距离不应大于1.2m。

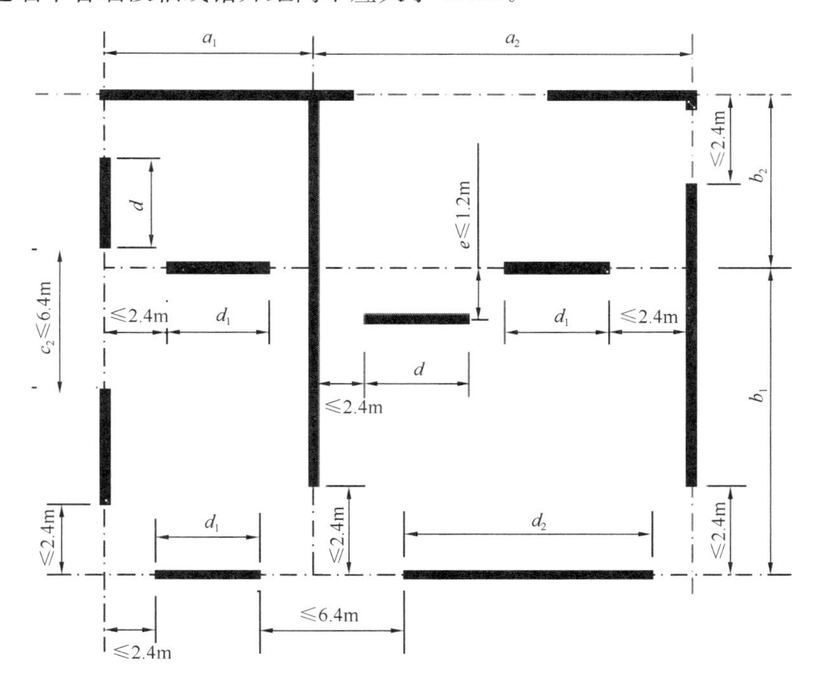

图3.2　剪力墙平面布置要求

a_1、a_2—横向剪力墙之间距离；b_1、b_2—纵向剪力墙之间距离；c_1、c_2—剪力墙墙段之间距离；d_1、d_2—剪力墙墙体长度；e—墙肢错位距离

以上规定与轻型木结构的相关规定相同。

如果剪力墙的长度小于0.6m，那么剪力墙会变成细长，在承受水平荷载时难以防止

墙体的转动。高度与宽度之比不应大于 4∶1 也是基于同样的理由。

剪力墙轴线上下层错层处，轻型木结构中规定各墙段轴线错开距离不应大于格栅高度的 4 倍或不应大于 1.2m，在木框架剪力墙结构中也应符合相同规定。

对于进出面没有墙体的单层车库两侧构造剪力墙，或顶层楼盖屋盖外伸的单肢构造剪力墙，其无侧向支撑的墙体端部外伸距离不应大于 1.8m（图 3.3）。

楼盖、屋顶桁架的平面上，开孔面积是被剪力墙线路包围面积的 30%以下，且开孔尺寸在剪力墙间距的 50%以下（图 3.4）。

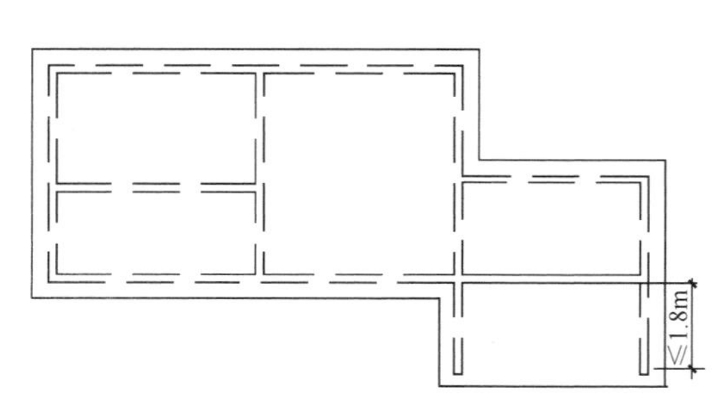

图 3.3　无侧方向支撑的外延长度

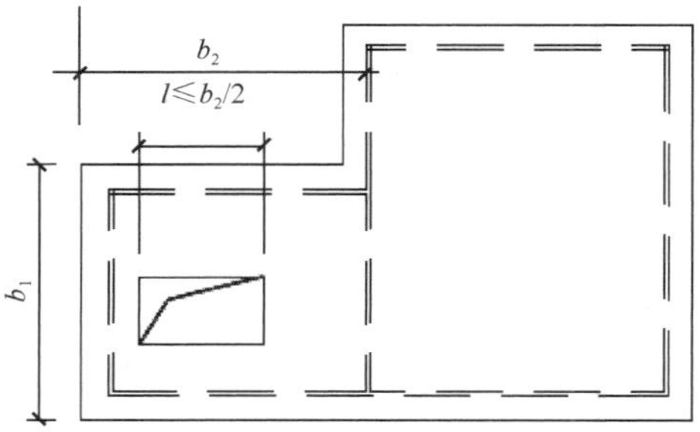

图 3.4　楼盖、屋顶的开孔

相邻楼盖错层的高度不应大于楼盖搁栅的截面高度。超过该高度的错层单元建筑，必须另行进行地震作用和风载荷的安全性研究。

在木框架剪力墙结构中，为了确保剪力墙平面布置的平衡，也可按照本书附录 3 中的要求采用 4 分割法进行检测，也可进行偏心率的检测来代替 4 分割法。在这种情况下，偏心率不应大于 0.15。当偏心率大于 0.15 小于 0.3 时，必须进行建筑物的弯曲校正，并确认剪力墙的承载力满足允许承载力。

剪力墙承担的楼层水平作用力可以根据剪力墙从属面积上重力荷载代表值的比例进行分配计算（面积分配法）。通过面积分配法和刚度分配法得到的剪力墙水平作用力的差值大于 15%时，剪力墙应按照两者中最不利情况进行设计。但是，考虑到木框架剪力墙结构剪力墙的允许受剪承载力是由刚度来确定的，因此，可以用强度分配法代替刚度分配法来计算剪力墙承担的水平力。

3.5　楼盖和屋盖

将格栅、椽子、梁作为两端简支构件进行计算。

当计算用梁支撑的剪力墙承担的水平力时，要考虑梁的挠度对计算结果的影响。

楼面梁设计时要考虑楼面振动故障的影响。

楼盖和屋盖的受剪承载力设计值应按下式计算：

$$V = f_{vd} B_e \tag{3-3}$$

式中　f_{vd}——采用结构用胶合板材的楼盖、屋盖抗剪强度设计值（kN/m）；按本书第 5 章表 5.2、表 5.3 确定；

B_e——与楼盖和屋盖荷载方向平行的有效宽度（m）。

楼盖、屋盖平行于荷载方向的有效宽度 B_e 应根据楼盖、屋盖平面开口位置和尺寸（图 3.5），按下列规定确定：

1. 当 $c<610$mm 时，取 $B_e=B-b$；其中，B 为平行于荷载方向的楼盖、屋盖宽度（m），b 为平行于荷载方向的开孔尺寸（m）；b 不应大于 $B/2$，且不应大于 3.5m；

2. 当 $c\geqslant 610$mm 时，取 $B_e=B$。

作用在楼盖、屋盖上的水平剪力由结构板材来承担，但是，与荷载方向垂直设置的楼盖、屋盖外框的横架材（边界杆件）上，会因弯曲而产生轴向力，其轴向力 N 应按公式（3-4）计算。对于风荷载或地震作用产生的均布荷载作用，楼盖、屋盖的弯矩 M_1 和 M_2 分别按式(3-5)、式（3-6）计算：

$$N=\frac{M_1}{B_0}\pm\frac{M_2}{a} \tag{3-4}$$

$$M_1=\frac{qL^2}{8} \tag{3-5}$$

$$M_2=\frac{q_e l^2}{12} \tag{3-6}$$

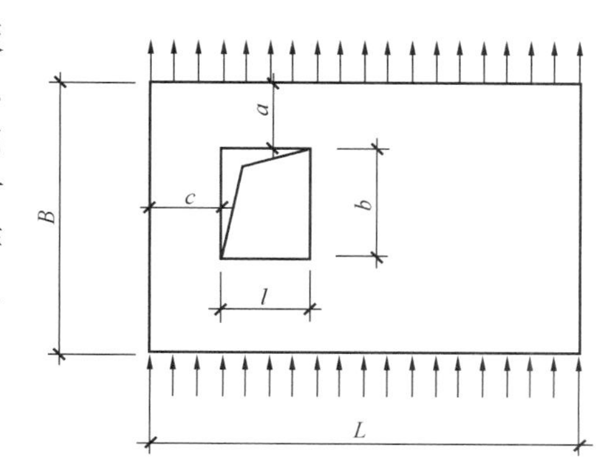

图 3.5　楼盖、屋顶桁架的有效长度

式中：M_1——楼盖、屋盖平面内的弯矩设计值（kN·m）；

M_2——楼盖、屋盖开孔长度内的弯矩设计值（kN·m）；

B_0——与荷载方向垂直的楼盖、屋盖的外框横架材（边界杆件）的中心距（m）；

a——垂直于荷载方向的开孔边缘到楼盖、屋盖边界杆件的距离；$a\geqslant 0.6$ m；

q——作用于楼盖、屋盖的侧向均布荷载设计值（kN/m）；

q_e——作用于楼盖、屋盖单侧的侧向荷载设计值（kN/m），一般取侧向均布荷载 q 的一半；

L——垂直于荷载方向的楼盖、屋盖长度（m）；

l——垂直于荷载方向的开孔尺寸（m）；l 不应大于 $B/2$，并且不应大于 3.5m。

在这里，当计算开孔导致剪力的分布和孔洞角落处的轴向力时，在剪力集中的位置增加钉子或对开孔角落处框架的连接进行适当的加强设计情况下，可以忽略对开孔尺寸 l 的限制。

作用在楼盖、屋盖上的载荷不均匀分布时，要根据实际情况计算轴向力。

在楼盖、屋盖长度范围内的边界杆件必须在力学上连续。当边界杆件断开时，应根据轴向力进行接缝连接的设计。这时，楼盖、屋盖的覆面板不应作为边界杆件的连接板。

当楼盖、屋盖边界杆件同时承受轴力和楼盖、屋盖传递的竖向力时，杆件应按压弯或拉弯构件设计。

3.6　柱

柱子应按两端铰接的受压构件进行设计，这时要将柱子的屈曲长度作为柱子计算长度。木框架剪力墙结构采用的柱子与轻型木结构相比相对较大，承担的荷载力也大，所以即使铺设了覆面板材料，也要进行面内方向及面外方向的验算。

外墙间柱应考虑轴向力与风荷载的效应组合，并应按两端铰接的压弯构件设计。当外墙围护材料采用砖石等较重装饰材料时，应考虑围护材料产生的柱子平面外的地震作用。

剪力墙两侧边界柱子上，由水平剪力产生的轴向力应根据下式计算：

$$N_F = \frac{M}{B_0} \tag{3-7}$$

式中 N_F——剪力墙边界杆件的拉力或压力设计值（kN）；

M——侧向荷载在剪力墙平面内产生的弯矩（kN·m）；

B_0——剪力墙两侧边界构件的中心距（m）。

柱子一般不设置连接缝。而且，柱脚或柱顶要采用金属锚件与基础或上层的柱子、梁等构件紧密连接。

在木框架剪力墙结构设计时，可以采用已被结构计算和试验证明的 N 值计算法。N 值计算法参照本书第 5 章“构件设计”。

第4章　构　造　要　求

本章主要介绍木框架剪力墙结构住宅建筑的构造概要、最低的规格要求和最基本的结构规定。

4.1　概　　要

木框架剪力墙结构主要是由地梁、梁、横架梁和柱组成基本的木框架，并在框架间柱上铺设结构用胶合板（木基结构板）而构成剪力墙，以及在楼面梁或屋架上铺设结构用胶合板（木基结构板）而构成水平构件的结构形式。木框架剪力墙结构的木构架体系示意见图 4.1，该结构的住宅的外观见图 4.2，屋面结构见图 4.3，楼面、墙体结构见图 4.4。

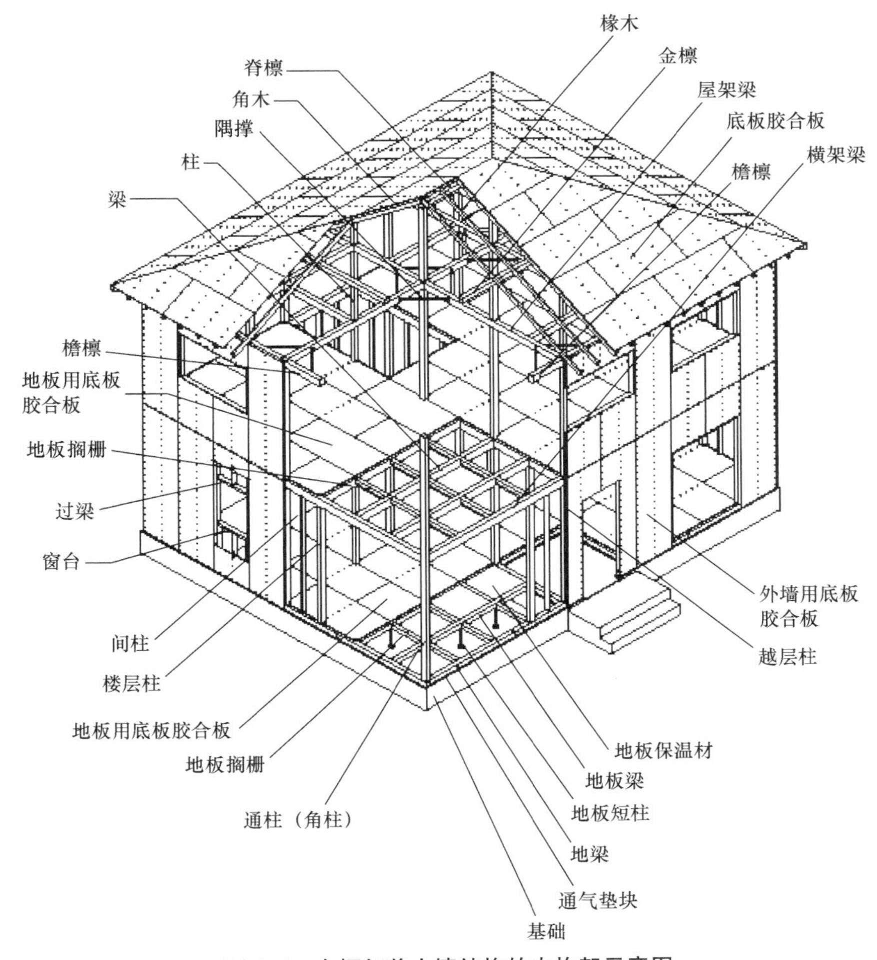

图 4.1　木框架剪力墙结构的木构架示意图

图 4.2　某住宅的现场结构外视图

图 4.3　某住宅的现场结构内视图（屋面结构）

图 4.4　某住宅的现场结构内视图（楼面、墙体结构）

近年来，木框架剪力墙结构住宅通常是在钢筋混凝土建造的基础上，铺设经防腐处理的木地梁，并在木地梁上面设置柱，用梁、横架梁连接柱顶部，由此形成木框架体系。框架木构件之间采用长向连接（日语称为继手，构件长度方向的连接或其连接部）、交叉连接（日语称为仕口，两个构件成直角或某角度的连接或其连接部）等连接节点，再通过安装金属锚固件进行紧密连接。在楼面梁或屋架梁上用钉连接铺设胶合板等结构用面板，使楼盖和屋盖形成一体化的整体结构。在墙上也用钉连接铺设胶合板等结构用面板，形成抗震和抗风的剪力墙。

4.2　建　造　方　法

木框架剪力墙结构住宅的建造按下列步骤进行：

1. 基础

在正确固定好连接木地梁的预埋锚栓，配置完成基础所需要的钢筋后，再浇筑混凝土基础。一般来说，基础采用的形式有两种，一种是沿着地梁位置设置的条形基础（图 4.5），另一种是在地板下全部采用钢筋混凝土筏板式基础（图 4.6）。

2. 地梁、地板短柱、地板梁

在地基上设置地梁，用锚栓与混凝土基础紧密连接。布置地板短柱和地板梁以支撑一层的地面板（图 4.7）。地板梁布置的基准间距为 900～1000mm。

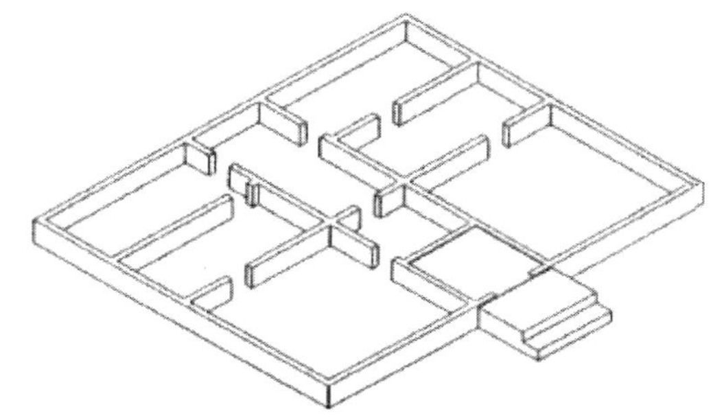

图 4.5　条形基础

3. 地面搁栅

在地梁和地板梁之间布置一层地面搁栅

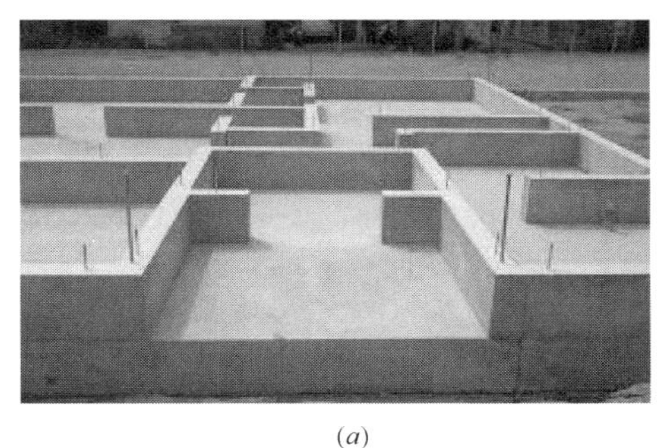

(*a*)

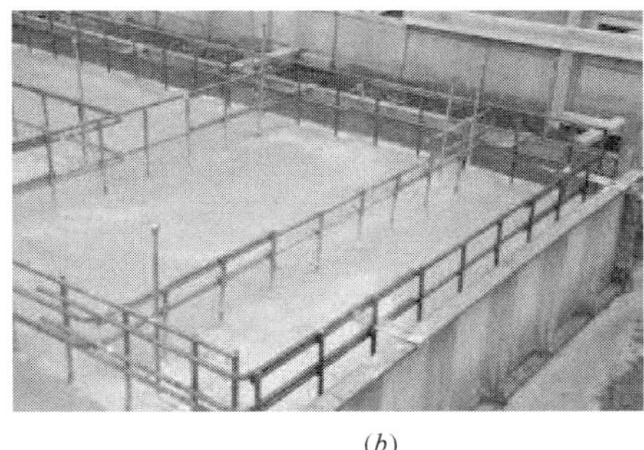

(*b*)

图 4.6　筏板基础示意图

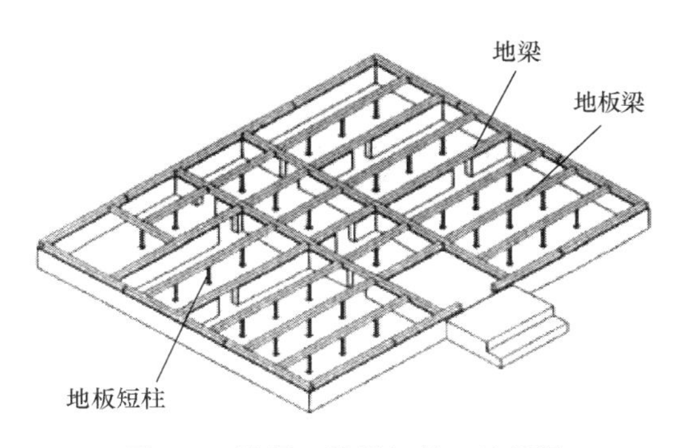

图 4.7　地梁、地板短柱、地板梁

（胶合板托），防止铺设在一层地面平台上的胶合板挠曲（图 4.8）。地面搁栅布置的基准间距为 900～1000mm。

4. 地板保温材

铺设地板保温材料时，保温材料要位于地板梁之间的空腔内（图 4.9）。

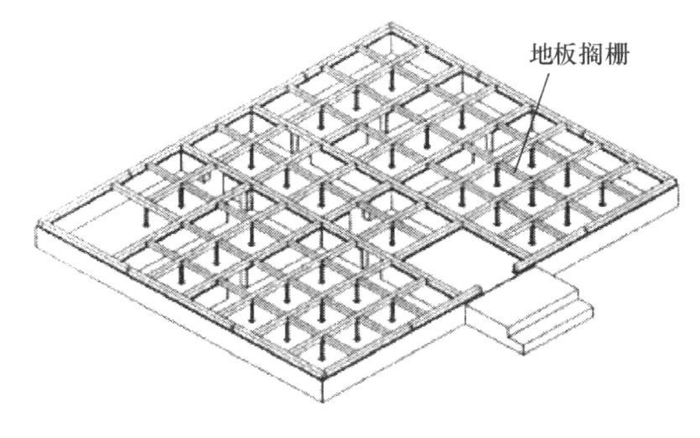

图 4.8　地面搁栅

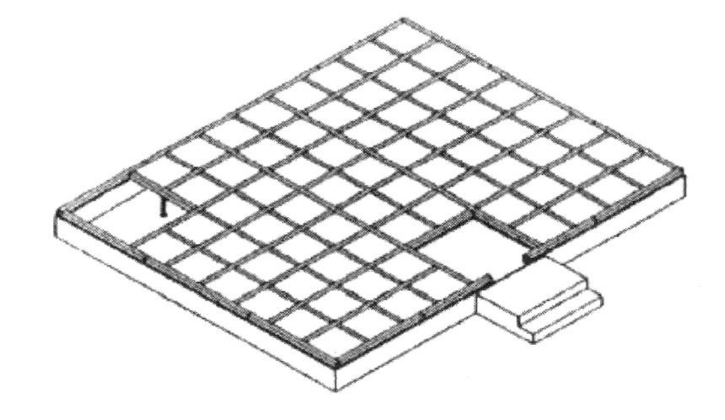

图 4.9　地板保温材

5. 地面板

将一层地面的结构胶合板布置在地梁、地板梁、地面搁栅上，采用钉连接进行固定（图 4.10）。重要的是在设置柱子和间柱的位置，胶合板上应预先切割进行开孔开槽。钉连接的钉子规格和间距参照本书第 5 章“构件设计”。

6. 一层柱

在一层地梁上布置安装一层的柱子。在房屋外墙四个转角处和重要的结构位置，配置安装连接到二层的通柱（图 4.11）。

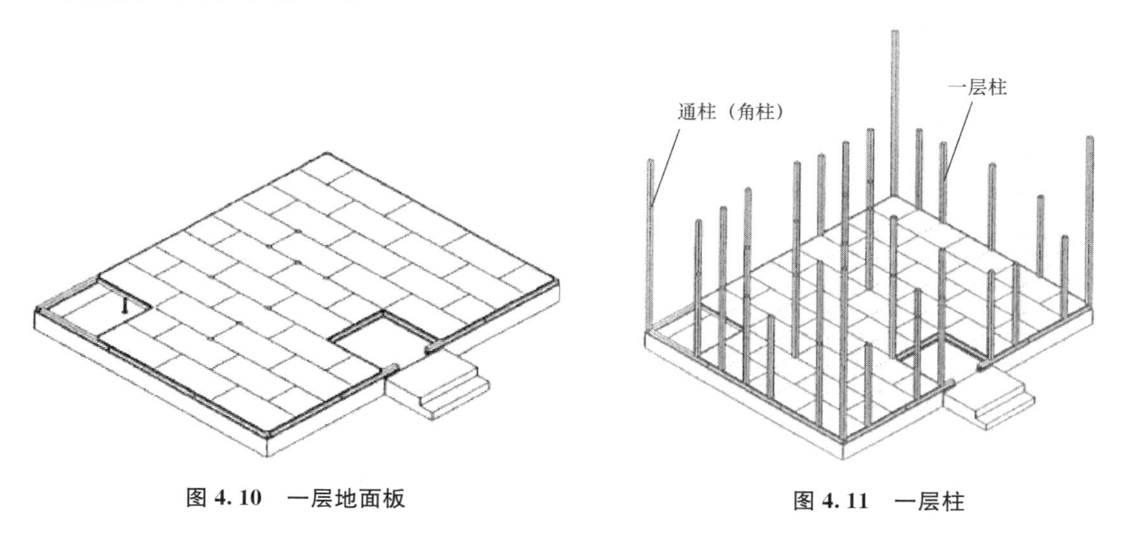

图 4.10　一层地面板

图 4.11　一层柱

7. 二层横架梁、小梁

在一层柱顶处布置安装二层横架梁，在二层横架梁之间布置小梁（图 4.12）。柱子上下端节点、梁与梁之间的节点应采用金属连接件紧密连接。小梁布置的基准间距为 900～1000mm。

在安装时，为了保证木框架柱、间柱的垂直，最好设置临时斜材（临时斜撑）。

8. 楼面搁栅

在二层楼面的横架梁和小梁之间，布置二层楼面搁栅，防止铺设在二层楼面上的胶合板挠曲（图 4.13）。二层楼面搁栅布置的基准间距为 900～1000mm。

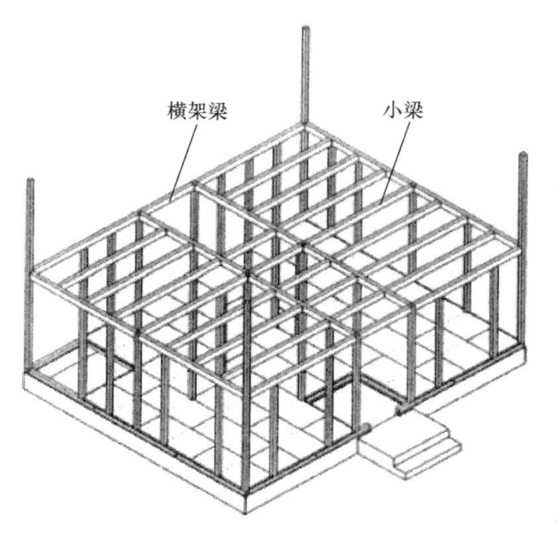

图 4.12　二层横架梁、小梁

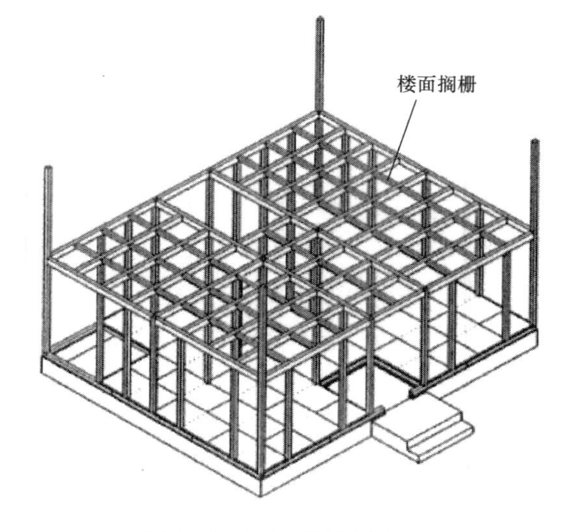

图 4.13　二层楼面搁栅

9. 二层楼面板

将二层楼面板布置在横架梁、小梁和楼面搁栅上，采用钉连接进行固定（图 4.14）。在设置二层的柱子和间柱的位置，胶合板上应预先切割进行开孔开槽。钉连接的钉子规格和间距参照本书第 5 章“构件设计”。

10. 二层柱

将二层柱子布置安装在二层横架梁上（图 4.15）。

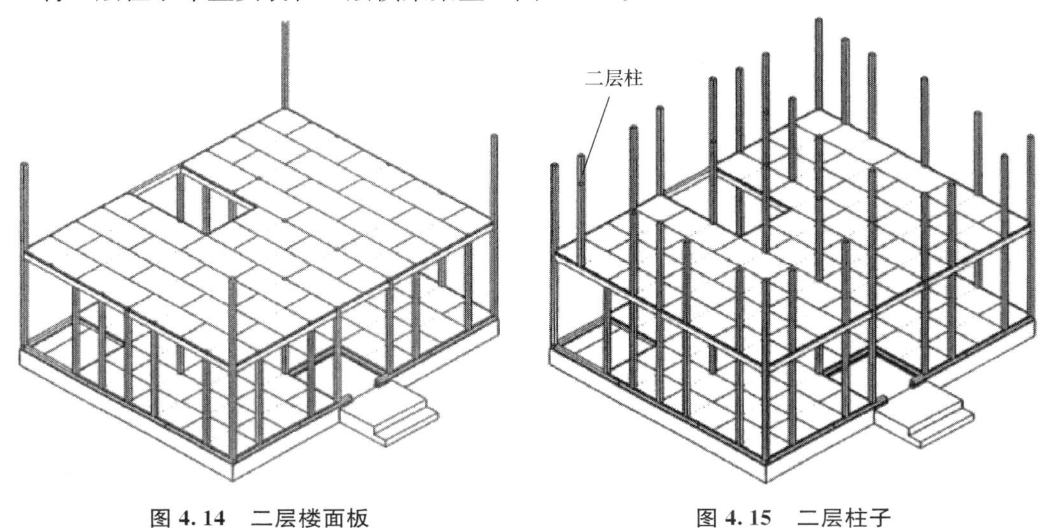

图 4.14　二层楼面板　　图 4.15　二层柱子

11. 屋架梁

在二层柱子的顶部布置安装屋架梁。二层柱子上下端节点、屋架梁与屋架梁间的连接节点采用金属连接件紧密连接（图 4.16）。

12. 角撑

将防止屋架梁构件组成的矩形结构平面变形的水平角撑，布置在屋架梁底部有柱子区域的矩形平面四角（图 4.17）。当在屋架梁顶面采用钉连接的胶合板覆面层时，不需要再设置水平角撑。

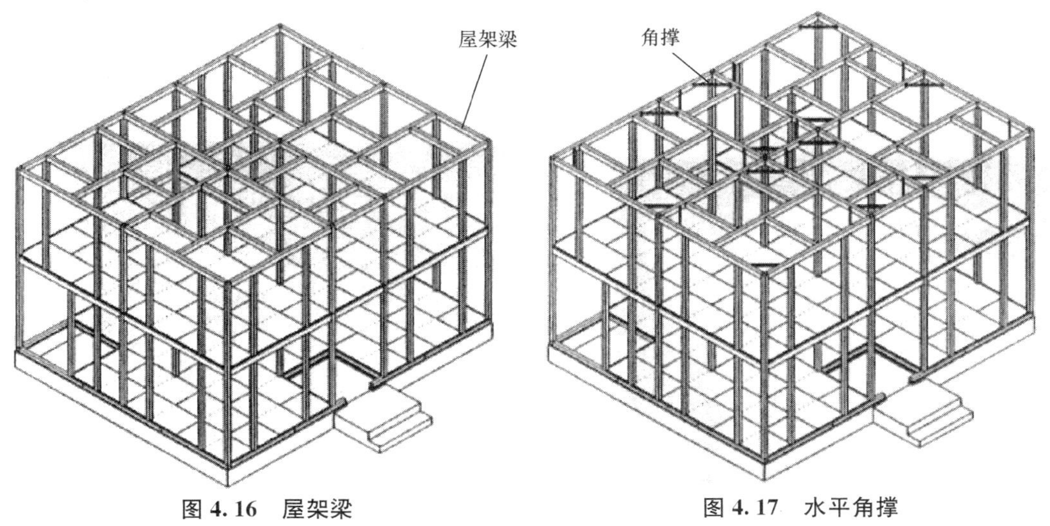

图 4.16　屋架梁　　图 4.17　水平角撑

13. 屋架柱

为了形成屋面结构体系（屋架），首先在屋架梁上设置屋架柱（图 4.18）。屋架柱的长度和设置位置应根据屋盖的形状和坡度确定。

14. 屋脊檩条、角木、檩

随后，在屋架柱上布置安装屋脊檩条、角木、檩等构件（图 4.19）。各构件之间用钉子或金属连接件紧密连接。

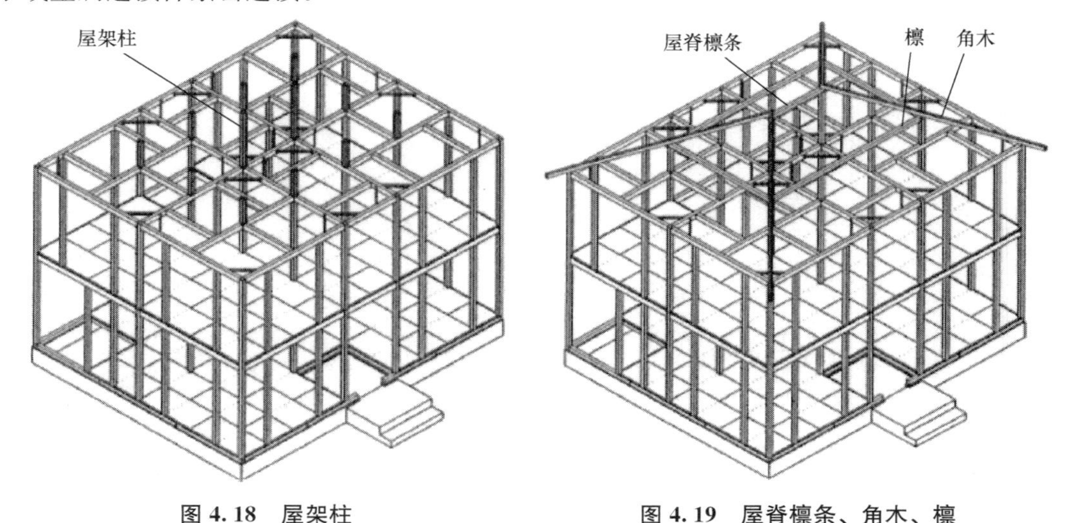

图 4.18　屋架柱　　图 4.19　屋脊檩条、角木、檩

15. 椽木

在屋脊檩条、角木、檩和屋架梁等构件上设置安装椽木（图 4.20）。椽木的间距为 300mm。椽木与屋架梁交叉连接处，采用钉子或金属连接件紧密连接。

16. 屋面胶合板

接着，在椽木上采用钉连接固定屋顶最下层的屋面胶合板（图 4.21）。钉连接的钉子规格和间距参照本书第 5 章“构件设计”。

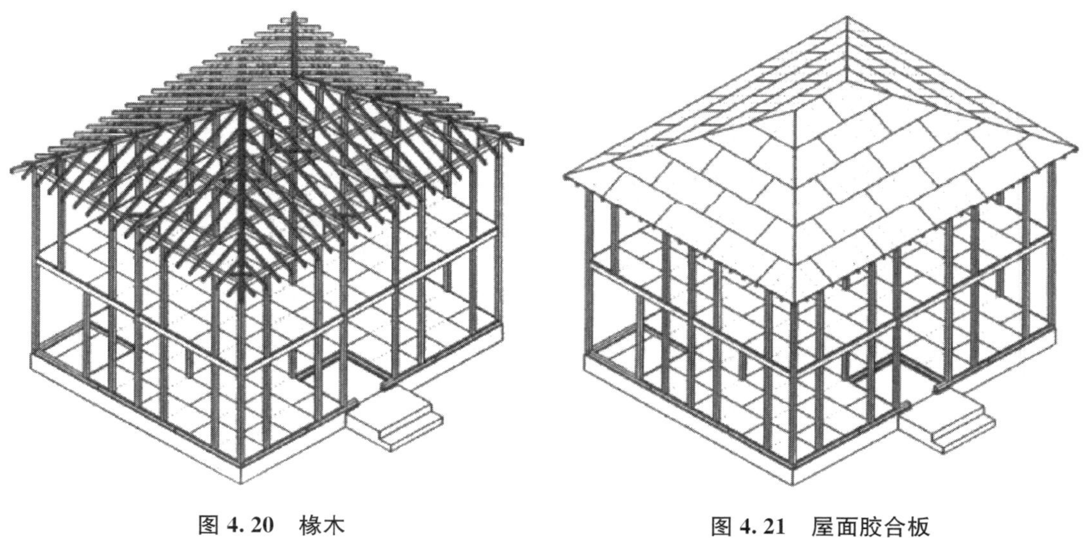

图 4.20　椽木　　图 4.21　屋面胶合板

17. 间柱

在墙体内设置间柱（图 4.22）。间柱是防止结构胶合板向平面外弯曲变形的构件。

18. 墙体覆面板

在柱子、间柱、地梁、横架梁、屋架梁上，采用钉连接固定外墙用的墙体覆面板（结构胶合板）。钉子规格和间距参照本书第 5 章“构件设计”。

最后，在室内把外墙上的保温材料铺设在墙体内，再铺设外墙内侧和内墙上的覆面板（图 4.23），再进行最终的室内装修。

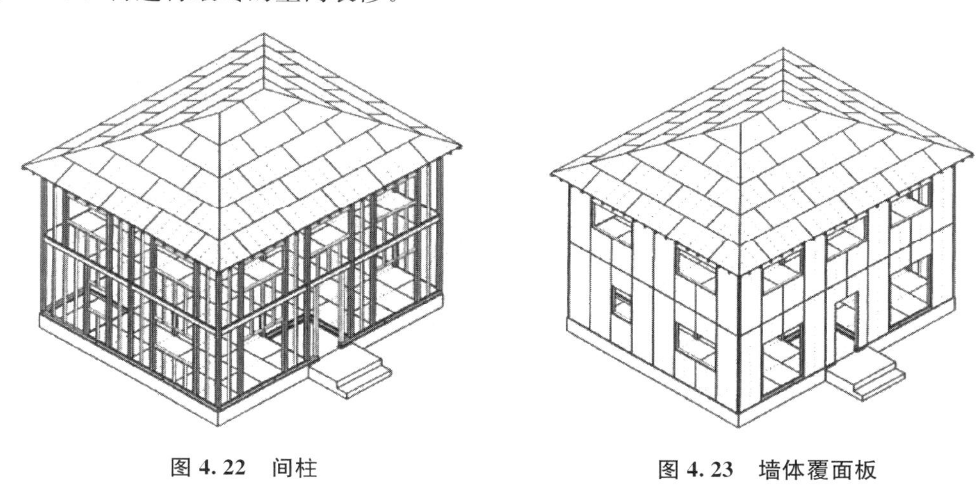

图 4.22 间柱　　图 4.23 墙体覆面板

4.3 基　　础

4.3.1 基础的构成

大多数的基础采用钢筋混凝土建造。基础采用的形式包括只在地梁下面设置基础梁的条形基础，以及在地板下面整体铺设钢筋混凝土板的筏板式基础两个种类。考虑到建筑物的结构整体性，以及防止地板下面的湿气和虫害等因素，最好使用筏板式基础(图 4.24)。

为了使上部结构的荷载准确地传递到基础下的地基，在剪力墙轴线的正下方应设置条形承台。而且，地板下应设置便于进行基础、地面检查的通行口。检查通行口设置时，尽可能地避免布置在上部结构的大开口处（或垃圾口）的正下方位置。

4.3.2 基础的截面

筏板基础的截面见图 4.25。

条形承台的宽度一般应大于 150mm，并在其截面内配置主筋、腹筋和拉筋。主筋应配置在条形承台宽度的中心位置。连接木地梁的预埋锚栓应与条形承台的配筋同时进行施工（注意：如果预埋锚栓不预先设置在正确的位置，就不能准确地安装木地梁）。

条形承台的截面高度应高于基础底板板面 300mm 以上，从耐久性设计考虑，条形承台的顶面最好应高于基础底板板面 400mm 以上。

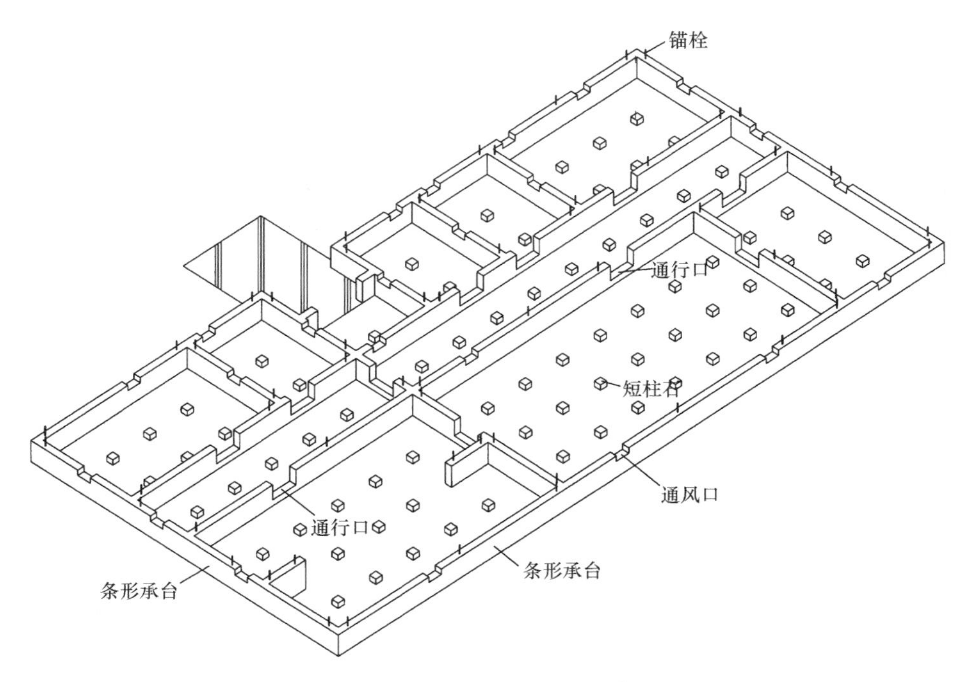

图 4.24　筏板基础的构成❶

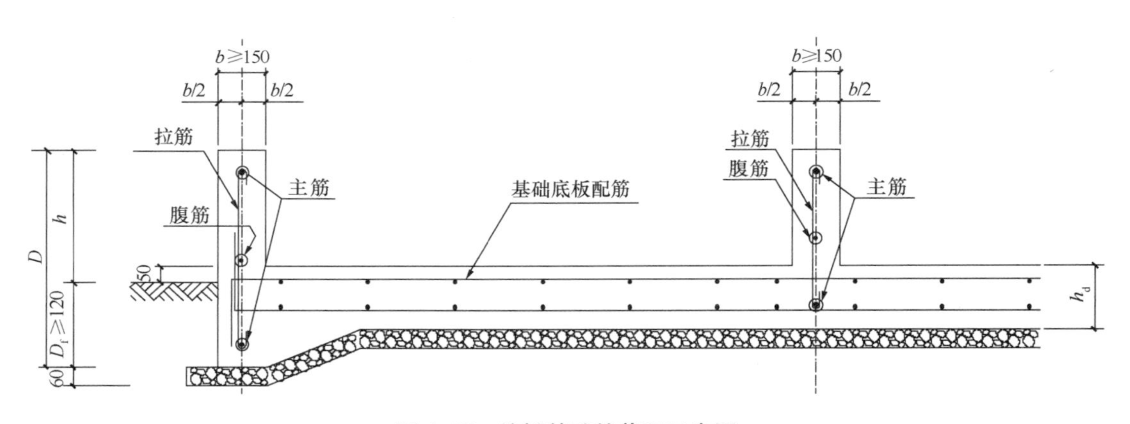

图 4.25　筏板基础的截面示意图

h_d—钢筋混凝土层厚度，应根据计算结果确定，并应≥120mm

4.3.3　基础的配筋

基础的配筋图见图 4.26～图 4.28。为了使上部结构的荷载传递到地基，在条形承台上应配置主筋（上端与下端）和附加补强筋。在开口（换气口）处周边，为了保证主筋的连续性，需要确保开口处附加补强斜筋应满足必要的锚固长度。

❶　图 4.24～图 4.27、图 4.31 选自铃木秀三编写的《图解建筑结构和构法》，井上书院。

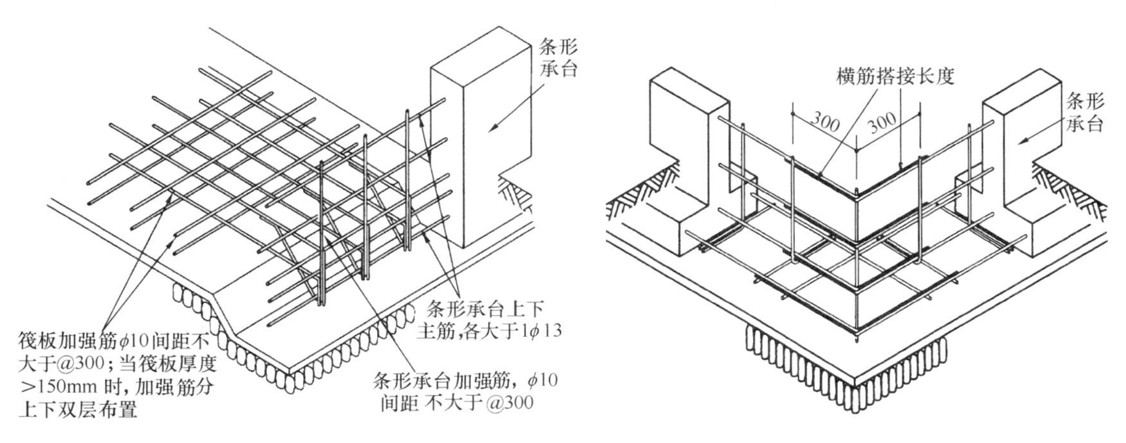

图 4.26　筏板基础的配筋示意　　图 4.27　条形承台转角加强示意

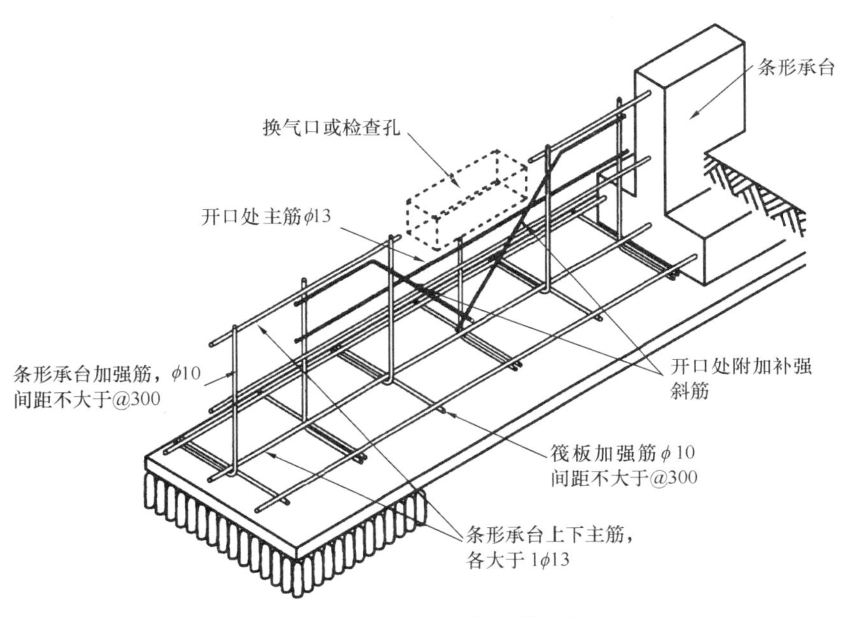

图 4.28　开口处钢筋加强示意

4.4　框　　架

4.4.1　地梁

基础条形承台与地梁之间、地梁与地梁之间的连接见图 4.29。

基础与地梁用锚栓紧密连接。当在地梁上直接铺设一层地面胶合板时，如果需要采用锚栓和螺母的情况下，应注意螺栓的长度，并在地梁中使用隐藏型的螺母。

地梁与地梁的连接时，除了木材之间连接缝加工外，也可使用金属连接件连接（图 4.30）。

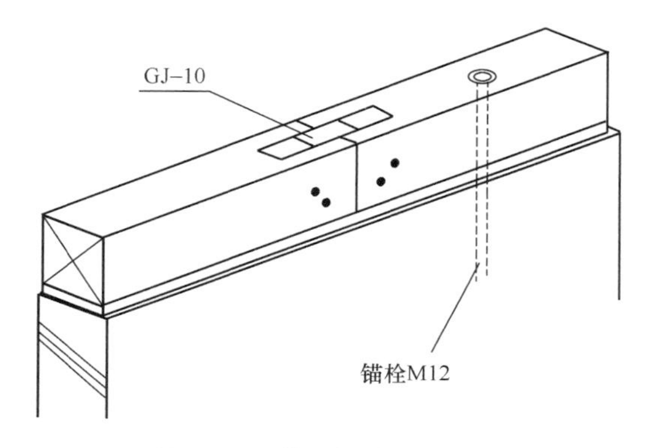

图 4.29 基础与地梁的连接

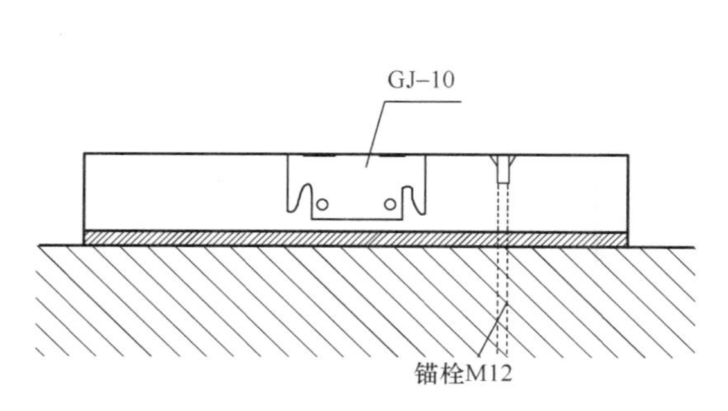

图 4.30 地梁与地梁的连接

地梁与柱的连接见图 4.31。

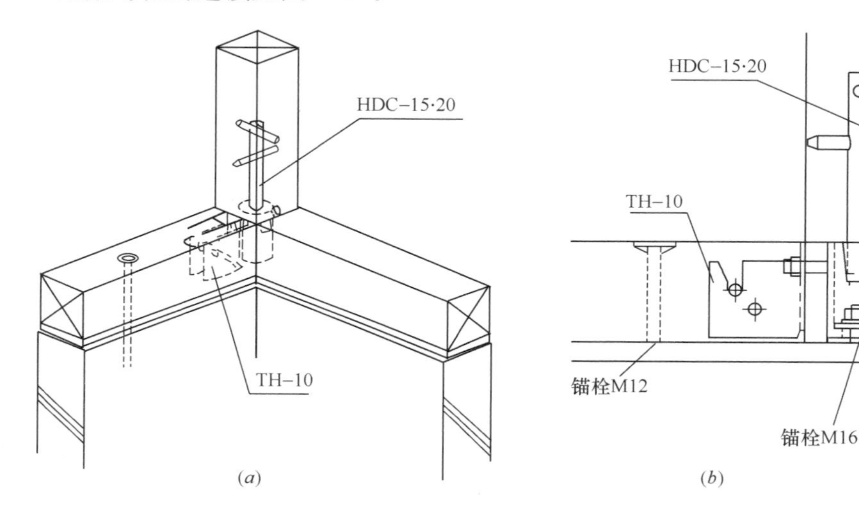

图 4.31 地梁和柱的连接

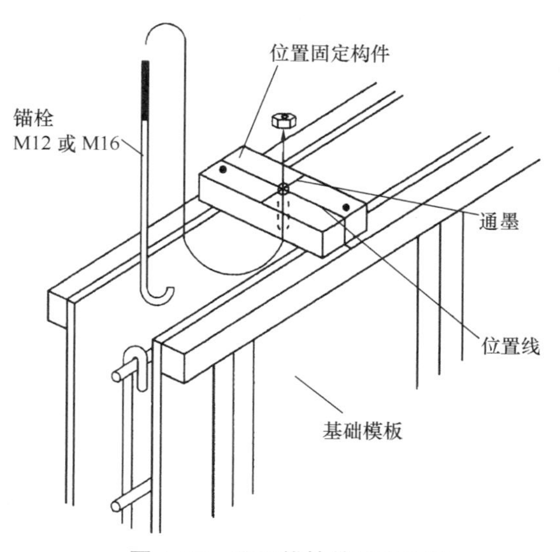

图 4.32 预埋锚栓的固定方法

地梁采用的材料最好是耐腐蚀性高、防白蚁性好的日本扁柏的心材。否则，应采用经过防腐处理的木材。地梁截面宽度的尺寸应大于或等于柱截面的宽度。

地梁与柱的连接方法可采用在木材之间通过接合榫连接，或者通过金属连接件连接。在剪力墙的柱上，需要增设抗拔金属锚固件，参见本书第 5 章“构件设计”。

为了防止由水平荷载（地震作用、风荷载）所导致建筑物的上浮和偏移，应设置将基础与地梁紧密连接的锚栓。基础施工时，锚栓应预埋在基础中，预埋锚栓的固定方法见图 4.32。

M12 螺栓预埋进基础的长度应大于 240mm，M16 螺栓时（用作金属紧固件）预埋进基础的长度应大于 360mm。

基础预埋锚栓设置的方法、设置的部位和位置见图 4.33、图 4.34。

当在下列情况时，锚栓应设置在距离柱中心线 150mm 左右的位置上：

1. 靠近胶合板等剪力墙的柱子两侧附近位置；
2. 地梁的端部和在地梁接缝处梁端的柱子附近位置；
3. 安装有斜撑的柱子底部附近位置。

除以上情况外，其他情况下锚栓的间距可采用大约为 2.7m。

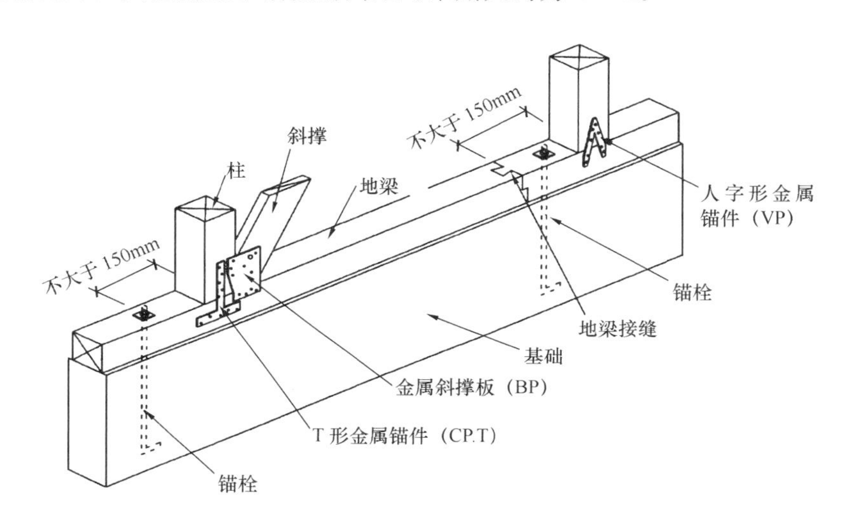

图 4.33　预埋锚栓的布置示意

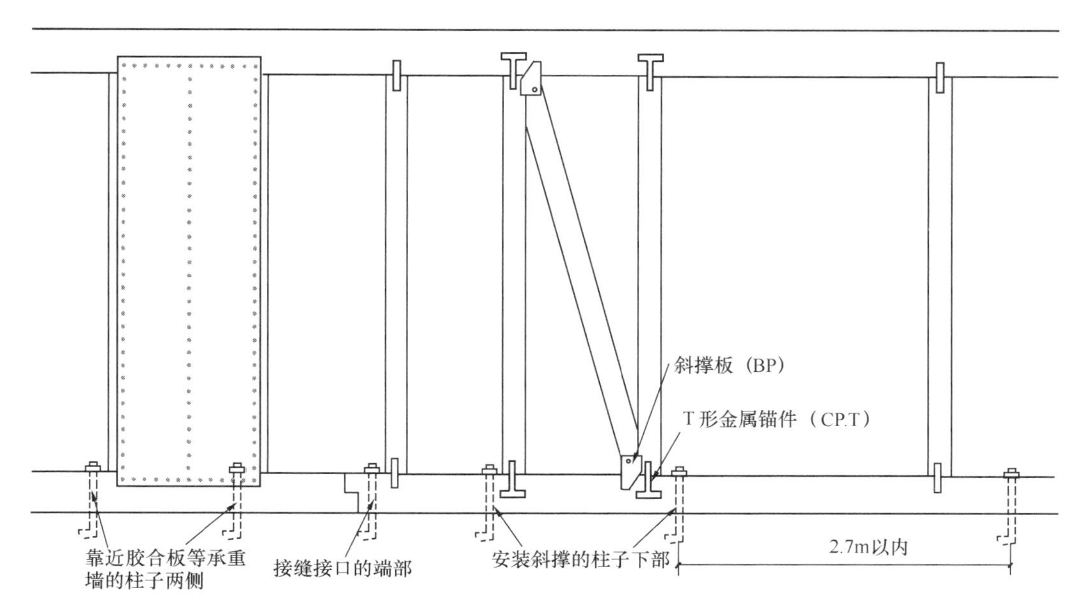

图 4.34　预埋锚栓的位置示意

4.4.2 柱

柱通过地梁将作用于上部结构的荷载传递到基础上。柱作为单个构件不应有连接缝，各楼层独立设置的柱称为“楼层柱”，从一层直到二层的柱被称为“通柱”。通柱通常设置在二层结构的四个外转角处，以及框架中重要的梁柱交叉处。

柱的标准截面为 105mm×105mm、120mm×120mm。在竖向荷载作用下，对于较小截面的柱有可能发生屈曲的危险，所以需要特别注意。在设计当中，认为柱将承担大荷载时，最好采用截面较大的柱。

柱与檐口檩条、横架梁、屋架梁的连接见图 4.35、图 4.36。

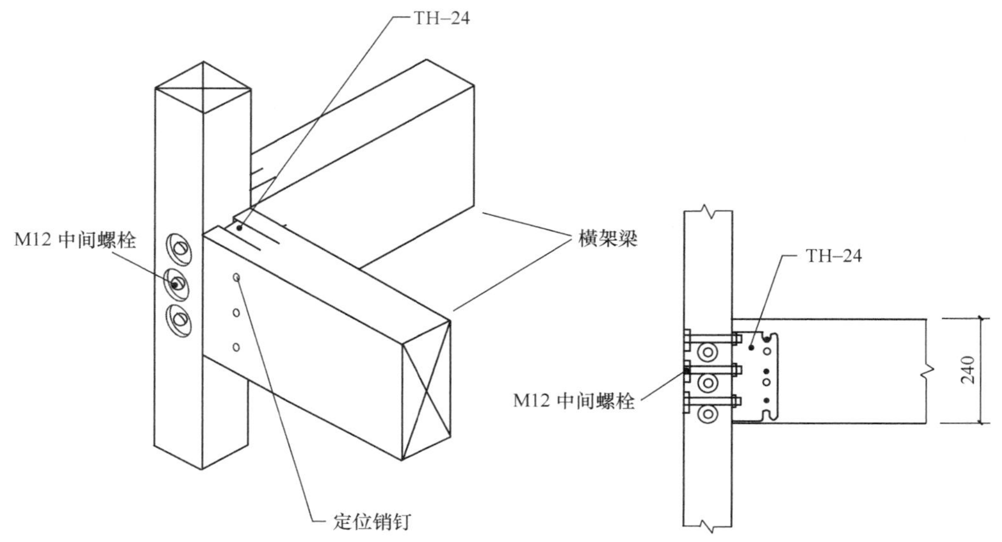

图 4.35 通柱与横架梁的连接示意

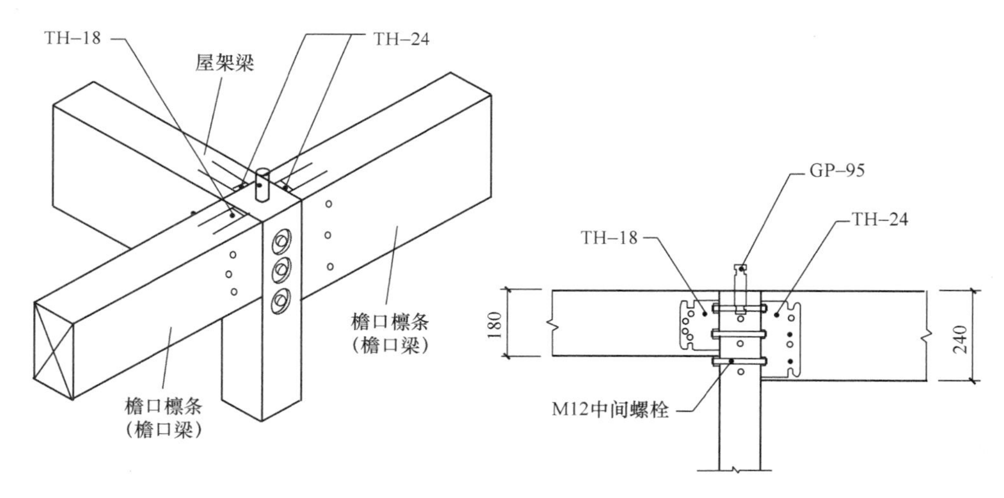

图 4.36 通柱与檐口檩条、屋架梁的连接示意

过去，柱与横架梁的连接是采用榫卯加工的木材进行嵌合连接的，但是，近年越来越多地采用金属梁托等机械连接方式（图 4.37）。使用螺栓或者销钉等金属紧固件，能够保

证连接节点承载力稳定，能够使节点的紧密性更加优越。

图 4.37 采用金属连接件的柱与梁连接节点

4.4.3 梁

横架梁、搁栅、屋架梁和檐口檩条是承担地板荷载、楼面荷载的重要构件。因此，通常使用的树种是抗弯性能好的落叶松和日本扁柏。当梁与剪力墙在同一条轴线连接时，梁与剪力墙的边框构件应采用一根截面尺寸相同的通长构件。连续梁的情况下，梁的连接节点应位于弯曲应力较小的地方，并应采用具有抗剪能力的金属连接件紧密连接。

4.5 剪 力 墙

剪力墙是通过在柱、间柱和横架梁等构件上铺设结构胶合板，并采用钉连接而构成（见图 4.38）。

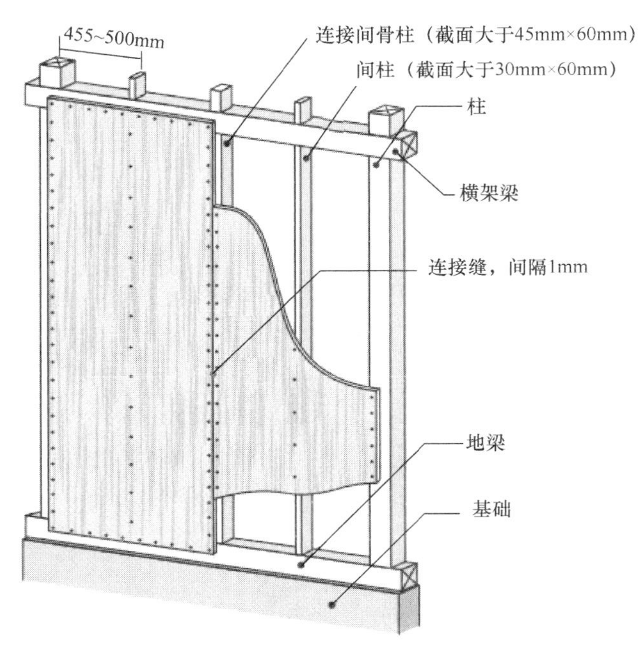

图 4.38 剪力墙的构造示意

剪力墙主要由柱、横架梁、间柱、连接间柱和结构胶合板构成。胶合板四周的边框构件应尽量采用截面尺寸不小于105mm×105mm的构件组成，特殊情况下，也可以采用连接间柱进行连接。间柱的作用是防止结构胶合板平面外的变形，但是，不能承担地震作用等产生的水平力。

结构胶合板四周应采用钉连接。钉子的规格和间距参照本书第5章“构件设计”。

在设置了窗户等开口处，由窗楣板、窗台板和梁托形成木骨架（见图4.39），并在木骨架上采用钉连接铺设胶合板。但是，在开口处上下铺设胶合板的部位不能作为剪力墙考虑。

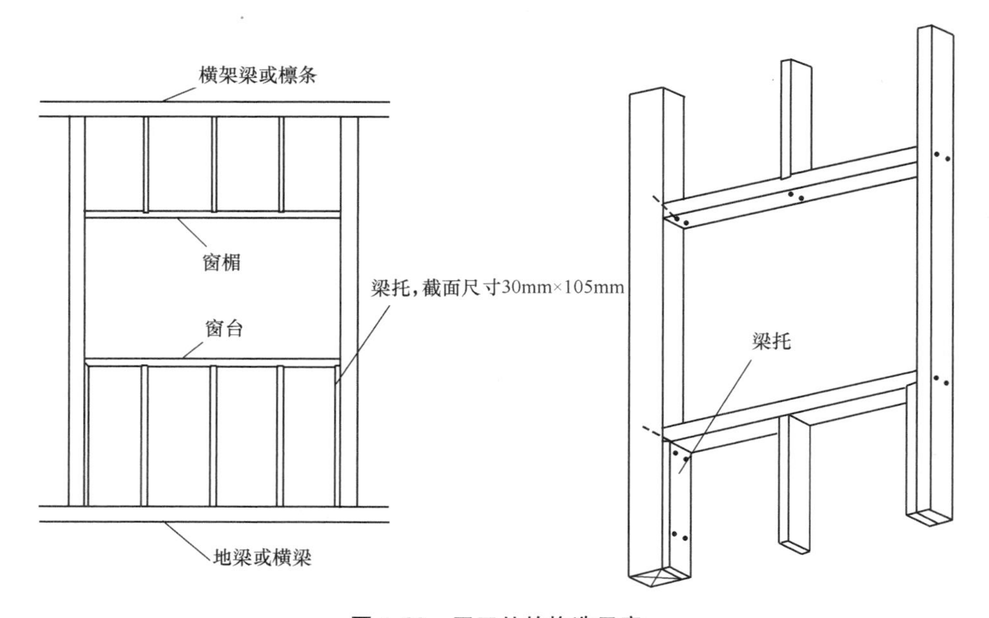

图4.39　开口处的构造示意

4.6　楼　　盖

4.6.1　楼盖的构成

楼盖的构造如图4.40所示，楼面是用钉子固定的胶合板。

如本书4.2节所述，楼层平面构架由横架梁、梁（大梁）和楼面搁栅（小梁）组成。大梁之间的连接接头采用金属锚固件进行加固，在受到地震作用时，连接节点应避免先脱落。小梁端部应嵌入大梁内，并使用梁托等金属挂件进行连接。

在楼层平面构架上铺胶合板，当采用比较薄的胶合板（厚度为12mm）时，应在梁上每间隔300mm设置一根格栅，并在上面钉上胶合板。另一方面，在铺设比较厚的胶合板（厚度大于24mm）时，要省略格栅，直接在楼层平面构架上钉上楼面板。关于楼盖的构造方法和钉钉子的要求参照本书第5章“构件设计”。

楼面会设置楼梯间和通风管等开口处，其周边容易形成结构的薄弱点，因此，开口角落的节点要采用金属加固件紧密连接，必要时，采取减小开口周围胶合板的钉子的间距等

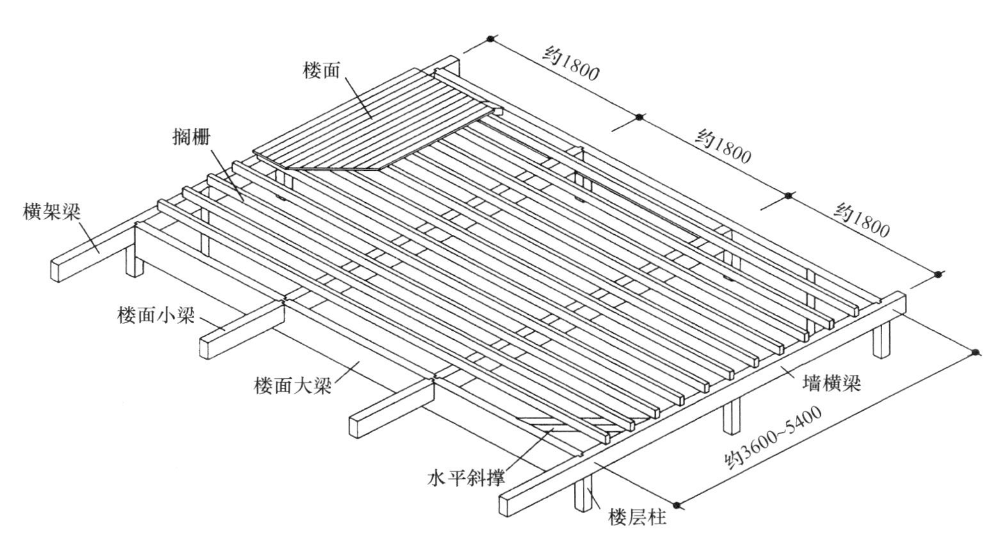

图 4.40 楼盖构造示意图

措施。有开口楼盖的设计方法参照本书第3章“结构设计”。

4.6.2 水平斜撑

为了保证屋面矩形梁架结构的稳定，在平面的转角处应设置水平斜撑。由于二层建筑的二层楼面和一层地板面上均铺设有结构胶合板，所以不需要设置水平斜撑。

水平斜撑的连接接口见图4.41。木质水平斜撑应嵌入梁构件截面内，并用螺栓连接。当采用金属的水平斜撑时，可在梁构件上直接采用螺栓安装。

当屋顶梁架结构上也铺设胶合板时，胶合板代替了水平斜撑，所以，没有必要再采用水平斜撑。

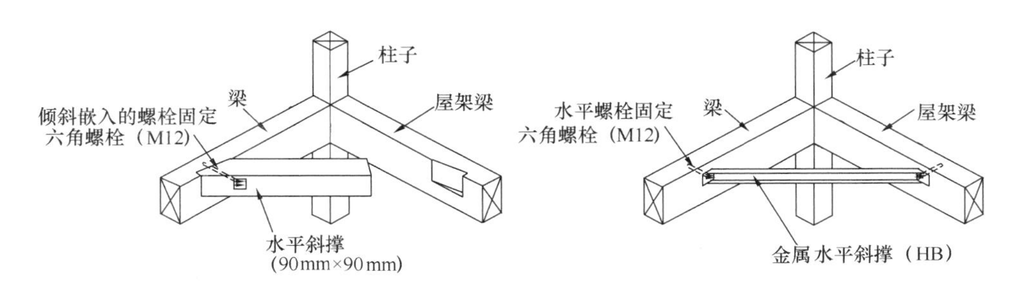

图 4.41 水平斜撑的连接示意

4.7 屋　　盖

4.7.1 屋盖的构造

山墙式屋盖的构造见图4.42，庑殿式屋盖的构造见图4.43。

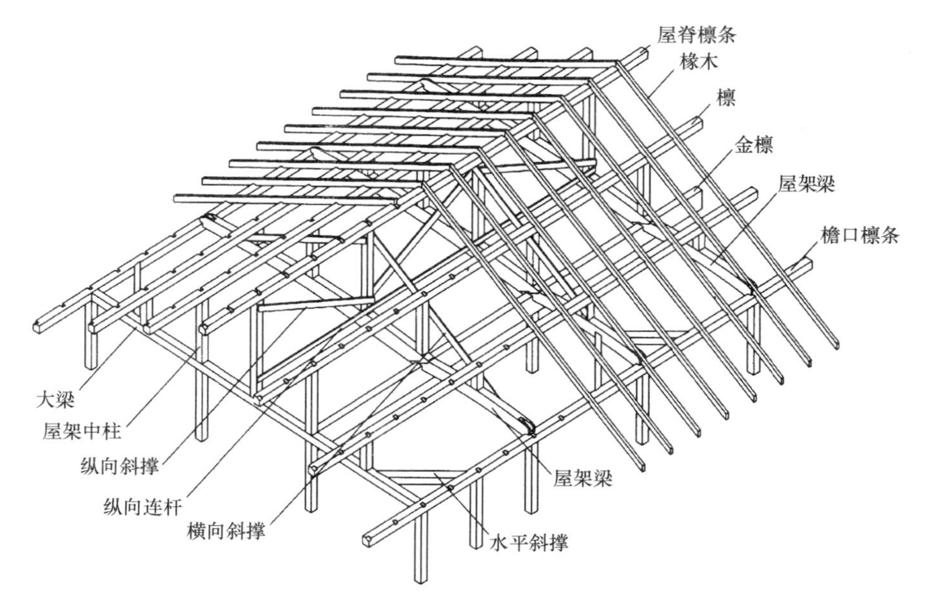

图 4.42　山墙式屋盖

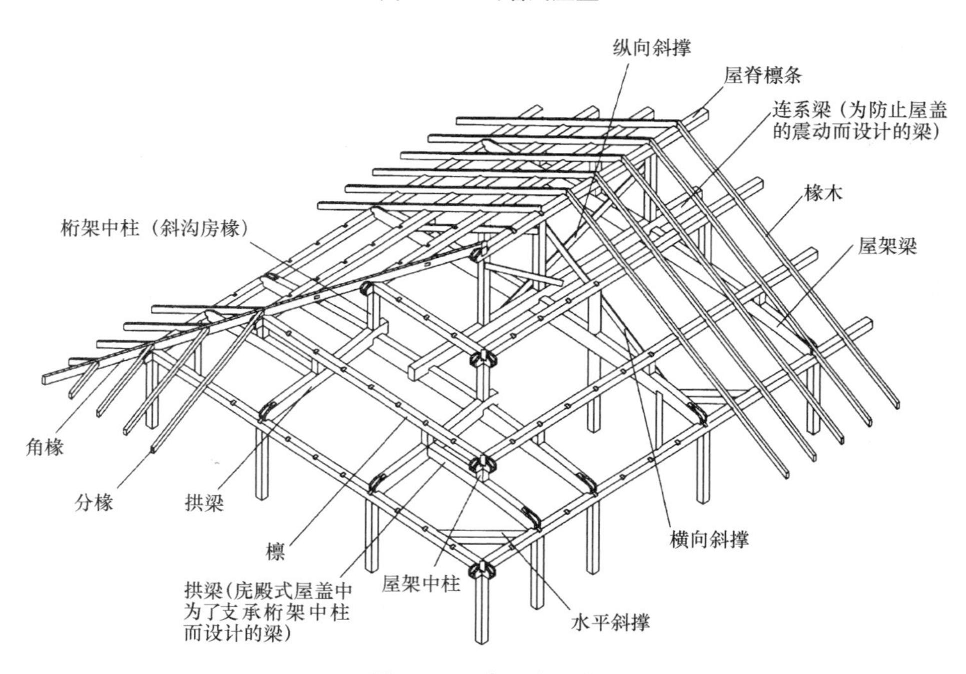

图 4.43　庑殿式屋盖

这里所示的是采用椽木的屋盖类型。也有不用短柱和金檩的屋盖，而是采用由屋架横梁到屋脊檩条直接设置斜梁的斜撑梁式屋盖的方法。虽然这个方法在结构上很明确，但是也增加了构件的应力，因此变得特别重要的是，要充分确保构件有足够的截面尺寸和连接节点紧密连接。

屋盖在跨度方向（横向）上是通过椽木与屋架梁组成的桁架来抵抗地震作用等水平力，而在桁架间隔方向（纵向）上则是通过桁架间的斜撑来抵抗。因此，有必要对采用的构件的强度和等级进行细心的设计。

4.7.2 屋盖各部分的详细构造图

屋盖各部分构造详见图 4.44～图 4.50。

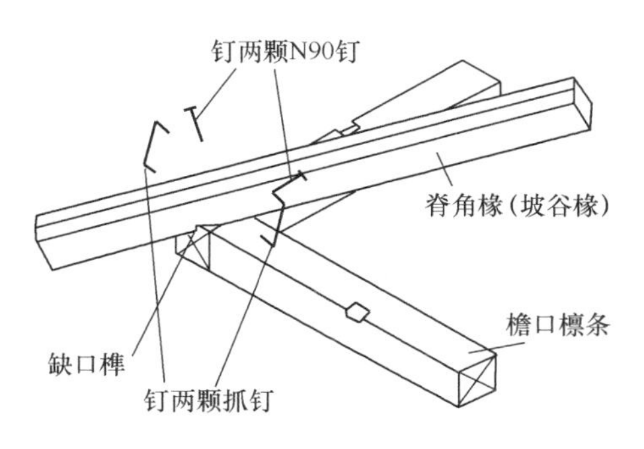

图 4.44 檐口檩条与脊角椽的连接

图 4.45 檩与脊角椽的连接

其中，图 4.44～图 4.48 是脊角椽（或坡谷椽）的施工方法。预先切下梁桁材和檩的一部分制成导轨，在其上放置角椽，安装钉子和夹具。图 4.49 是椽和横木的施工方法，切下横木制成导轨，放上椽，安装斜面金属锚件。

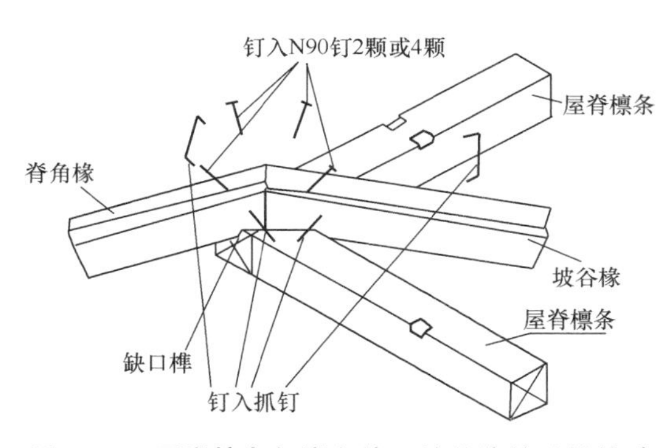

图 4.46 屋脊檩条与脊角椽、坡谷椽的连接构造

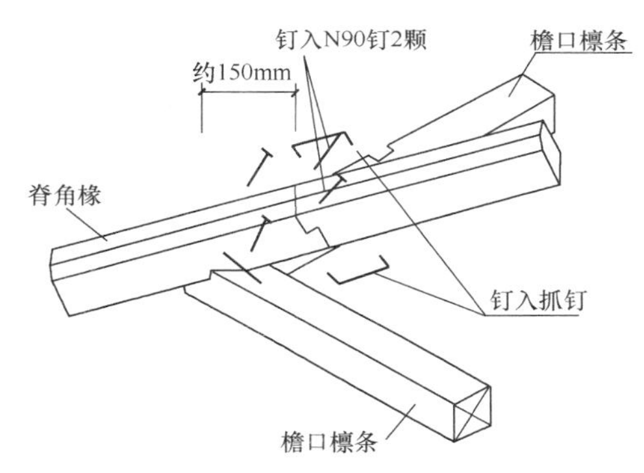

图 4.47 脊角椽的接长构造

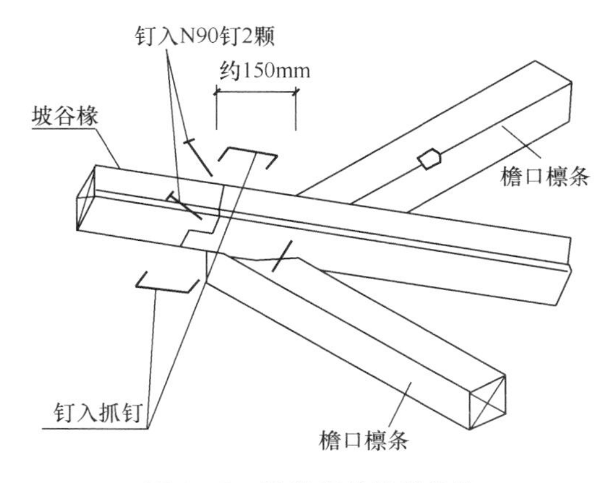

图 4.48 坡谷椽的接长构造

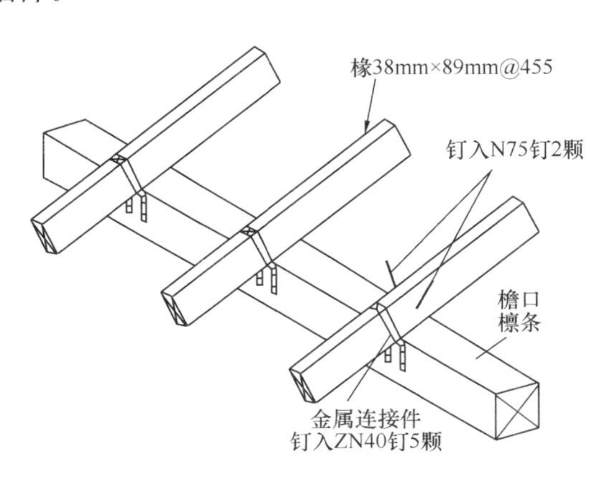

图 4.49 檐口檩条与椽的接长构造

图 4. 50 是在椽上钉胶合板的方法。因为它与墙壁和地板不同，无法在胶合板的四周钉钉子，只能在胶合板的短边方向钉钉子。使用登山梁代替椽的屋顶桁架时也一样，基本上作为屋顶下面部分，在铺设胶合板上钉钉子时多采用川字钉法。关于这些屋顶桁架的构成方法和钉钉子的方法，详见本书第 5 章“构件设计”。

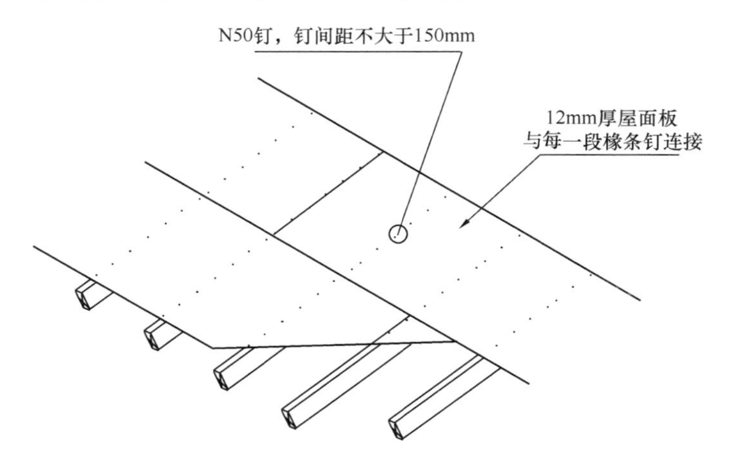

图 4. 50　屋面胶合板和椽的连接构造

第 5 章　构　件　设　计

5.1　墙　　体

5.1.1　剪力墙的适用条件

木框架剪力墙结构的剪力墙是由柱、间柱、横架梁以及结构用胶合板构成。柱的截面尺寸不应小于 105mm×105mm，采用结构用胶合板覆面的剪力墙两端必须设置柱子。横架梁（包括地梁）的截面尺寸不应小于 105mm×105mm，采用结构用胶合板覆面的剪力墙上下必须设置横架梁。木框架的主要构件之间均采用榫卯连接，并组成剪力墙的构架体系。

由 2 根柱构成的剪力墙的最小长度为 600mm，最大长度为 2000mm。为防止墙面板平面外方向的挠曲，需要每隔 500mm 设置一根间柱。此外，横向铺设墙面板时，需要在面板铺拼处设置横撑。纵向铺设墙面板时，需要在面板铺拼处设置竖向铺拼用间柱。纵向铺拼用间柱、间柱、横撑的截面尺寸应分别大于 45mm×60mm、30mm×60mm、45mm×60mm，并且应采用斜向钉连接固定在柱子和横架梁等构件上。

支承墙面板的框架构造形式包括隐柱墙体骨架、明柱墙体骨架、底层地面板先铺法隐柱墙体骨架和底层地面板先铺法明柱墙体骨架四类（图 5.1）。当采用的钉的规格一样，即使墙体骨架构造不同，剪力墙的性能也相同。采用明柱墙体骨架的构件，以及地面板先铺法的搁板的截面尺寸应大于 30mm×45mm，并采用长度大于 75mm 的钉固定在墙体框架构件上或底层楼面板下的地梁上。

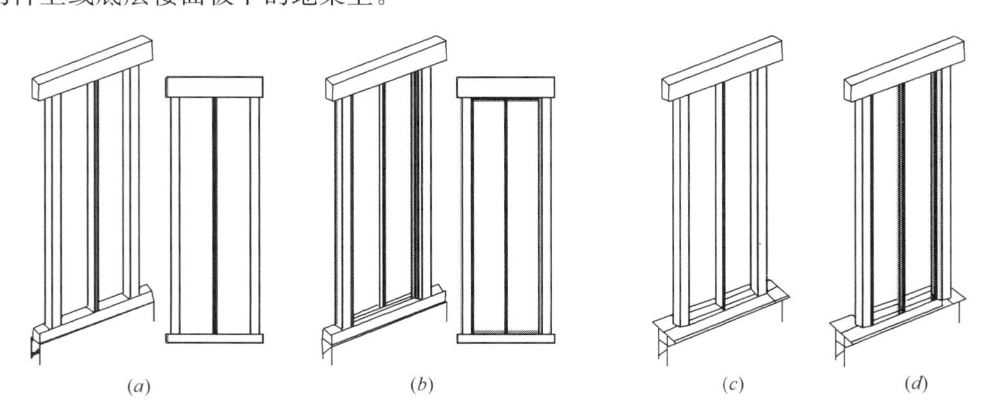

图 5.1　隐柱墙、明柱墙和底层地面板先铺法的框架构造示意

(a) 隐柱墙体骨架构造；(b) 明柱墙体骨架构造；(c) 底层地面板先铺法隐柱墙体骨架构造；(d) 底层地面板先铺法明柱墙体骨架构造

墙面板的铺设方式包括：纵向铺设、横向铺设和纵横向混合铺设等（图 5.2）。当墙面板四周采用钉连接固定时，各种铺设方式的性能都是相同的。

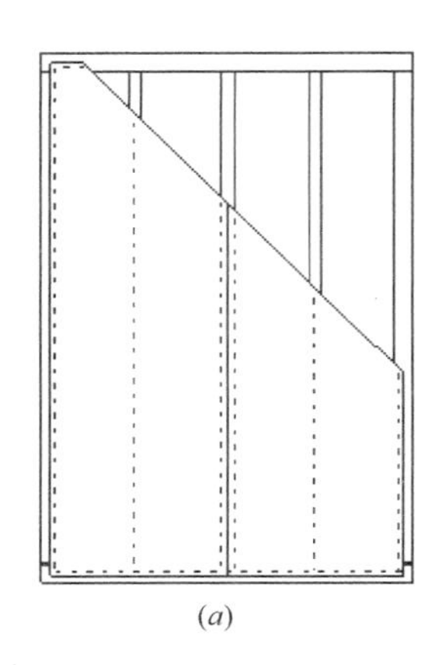
(a)

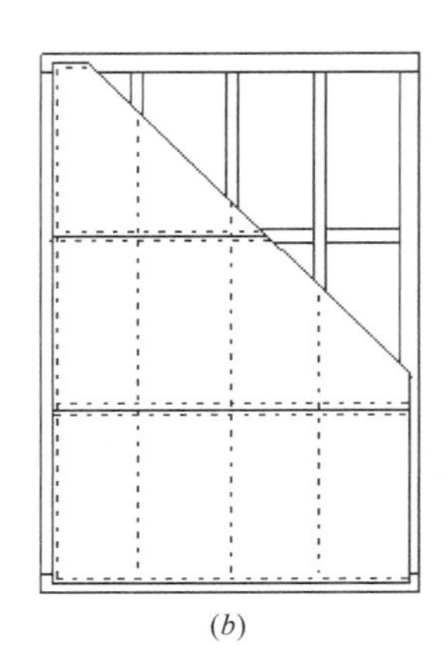
(b)

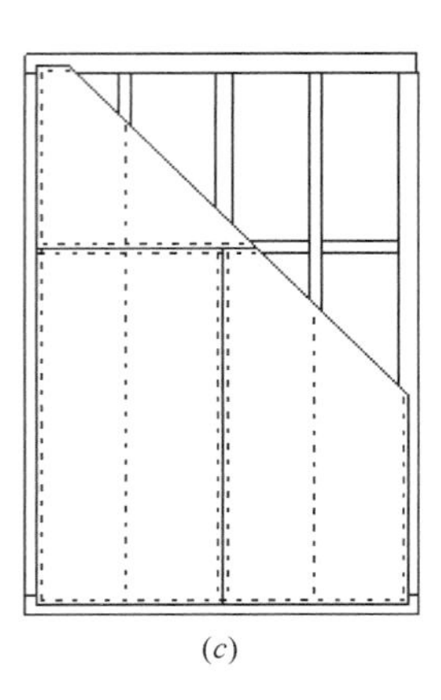
(c)

图 5.2　墙面板铺设示意

(a) 墙面板纵向铺设；(b) 墙面板横向铺设；(c) 墙面板纵横向铺设

5.1.2　剪力墙受剪承载力设计值

单面采用结构用胶合板作为墙面板的剪力墙受剪承载力设计值应按公式（5-1）进行计算。墙面板厚度、钉的种类和钉距所对应的剪力墙单位长度的抗剪强度设计值 f_{vd} 和抗剪刚度 K_w 应按表 5.1 的规定采用。此外，当剪力墙的两面采用结构用胶合板作为墙面板时，无论剪力墙采用的墙面板厚度和钉的种类如何，剪力墙的受剪承载力设计值均是墙体两面受剪承载力设计值的总和。

$$Q=\Sigma f_{vd}\times L \tag{5-1}$$

式中：f_{vd}——单面采用结构用胶合板作面板的剪力墙的抗剪强度设计值（kN/m）。应按本书表 5.1 的规定取值，表中未注明的其他条件下的剪力墙抗剪强度设计值，可参照本书第 5.1.3 节的试验评价方法确定；

L——平行于荷载方向的剪力墙墙肢长度（m）。

剪力墙抗剪强度设计值 f_{vd} 和抗剪刚度 K_w　　表 5.1

墙面板厚度（mm）	钉子尺寸		钉间距（mm）							
			150		100		75		50	
	长度（mm）	直径（mm）	抗剪强度 f_{vd}（kN/m）	抗剪刚度 K_w（kN/mm）	抗剪强度 f_{vd}（kN/m）	抗剪刚度 K_w（kN/mm）	抗剪强度 f_{vd}（kN/m）	抗剪刚度 K_w（kN/mm）	抗剪强度 f_{vd}（kN/m）	抗剪刚度 K_w（kN/mm）
9	50	2.87	5.0	0.91	7.1	1.18	—	—	—	—
12	50	2.87	4.9	0.78	7.1	1.07	8.7	1.31	11.2	1.68
	65	3.33	5.8	0.88	7.9	1.19	9.6	1.44	12.2	1.83
24	75	3.76	9.8	1.57	14.2	2.13	17.4	2.61	22.4	3.36

注：1. 本表为墙体一面铺设结构用胶合板的数值。双面铺设结构用胶合板的剪力墙，其值应为表中数值的 2 倍。

2. 表中剪力墙的抗剪强度设计值适用于隐柱墙。

3. 当剪力墙为明柱墙时，本表则只适用钉间距不大于 100mm 的剪力墙。

4. 当剪力墙是在楼面板之上固定支承柱的剪力墙时，本表则只适用钉间距不大于 100mm 的剪力墙。

由于墙面板的剪切破坏可能发生危险的脆性破坏，因此，在设计剪力墙时，一般不采用墙面板厚度为9mm、钉间距为75mm或50mm的墙体类型（见表5.1）。

剪力墙两端的柱产生的轴向力应按公式（5-2）计算：

$$N=\frac{M}{B_0} \tag{5-2}$$

式中：N——剪力墙端部柱的轴向力设计值（kN）；

M——水平荷载在剪力墙平面内产生的弯矩（kN·m）；

B_0——剪力墙两端柱间的中心距（m）。

5.1.3 剪力墙的性能评价

在表5.1中未注明的其他条件的剪力墙，可参照下列试验方法，或采用国际标准ISO 21581《木结构——剪力墙静荷载和侧向循环荷载试验方法》（Timber structures—Static and cyclic lateral load test methods for shear walls）来确定抗剪强度设计值f_{vd}和抗剪刚度K_w。

1. 试件

如图5.3所示，试件是在柱和横架梁组成的框架上采用钉连接将结构用胶合板材进行固定。试件制作时，应根据剪力墙采用的实际规格，选择合适的框架构件的树种与截面尺寸、墙面板厚度、钉的种类和钉间距等。间柱的选择也同样如此。试件的高度与宽度应符合实际使用的剪力墙的标准尺寸。

柱顶、柱底的连接采用短榫连接，并在每一个连接处钉入2颗90mm长的钉子。另外，为了保证柱顶、柱底的连接节点不提前破坏，在连接节点处应采用金属加固件进行加固增强。

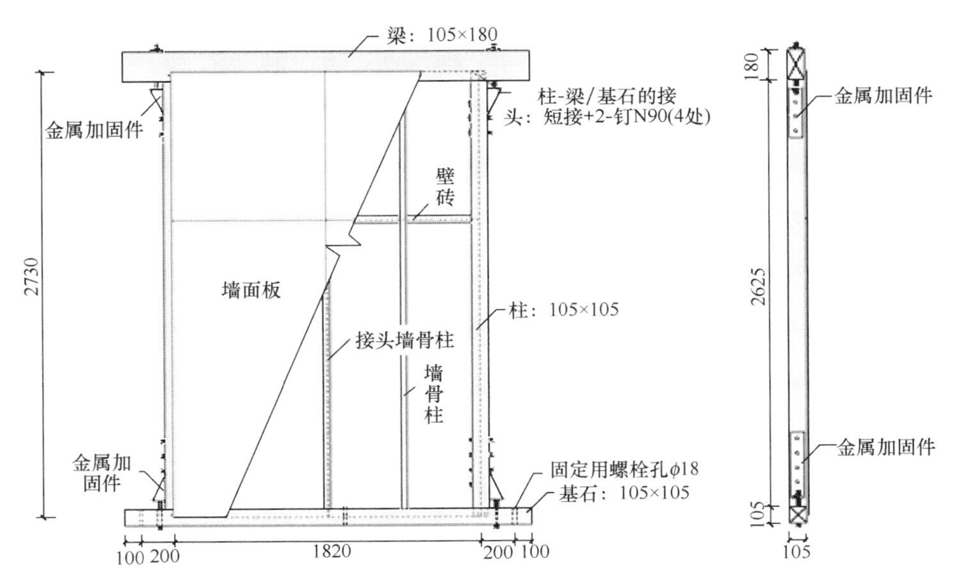

图5.3 剪力墙试件的组成示意

2. 加载方法

如图5.4所示，加载方式为柱底固定式的墙体面内的剪切试验。采用锚栓将试件固定在相当于基础的架台上，并采用螺栓将安装在柱底节点上的金属加固件固定在架台上。横架梁的一端采用千斤顶撑住，试验时以便提供水平力。通过交替循环反复加载，使剪切角弧度由 1/450（rad）逐渐增大至 1/50（rad），直至试件朝着一个方向破坏或剪切角弧度超过 1/15（rad）。

试验时，使用位移计测量试件横架梁的水平位移、地梁的水平位移和两端柱的竖向位移，并通过安装在千斤顶上的测力传感器测量作用的荷载值。

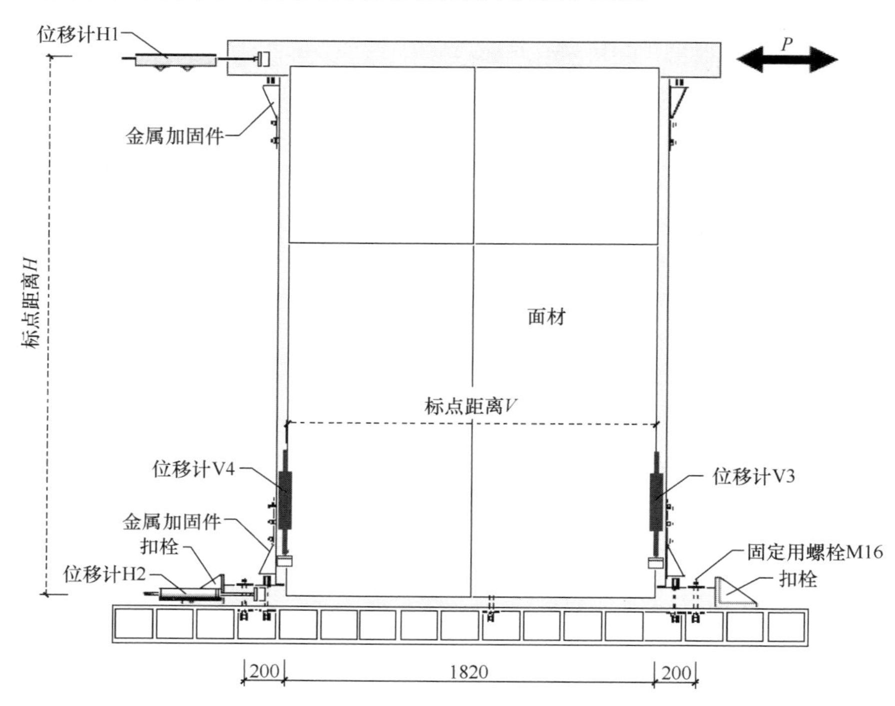

图 5.4　加载方法示意

3. 评价方法

（1）荷载-剪切角关系

根据试验测试施加给试件的荷载值以及各部位变形量所求出的剪切角，按照下列公式计算出荷载-剪切角关系，并在此基础上求出包络线。

1）剪切角的计算

顶部剪切角：$$\gamma = (\delta_1 - \delta_2)/H\ (\text{rad}) \tag{5-3}$$

底部剪切角：$$\theta = (\delta_3 - \delta_4)/V\ (\text{rad}) \tag{5-4}$$

试件实际剪切角：$$\gamma_0 = \gamma - \theta\ (\text{rad}) \tag{5-5}$$

式中：δ_1——横架梁的水平位移（mm）（位移计 H1）；

δ_2——地梁的水平位移（mm）（位移计 H2）；

H——位移计 H1 与 H2 的距离（mm）；

δ_3——柱脚的垂直位移（mm）（位移计 V3）；

δ_4——柱脚的垂直位移（mm）（位移计 V4）；

V——位移计 V3 与 V4 的距离（mm）。

2）包络线的形成

包络线如图 5.5 所示，由最终产生破坏一侧的荷载-剪切角曲线形成。包络线是通过连接曲线最外侧的测定点而绘制成的，在因破坏导致荷载急剧下降的情况和最大荷载之后，荷载下降部分也应包含在包络线中。

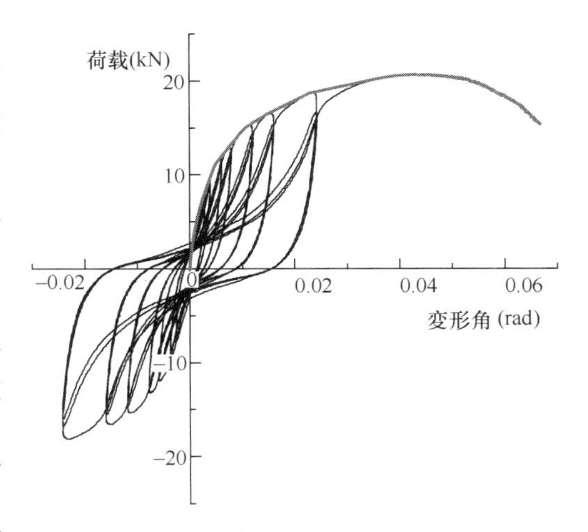

图 5.5 根据荷载-剪切角曲线得出包络线的方法示意

（2）抗剪强度设计值 f_{vd}的确定

以图 5.6 中所示的方法将包络线完全弹塑性模型化后，获得各种标准值，然后通过公式（5-6）确定（a）～（d）之间的最小值，而得到剪力墙的抗剪承载力标准值 P_k（kN/m）。再将抗剪承载力标准值 P_k乘以考虑耐久性与施工因数所确定的抗剪强度降低系数 α，并由此得到抗剪强度设计值 f_{vd}。

$$P_k = \min\{P_{1/150}(\text{或 } P_{1/120}),\ \frac{2}{3}P_{max},\ P_y,\ 0.2P_u/D_s\} \tag{5-6}$$

式中 $P_{1/150}$——实际剪切角 γ_0为 1/150（rad）时的承载力。但是，在进行柱脚固定式剪力墙剪切试验的情况下，顶部剪切角 γ 为 1/120（rad）时的承载力为 $P_{1/120}$；

$\frac{2}{3}P_{max}$——最大承载力 P_{max}乘以 2/3 的值；

P_y——屈服承载力；

$0.2P_u/D_s$——最终承载力 P_u乘以（$0.2/D_s$）的值；

D_s——构造特性系数。

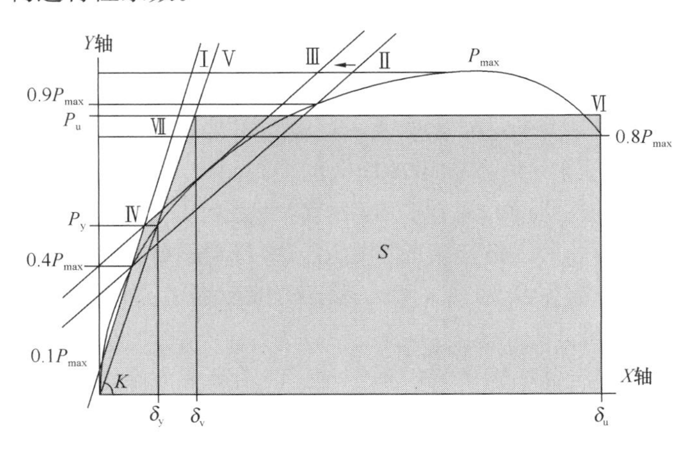

图 5.6 包络线完全弹塑性模型化与特征值的确定

以上数值是考虑试验结果偏差后，置信水平为 75%的 50%下临界值。此外，将抗剪承载力标准值 P_k乘以抗剪强度降低系数 α，由此确定抗剪强度设计值 f_{vd}。

$$f_{vd} = P_k \cdot \alpha \ (\text{kN/m}) \tag{5-7}$$

抗剪强度降低系数 α 应考虑下列几种因数的影响，并在 0.7～1.0 的范围内取值：

1）长期使用情况下，致使墙面板和钉的强度降低；

2）墙体施工时，淋雨导致的强度降低；

3）钉子钉入时的损坏，以及施工偏差等导致的强度降低；

4）由于没有黏性，而采取工程判断时导致的强度降低。

（3）剪切刚度 K_w 的确定

剪切刚度 K_w 按照下列公式计算：

$$K_w = P_y / D_y \ (\text{kN/m/rad}) \tag{5-8}$$

式中：D_y——屈服承载力时的剪切角（rad）。

5.2 楼 屋 盖

5.2.1 楼屋盖的适用范围

木框架剪力墙结构的楼盖屋盖的两端由墙或者梁支承时，楼屋盖中梁、檩条等水平构件应作为两端简支的受弯构件来设计。

在横架梁、檩条、小梁等框架构件以及搁栅共同组成的平面构架表面上，钉入作为覆面板的结构用胶合板，从而形成木框架剪力墙结构的楼盖屋盖。小梁的截面尺寸不应小于105mm×105mm，覆面板四周至少有两边由框架构件或者搁栅组成的构架支撑。为防止框架构件的连接节点发生破坏，应在节点上用系板连接件（羽子板栓钉）等金属锚固件加强节点连接。

小梁的间距由楼层自重与荷载产生的挠曲等来决定。面板应铺设在梁间，因此小梁的最大间距应按面板短边尺寸（一般为 900～1000mm）进行布置。铺设厚度为 12mm 的面板时，同时需要布置楼盖的附加搁栅。搁栅的截面尺寸应不小于 45mm×45mm。在局部荷载作用于面板的情况下，为了不产生局部变形，应适当设定搁栅的间距。

楼盖的构造如图 5.7 所示，包括：搁栅布置在框架构件顶面的“架铺搁栅式楼盖”、搁栅顶面与框架构件顶面相同的“平铺搁栅式楼盖”和采用较厚面板时的“省略搁栅式楼盖”(根据面板不同的铺设方法，存在多种构造形式)。

如图 5.8 所示，面板的铺设方法有：沿面板四周采用钉连接的“四周钉入法”、在面板短边与楼盖外围四周部分采用钉连接的“短边川字及周围钉入法”以及沿面板短边方向采用钉连接的“短边川字钉入法”共 3 种。楼盖的抗剪强度随着面板的安装方式不同而不同。

木框架剪力墙结构的屋盖结构形式包括两种，一是在横架梁或梁上设置屋架中柱，在屋架中柱上搭建檩条和屋脊檩条，然后在檩条上设置椽条，再铺设面板的结构形式；二是在仅有的屋架中柱、屋脊檩条和斜撑梁组成的屋盖构架上直接铺设面板组成的结构形式。屋架中柱的构件截面尺寸不应小于 90mm×90mm，椽条截面尺寸一般不小于 45mm×75mm，斜撑梁截面尺寸应不小于 105mm×105mm。框架构件之间应通过短榫连接与半榫连接，并用角形加固件（T 形、L 形）或钉等进行加强。椽条应设置在框架构件上，并采用斜钉或椽条锚固件（钩孔锚件）进行固定安装。

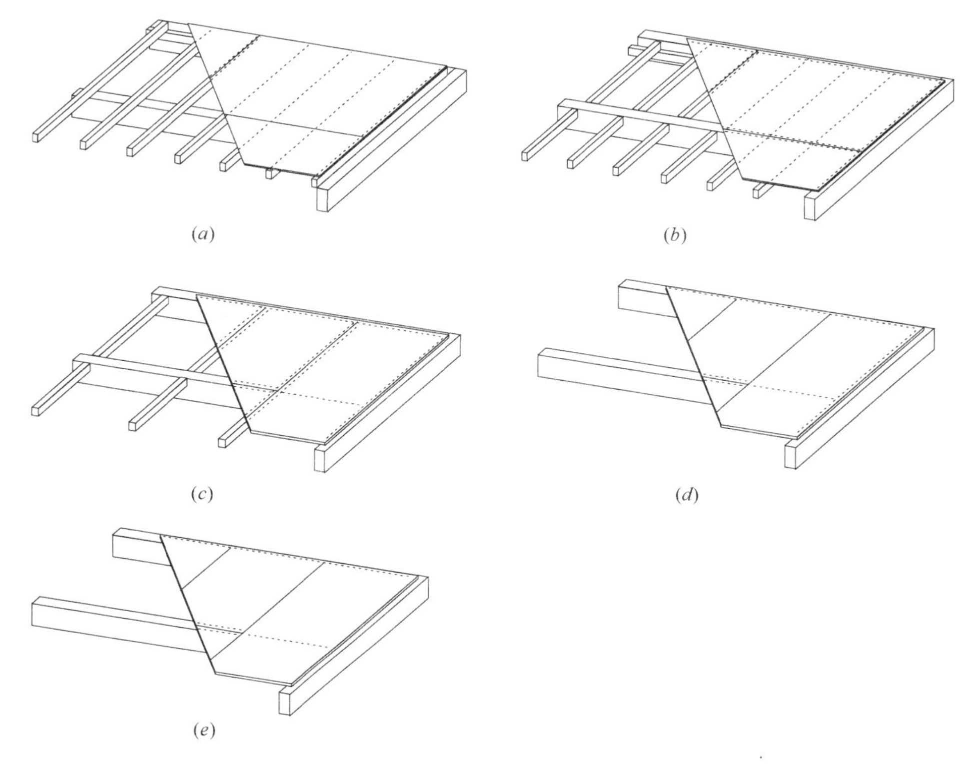

图 5.7　楼盖构造形式示意

(*a*) 1 型、2 型—架铺搁栅式楼盖（搁栅间距≤350mm 或≤500mm）；(*b*) 3 型—平铺搁栅式楼盖；
(*c*) 4 型—省略搁栅式楼盖 (1)（四周钉入法）；(*d*) 5 型—省略搁栅式楼盖 (2)（短边川字及周围钉入法）；
(*e*) 6 型—省略搁栅式楼盖 (3)（短边川字钉入法）

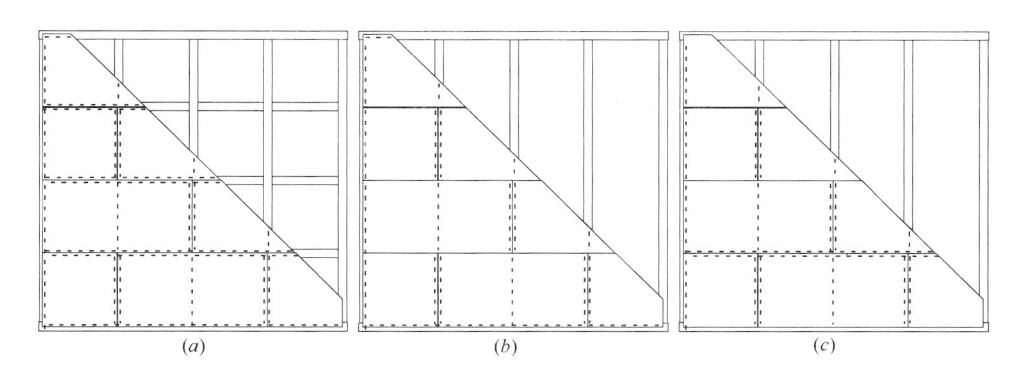

图 5.8　楼盖面板的钉连接示意

(*a*) 四周钉入；(*b*) 短边川字及周围钉入；(*c*) 短边川字钉入

屋盖的构造如图 5.9 所示，包括两种，一是将椽木每隔 300mm 直接设置在檩条和屋脊檩条上的“椽条式屋盖”(1 型) 或 (2 型)，二是将斜撑梁每隔 450～500mm 设置在檩条和屋脊檩条上的“斜撑梁式屋盖”(按钉连接的不同方式分为 4 种构造)。与楼盖的抗剪强度相似，屋盖的抗剪强度也会随着钉连接的钉入方法的不同而产生不同。图 5.10、图 5.11 对屋盖重要的节点作出了详细示意，可参考。

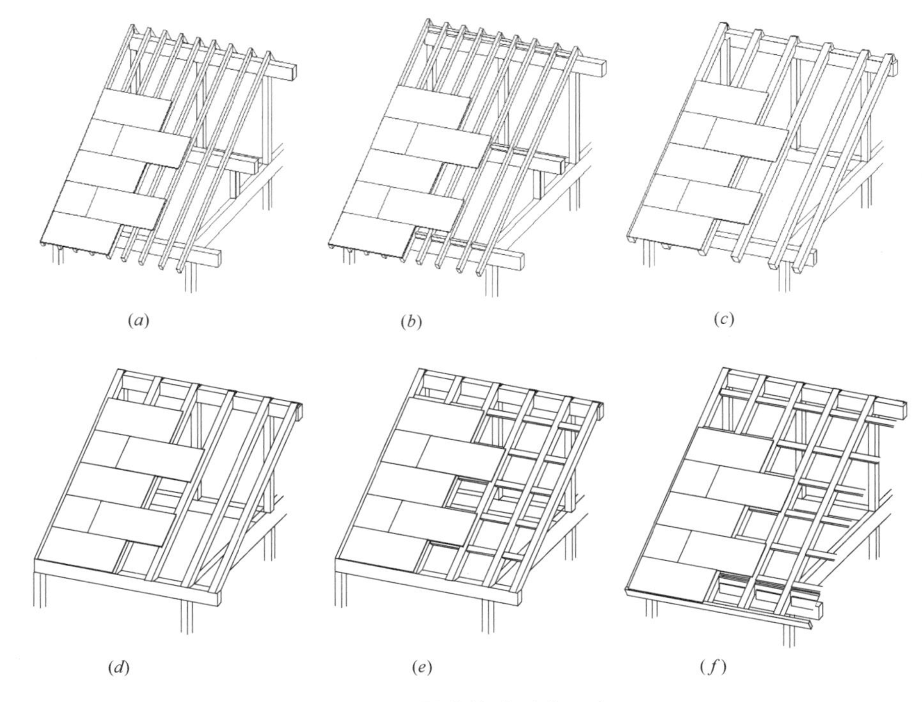

图 5.9　屋盖构造形式示意

(*a*) 1 型—椽条式屋盖 (1)；(*b*) 2 型—椽条式屋盖 (2) (有加固挡块)；
(*c*) 3 型—斜撑梁式屋盖 (1)；(*d*) 4 型—斜撑梁式屋盖 (2)
(短边川字钉入及横架梁、檩条钉入)；(*e*) 5 型—斜撑梁式屋盖 (3) (四周钉入)；
(*f*) 5 型—斜撑梁式有挑檐屋盖 (3) (四周钉入，面板与加固挡块、封檐板连接)

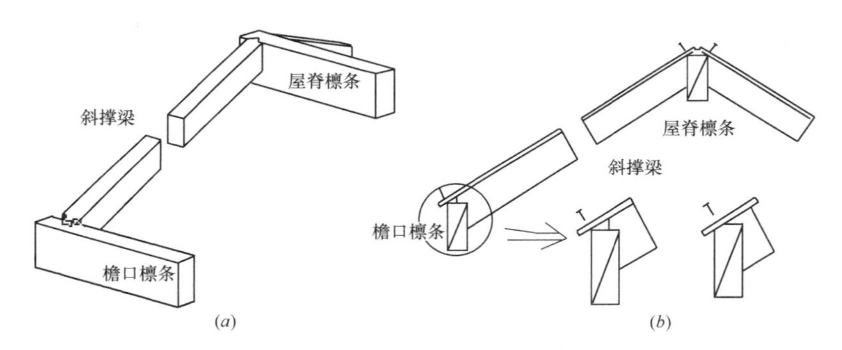

图 5.10　面板与斜撑梁、屋脊檩条、檐口檩条的连接示例

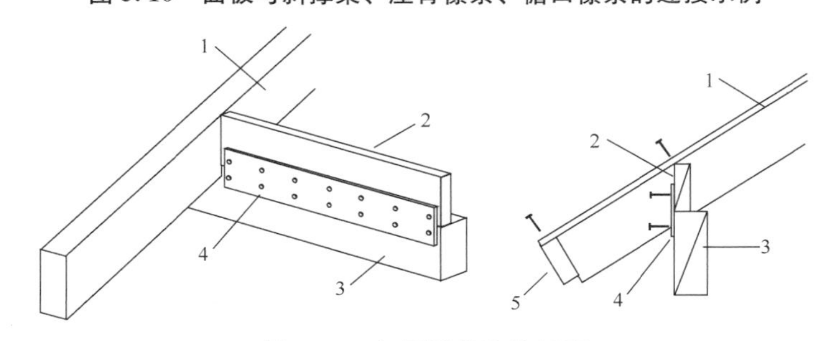

图 5.11　加固挡块连接示意

1—椽条或斜撑梁；2—加固挡块；3—檐口檩条；4—结构胶合板连接板；5—封檐板

5.2.2　楼盖屋盖的抗剪强度设计值

在框架横架梁和搁栅上钉入结构用胶合板而构成的楼盖，以及在椽条或斜撑梁上钉入结构用胶合板而构成的屋盖，其受剪承载力设计值均应按公式（5-9）进行计算。框架构造形式、板厚度、钉的尺寸和钉的间距对应的每单位长度的楼盖屋盖抗剪强度设计值按表 5.2和表 5.3 的规定进行确定。表 5.3 的屋盖抗剪强度设计值为沿屋盖表面的值，屋盖水平方向的抗剪强度设计值则应根据倾斜度 θ 求出，即 $f_{vd} \times \cos\theta$。

$$V_d = \Sigma f_{vd} B_e \tag{5-9}$$

式中：f_{vd}——采用结构胶合板的楼盖、屋盖抗剪强度设计值（kN/m）；按表 5.2、表 5.3 确定。表中构造形式未列出的楼盖与屋盖，其剪切强度设计值可根据试验确定；

B_e——楼盖、屋盖平行于荷载方向的有效宽度（m）。

采用结构用胶合板的楼盖抗剪强度设计值 f_{vd}　　**表 5.2**

类型	构造形式	胶合板厚度（mm）	钉的尺寸		剪切强度 f_{vd}（kN/m）		
			长度（mm）	直径（mm）	钉间距（mm）		
					150	100	75
1 型	**架铺搁栅式楼盖（1）** 在楼面梁上设置间距≤350mm 的搁栅，并用圆钉将木基结构板固定在板下的搁栅上	≥12	50	2.8	1.96	—	—
2 型	**架铺搁栅式楼盖（2）** 在楼面梁上设置间距≤500mm 的搁栅，并用圆钉将木基结构板固定在板下的搁栅上	≥12	50	2.8	1.37	—	—
3 型	**平铺搁栅式楼盖** 搁栅的顶面与楼面梁顶面相同，并用圆钉将木基结构板固定在板下的楼面梁和搁栅上	≥12	50	2.8	3.92	—	—
4 型	**省略搁栅式楼盖（1）** 在间距≤1000mm 的纵横楼面梁和支柱上，直接用圆钉将木基结构板固定在板下的楼面梁上（板四周采用钉连接）	≥24	75	3.4	7.84	9.3	12.6
5 型	**省略搁栅式楼盖（2）** 在间距≤1000mm 的纵横楼面梁上，将板的短边方向用圆钉与楼面梁固定；并将楼面边四周的板边用圆钉将板固定在楼面梁上（板短边采用川字钉连接及楼面周边采用钉连接）	≥24	75	3.4	3.53	5.4	6.9
6 型	**省略搁栅式楼盖（3）** 在间距≤1000mm 的纵横楼面梁上，将板的短边方向用圆钉与楼面梁固定（板短边采用川字钉连接）	≥24	75	3.4	2.35	4.2	5.3

采用结构用胶合板的屋盖抗剪强度设计值 f_{vd} **表 5.3**

类型	规格	胶合板厚度（mm）	钉的尺寸		剪切强度 f_{vd}（kN/m）		
			长度（mm）	直径（mm）	钉的间距（mm）		
					150	100	75
1 型	**椽条式屋盖（1）** 在间距≤500mm 的椽条上，用圆钉将木基结构板固定在椽条上，椽条与檩条用金属连接件连接	≥12	50	2.8	1.37	—	—
2 型	**椽条式屋盖（2）** 在间距≤500mm 的椽条之间，位于檩条处设置有与椽条相同断面尺寸的加固挡块，并用圆钉将木基结构板固定在椽条上	≥12	50	2.84	1.96	—	—
3 型	**斜撑梁式屋盖（1）** 在间距≤1000mm 的斜撑梁上，将木基结构板的短边用圆钉与斜撑梁固定（胶合板短边采用川字钉连接）				2.35	4.23	5.27
4 型	**斜撑梁式屋盖（2）** 斜撑梁间距≤1000mm，将木基结构板的短边用圆钉与斜撑梁固定，并用圆钉将檐口檩条和屋脊檩处的板边固定在檩条上（板短边采用川字钉连接及部分檩条处板长边采用钉连接）	≥24	75	3.66	3.53	5.41	6.85
5 型	**斜撑梁式屋盖（3）** 斜撑梁间距≤1000mm，斜撑梁之间设置有横撑和加固挡块，用圆钉将木基结构板四周固定在斜撑梁、屋脊檩条、横撑和加固挡块上。加固挡块用连接板与檩条连接。当有挑檐时，屋面板应与封檐板连接（板四周采用钉连接）				7.84	9.28	12.57

注：表中抗剪强度值为沿着屋盖表面的值，屋盖水平方向的抗剪强度值应为 $f_{vd}\cdot\cos\theta$（θ 为屋面坡度）。

楼盖、屋盖平行于荷载方向的有效宽度 B_e 应根据楼盖、屋盖平面开口位置和尺寸（图 5.12），按下列规定确定：

1. 当 $c<610$mm 时：

$$B_e=B-b \tag{5-10}$$

式中：B——平行于荷载方向的楼盖、屋盖宽度（m）；

b——平行于荷载方向的开孔尺寸（m）；b 不应大于$B/2$，且不应大于 3.5m。

2. 当 $c\geqslant610$mm 时：

$$B_e=B \tag{5-11}$$

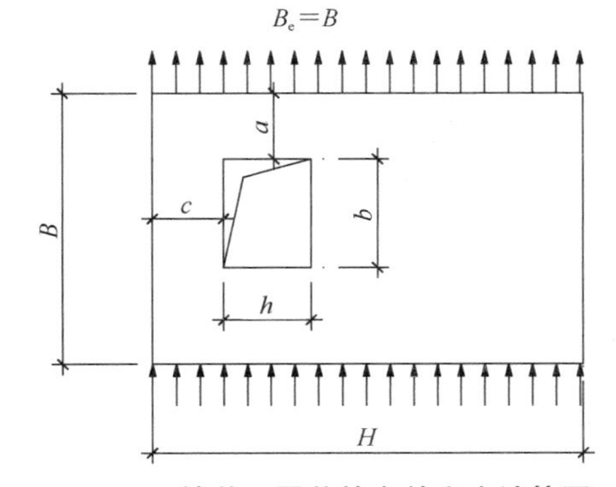

图 5.12 楼盖、屋盖的有效宽度计算图

垂直于荷载方向的楼盖、屋盖的边界杆件及其连接件的轴向力 N 应按公式（5-12）计算。当均布荷载作用时，简支楼盖、屋盖弯矩设计值 M_1

和 M_2 应分别按公式（5-13）和公式（5-14）计算。

$$N=\frac{M_1}{B_0}\pm\frac{M_2}{a} \tag{5-12}$$

$$M_1=\frac{qH^2}{8} \tag{5-13}$$

$$M_2=\frac{q_e h^2}{12} \tag{5-14}$$

式中：M_1——楼盖、屋盖平面内的弯矩设计值（kN・m）；

B_0——垂直于荷载方向的楼盖、屋盖边界杆件中心距（m）；

M_2——楼盖、屋盖开孔长度内的弯矩设计值（kN・m）；

a——垂直于荷载方向的开孔边缘到楼盖、屋盖边界杆件的距离；$a\geqslant 0.6$m；

q——作用于楼盖、屋盖的侧向均布荷载设计值（kN/m）；

q_e——作用于楼盖、屋盖单侧的侧向荷载设计值（kN/m）；一般取侧向均布荷载 q 的 1/2；

H——垂直于荷载方向的楼盖、屋盖长度（m）；

h——垂直于荷载方向的开孔尺寸（m）；h 不应大于 $B/2$，且不应大于 3.5m。

5.2.3　其他构造形式的楼盖、屋盖的性能评价

对于本书表 5.2 和表 5.3 中未列出的楼盖、屋盖构造形式，同样可采用本书第 5.1.3 节相同的试验方法计算楼盖、屋盖的抗剪强度设计值 f_{vd}。

试件制作：图 5.13 所示为铺设结构用胶合板的楼盖构件平面内抗剪试件的组成，图 5.14所示为屋盖构件的平面内抗剪试件的组成。

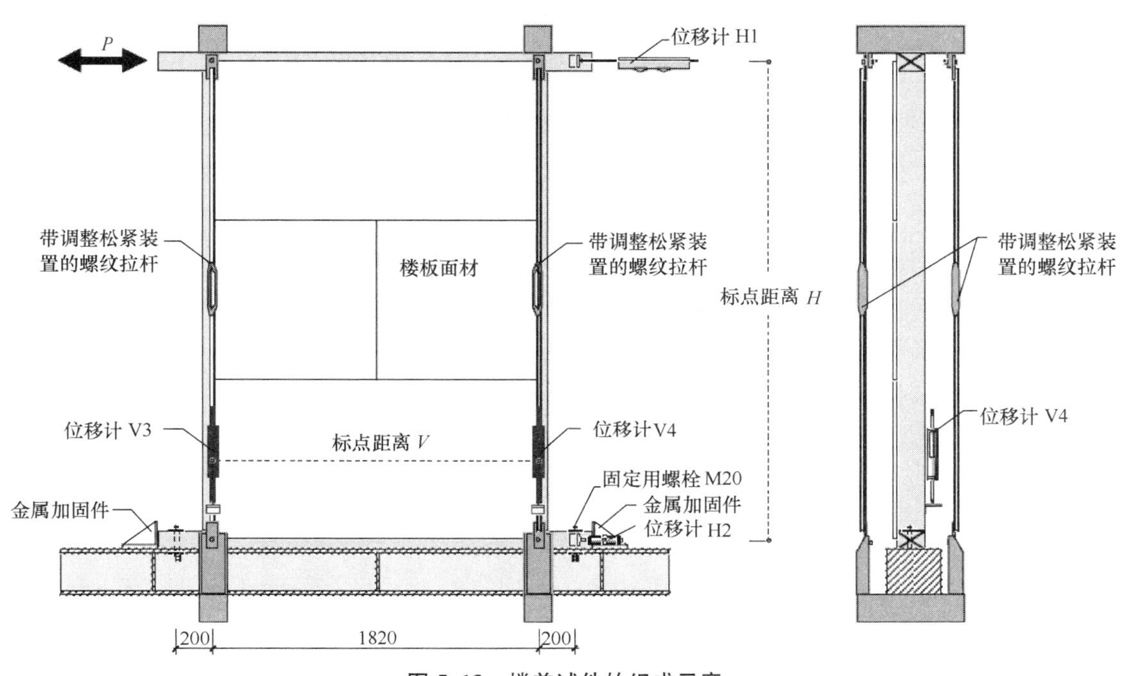

图 5.13　楼盖试件的组成示意

与剪力墙的试验一样，试件制作时，应根据楼盖屋盖采用的实际规格，选择合适的框架构件的树种与截面尺寸、墙面板厚度、钉的种类和钉间距等。试验的加载方法和评价方法与本书第 5.1.3 节完全相同。

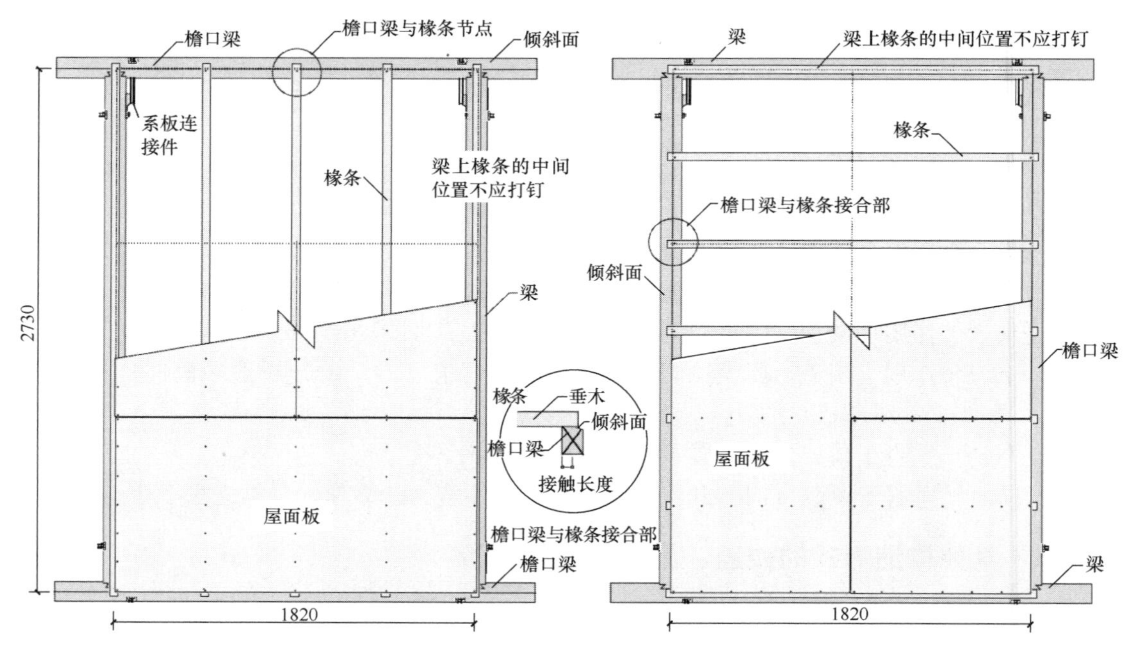

图 5.14 屋盖试件的组成示意

5.3 柱 端 节 点

5.3.1 柱端节点拉拔力的计算

木结构框架剪力墙结构住宅建筑中的框架构件之间的连接节点，基本上采用榫接和半榫接的连接方法，但是仅此也不能充分抵抗地震作用和风荷载产生的拉力，因此，采用圆钉、螺钉和螺栓等将连接节点进行固定是非常重要的。

这样的节点连接之间，特别是剪力墙两端的柱，由于剪力墙的抗剪强度特征值会逐渐增大，因而柱中产生很大的轴向力。在柱与地梁、横架梁等框架构件相连接的柱上下端的节点也会产生较大的拉拔力，因此，即使充分发挥了剪力墙的性能，为了柱上下端的连接节点不先行破坏，也应对柱端节点进行充分加固。

因此，剪力墙两端的柱子应按照公式（5-15）～公式（5-17）计算轴向力（拉拔力），并根据计算结果，在剪力墙两端的柱子设置柱上下端金属加固件。

顶层柱的轴向力按下式计算：

$$T = \Delta Q_1 \times H_1 \times \beta_1 - N_w \tag{5-15}$$

自上而下第 2 层柱的轴向力按下式计算：

$$T = \Delta Q_1 \times H_1 \times \beta_1 + \Delta Q_2 \times H_2 \times \beta_2 - N_w \tag{5-16}$$

自上而下第3层柱的轴向力按下式计算：

$$T = \Delta Q_1 \times H_1 \times \beta_1 + \Delta Q_2 \times H_2 \times \beta_2 + \Delta Q_3 \times H_3 \times \beta_3 - N_w \qquad (5\text{-}17)$$

式中： T —— 该层柱产生的轴向力；

ΔQ_1、ΔQ_2、ΔQ_3 ——各层柱子两侧剪力墙的抗剪强度设计值的差（kN/m）；ΔQ_1为该层柱，ΔQ_2为连接该层柱的上层柱，ΔQ_3为连接上层柱的再上一层柱；

H_1、H_2、H_3——分别为该层层高、上层层高、再上一层层高（m）；

β_1、β_2、β_3——各层周边构件产生的弯曲效应系数；β_1为该层的系数，β_2为上层的系数，β_3为再上一层的系数；对于外角柱的弯曲效应系数取为0.8，对于中间柱的弯曲效应系数取为0.5；

N_w——竖向荷载对该柱的轴压力（kN）。

设计柱端连接构造形式时，计算确定的轴向力 T 不应超过表5.4中各种连接构造的短期容许抗拉力 T_a值，对于表中未规定的连接构造方法，可根据其他试验进行确定。

柱端节点的短期容许抗拉力 **表5.4**

柱头柱脚节点的规格	短期容许抗拉力 T_a(kN)
短榫	0.0
扒钉	1.08
长榫插入栓	3.81
L形加固件 钉CN65×10根	3.38
T形加固件 钉CN65×10根	3.38×1.5 = 5.07
人字形板加固件 钉CN90×8根	3.92×1.5 = 5.88
系板连接件 ϕ12mm或短板销加固件	5.00×1.5 = 7.50
系板连接件 ϕ12mm或短板销加固件，增加长度为50mm，直径为4.5mm的螺钉×1根	5.00×1.5+1.00 = 8.50
拉紧连接件 ϕ12mm螺栓×2根	10.0
拉紧连接件 ϕ12mm螺栓×3根	15.0
拉紧连接件 ϕ12mm螺栓×4根	20.0
拉紧连接件 ϕ12mm螺栓×5根	25.0
拉紧连接件 ϕ12mm螺栓×3根×2组	30.0

5.3.2 柱端连接节点的实验评价

表5.4中未规定的连接构造方法可按照下列试验评价方法对短期容许抗拉力进行评价。

1. 试件

如图5.15所示，柱端连接节点的试件共有角柱型、中柱型、锚栓型3种类型。试件采用的材料（木材、金属锚件）应遵循与实际连接构造相同的原则。

2. 试验方法

如图5.15所示，采用锚固螺栓等连接件把试件固定在铁架平台上，将千斤顶与柱顶

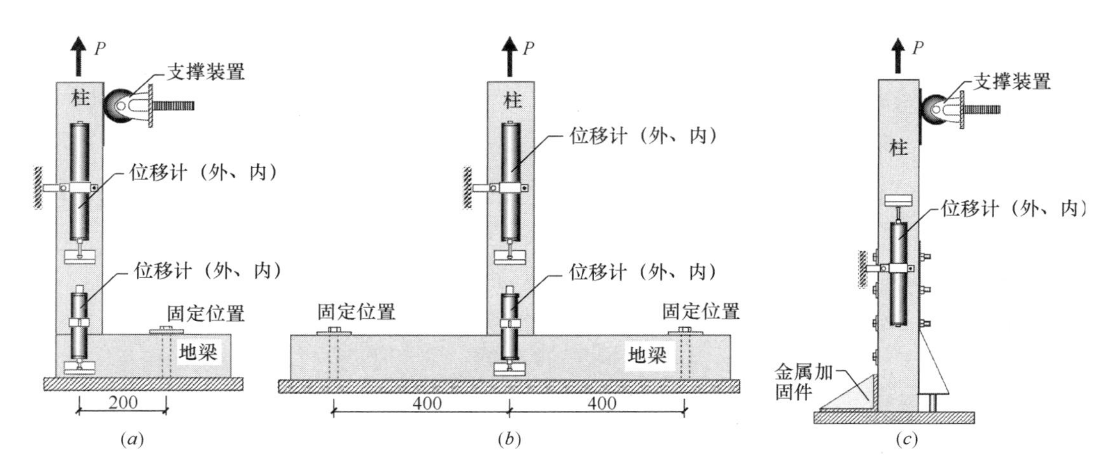

图 5.15 柱端节点试件与设置方法示意

(*a*) 角柱型；(*b*) 中柱型；(*c*) 锚栓型

端固定在一起，并垂直向上方加载。针对同一类型、同一条件下的 7 个试件（其中 1 个为预备试验）进行试验，第 1 个试件为预备试验，采用单次加载。本次试验的其余 6 个正式试件均采用重复加载。重复加载的过程是，以第 1 个试件的试验得出的屈服位移 δ_y 为基础，按照其 1/2、1、2、4、6、8、12、16 倍 δ_y 的顺序逐次加载、减载并再次加载。加载达到最大荷载后，直到所加荷载降至最大荷载的 80% 为止，或直到连接接头功能丧失（短榫脱落位移：大于 30mm 时）为止。试验所加的荷载将通过安装在千斤顶上的测力传感器进行测量，位移将利用沿柱轴线方向安装的两处不同位置的位移计进行测量，并用平均位移值进行评价。

3. 评价方法

评价方法与本书第 5.1.3 节“剪力墙的性能评价”相同，将包络线采用完全弹塑性模型化后计算出特征值（屈服应力 P_y、最大应力 P_{max} 的 2/3），并根据公式（5-18）计算确定短期基准抗拉力 P_0。制作包络线时，形成重复峰值的同时，由节点分裂等明显的破坏导致荷载降低的情况也应包含在其中。

$$P_0 = \min\left(P_y, \frac{2}{3}P_{max}\right) \tag{5-18}$$

特征值应考虑试件偏差的影响。偏差影响系数将样本数据的分布形式视为正态分布，并根据统理统计原理，以置信水平为 75% 的具有 95% 保证率的下限值按下式求得：

$$偏差影响系数 = 1 - CV \cdot k \tag{5-19}$$

式中：CV——变异系数；

k——用于计算置信水平为 75% 的具有 95% 保证率的下限值的系数；试件数为 6 时，取为 2.336。

第6章 节点与连接件

6.1 概　　要

在木框架剪力墙结构中，框架构件端部之间的交叉连接、长向连接及地梁与基础的连接均会使用金属连接加固件。这些金属连接加固件与用于木框架剪力墙结构中的钢填板等金属连接件不同，称为“住宅用金属加固件”。本章主要介绍该类金属加固件。

在木框架剪力墙结构中，地梁与基础或框架构件之间的端部的横向、纵向的紧密连接，对于构件之间有效传递存在的应力来说是很重要的。采用住宅用金属加固件的方法对加强构件间的横向、纵向的紧密连接很有效果。采用该方法可不必对构件的交叉连接、长向连接的部位进行加工，不会对木构件的截面造成缺损。此外，作为住宅用金属加固件材料的钢材，一般强度性能比木材的强度性能稳定，具有能够保证建筑物的结构性能稳定等许多优点。

但是，为了发挥这些优点，住宅用金属加固件的质量稳定和明确的抗震性能很重要。另外，还要考虑其耐久性。

公益财团法人日本住宅・木材技术中心规定了“住宅用金属加固件”（以下，简称金属连接件）的质量和承载力等构造。具有代表性的金属连接件见表6.1。

主要金属连接件　　表6.1

类型	平板加固件 SM-12	平板加固件 SM-40	L形加固件 CP・L
适用部位	柱子与地梁的连接	柱子、横架梁、柱子的连接	柱子和地梁的连接
构造	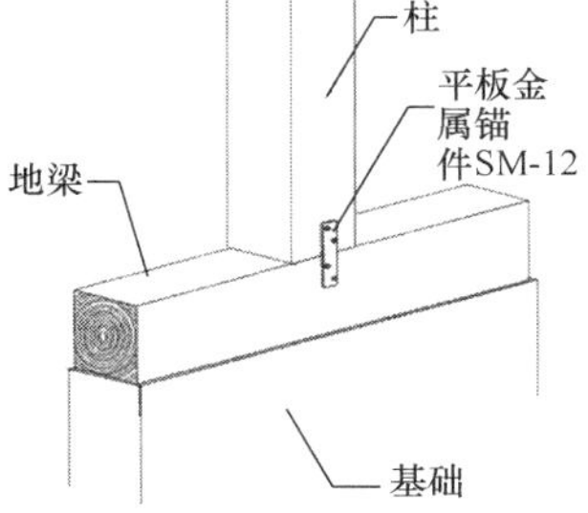 柱 平板金属锚件SM-12 地梁 基础	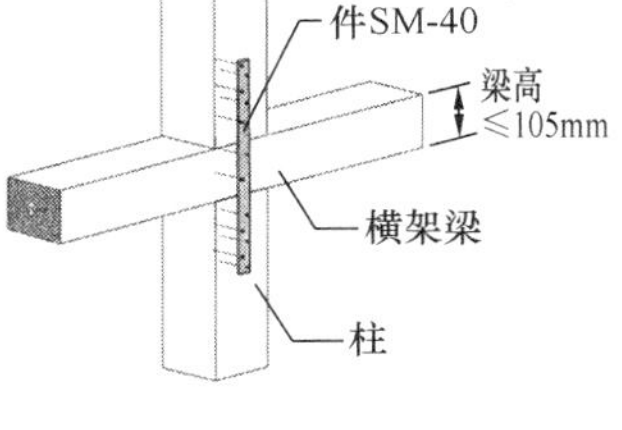 平板金属锚件SM-40 梁高≤105mm 横架梁 柱	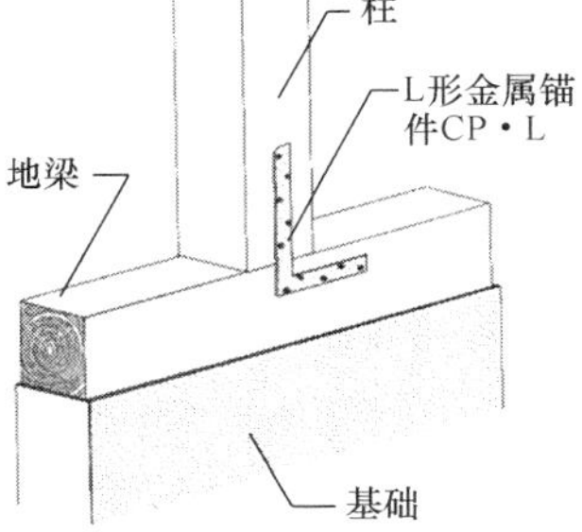 柱 L形金属锚件CP・L 地梁 基础

续表

类型	人字形板加固件 VP	柱脚连接件 PB-33、PB-42	弯曲连接件 ST-9、ST-12、ST-15
适用部位	柱子和地梁的连接	独立柱底的连接	檩条、封檐板、屋脊梁等与椽木的连接
构造	柱 两边对称布置 V形卡VP 地梁 基础	柱 柱底连接件PB-33 独立基础	椽木 檩条 弯曲连接件ST–9,ST–12

6.2 建筑标准法的规定

在阪神淡路大地震中，由于构件之间的横向、纵向连接出现问题，导致许多木结构住宅倒塌。为了防止这种灾害再次发生，“建筑标准法”制定了在木框架剪力墙结构中剪力墙框架的柱端处采用金属连接件的构造方法。制定的具体的构造方法见表 6.2、表 6.3、表 6.4。

平房部分和最顶层柱子的柱脚、柱头的连接方法　　表 6.2

框架的壁倍率	外角柱	其他框架端部的柱子
0.5	表 6.4 中序号 1	表 6.4 中序号 1
1.0	表 6.4 中序号 2	表 6.4 中序号 1
2.0	表 6.4 中序号 4	表 6.4 中序号 2
2.5	表 6.4 中序号 5	表 6.4 中序号 2
3.0	表 6.4 中序号 7	表 6.4 中序号 3
4.0	表 6.4 中序号 7	表 6.4 中序号 4

平房部分和最顶层以外的柱子的柱头、柱脚的交叉连接方法　　表 6.3

框架的壁倍率	上层和该层柱子均为外角柱时	上层柱子为外角柱该层柱子不是外角柱时	上层和该层的柱子均不是外角柱时
0.5	表 6.4 中序号 1	表 6.4 中序号 1	表 6.4 中序号 1
1.0	表 6.4 中序号 2	表 6.4 中序号 1	表 6.4 中序号 1
1.5	表 6.4 中序号 4	表 6.4 中序号 2	表 6.4 中序号 1
2.0	表 6.4 中序号 7	表 6.4 中序号 3	表 6.4 中序号 2
2.5	表 6.4 中序号 8	表 6.4 中序号 6	表 6.4 中序号 3
3.0	表 6.4 中序号 9	表 6.4 中序号 7	表 6.4 中序号 4
4.0	表 6.4 中序号 10	表 6.4 中序号 8	表 6.4 中序号 7

交叉连接部位的构造方式和承载力　　表 6.4

序号	N值	必要承载力（kN）	构造方式	采用的金属连接件
1	≤0.0	0	短榫，夹具或与这些同等以上的连接	直角梁钉
2	≤0.65	3.4	打进长榫后，采用螺栓或使用厚度为2.3mm的L形钢连接板。在柱和横架梁上分别将5根长度为6.5cm的圆钉平行钉入。或采用与其相似的连接方法	角形加固件 (CP・L)ZN65-5
3	≤1.0	5.1	使用厚度为2.3mm的L形钢连接板，分别在柱和横架梁上将5根长度为6.5cm的圆钉平行钉入； 或使用厚度为2.3mm的V形钢板连接板，分别在柱和横架材上将4根长度为9cm的圆钉平行钉入； 或采用与其相似的连接方法	角形加固件 (CP・T)ZN65-5 或人字形板加固件 (VP)ZN90-8
4	≤1.4	7.5	在厚度为3.2mm的钢连接板上焊接直径为12mm的螺栓制成金属锚件，对柱用直径为12mm的螺栓连接，对横架梁通过厚度为4.5mm、长40mm的L形垫板拧上螺母； 或使用厚度为3.2mm的钢连接板，对连接上下层的柱分别用直径为12mm的螺栓连接； 或采用与其相似的连接方法	系板连接螺栓(M12)或短板销连接件(M12)
5	≤1.6	8.5	在厚度为3.2mm的钢连接板上焊接直径12mm的螺栓制成金属锚件，柱采用直径为12mm螺栓连接，以及钉入长50mm、直径4.5mm的螺钉，对横架梁通过厚度4.5mm、长40mm的L形垫板拧上螺母连接； 或使用厚度为3.2mm的钢连接板，对连接上下层的柱分别用直径为12mm的螺栓连接或打进长50mm、直径4.5mm的螺钉； 或采用与其相似的连接方法	系板连接螺栓(M12+ZS50) 或短板销连接件(M12+ZS50)
6	≤1.8	10	使用厚度为3.2mm的钢连接板，对柱使用2两颗直径12mm的螺栓连接，对横架梁、条形基础或连接上下层的柱，采用直径16mm的螺栓与钢连接板紧密连接； 或采用与其相似的连接方法	柱脚栓钉 (HD-B10、HD-N10、S-HD10)
7	≤2.8	15	使用厚度为3.2mm的钢连接板，对柱使用3颗直径12mm的螺栓，对横架梁(除地梁)、条形基础或连接上下层的柱子，采用直径16mm的螺栓与钢连接板紧密连接； 或采用与其相似的连接方法	柱脚栓钉 (HD-B15、HD-N15、S-HD15)

续表

序号	N值	必要承载力（kN）	构造方式	采用的金属连接件
8	≤3.7	20	使用厚度为3.2mm的钢连接板，对柱使用4颗直径12mm的螺栓，对横架梁（除地梁）、条形基础或连接上下层的柱子，采用直径16mm的螺栓与钢连接板紧密连接； 或采用与其相似的连接方法	柱脚栓钉（HD-B20、HD-N20、S-HD20）
9	≤4.7	25	使用厚度为3.2mm的钢连接板，对柱使用5颗直径为12mm的螺栓，对横架梁（除地梁）、条形基础或连接上下层的柱子采用直径16mm的螺栓与钢连接板紧密连接； 或采用与其相似的连接方法	柱脚栓钉（HD-B25、HD-N25、S-HD25）
10	≤5.6	30	使用2组本表序号7所示的节点	2个柱脚栓钉（HD-B15、HD-N15、S-HD15）

注：表中金属连接件的型号参见本书第6.3节表6.5。

“建筑标准法”对高度在13m以下，且檐口高度在9m以下的木结构住宅建筑，作出以下规定：建筑物在2层以下，且建筑面积小于500m^{2}时，在规定剪力墙数量的基础上，补充规定了构件间的交叉连接部位、长向连接部位的构造要求；建筑物在3层以上，或者建筑面积大于500m^{2}时，在以上规定外还规定了应根据容许应力验算确认主要结构构件的承载力和结构安全性。

在此，对上述构件间的交叉连接部位、长向连接部位的构造规定作出说明。在木框架剪力墙结构中剪力墙抵抗地震作用和风荷载，此时，剪力墙边柱的柱顶和柱脚会产生压力或拉力。住宅用金属加固件承担抗拉力的作用，如表6.2、表6.3、表6.4所示。根据剪力墙的用墙量（壁倍率），“建筑标准法”规定了剪力墙边柱的柱头和柱脚处金属加固件的构造要求。另外，在“建筑标准法”中剪力墙也被统称为框架，因此，在本章的表中也同样称其为框架。

表6.2是单层建筑的柱或二层建筑的第2层柱的规格，表6.3是二层建筑的第1层柱的规格。金属加固件的具体规格见表6.4，表6.4还列出了各节点所需的承载力。这些规格是在后述的Z标记金属连接件的短期容许承载力的基础上进行选择的。严格来说，短期容许承载力取决于柱采用的树种。但是，这个表格不是以进行结构计算为前提，所以，采用了与树种无关的形式。对于剪力墙边柱以外的承重构件上主要部位的交叉连接部位、长向连接部位，“建筑标准法”规定应采用螺栓、钢夹板等进行紧密连接。

根据表6.2、表6.3、表6.4，剪力墙边柱上下端的金属连接件的规格，不是按剪力墙产生的拉力确定，而是由剪力墙的壁倍率决定的。但是，也可以根据剪力墙的承载力计算出柱上下端所需的拉力。该计算方法被称为N值计算法。由该计算法获得的N值给出了该节点所需要的抗拉力。其具体方法如下：

1. 单层建筑的柱子或二层建筑的第2层柱子的N值按下式计算：

$$N=A_1\times\beta_1-L \tag{6-1}$$

式中：A_1—— 该柱两侧的框架倍率差；当仅有一侧设置框架时，为该框架的倍率；

β_1——周边构件产生的受压（弯曲）效应系数；中间柱取为0.5，外角柱取为0.8；

L——由竖向荷载产生的受压效应系数；中间柱取为0.6，外角柱取为0.4。

2. 二层建筑的第1层柱的N值按下式计算：

$$N=A_1\times\beta_1+A_2\times\beta_2-L \tag{6-2}$$

式中：A_1——该柱子两侧的框架倍率差；当仅有一侧设置框架时，为该框架的倍率；

β_1——周边构件产生的受压（弯曲）效应系数；中间柱取为0.5，外角柱取为0.8；

A_2——与该柱子相连的第2层柱两侧的框架倍率差；

β_2——第2层周边构件产生的弯曲效应系数；第2层外角柱取为0.8，其余柱取为0.5；

L——由竖向荷载产生的受压效应系数；中间柱取为1.6，外角柱取为1.0。

上式的推导如下。如图6.1所示，要考虑水平力Q_1、Q_2作用在剪力墙上的状况。在剪力墙下端的弯矩为M_1、M_2时，两个剪力墙间柱的柱下端拉力T可用下式表示：

$$T=\frac{M_1}{D}-\frac{M_2}{D}-V \tag{6-3}$$

式中：T——该柱的拉拔力；

M_1、M_2——该柱两侧剪力墙下端的弯矩；

D——墙的长度；

V——竖向荷载。

剪力墙下端的弯矩M_i根据水平力Q_1、Q_2和墙高度H按下式计算：

$$M_i=Q_i\cdot H \tag{6-4}$$

剪力墙上端的梁将阻止剪力墙向左转动，墙体转动使梁产生弯曲的效果。就是说，梁的弯曲是由上端梁承受的弯矩M_j起的作用（图6.2）。因此，剪力和弯矩的计算公式如下：

$$Q_i=\frac{M_i+M_j}{H}=M_i\frac{1+\alpha}{H} \tag{6-5}$$

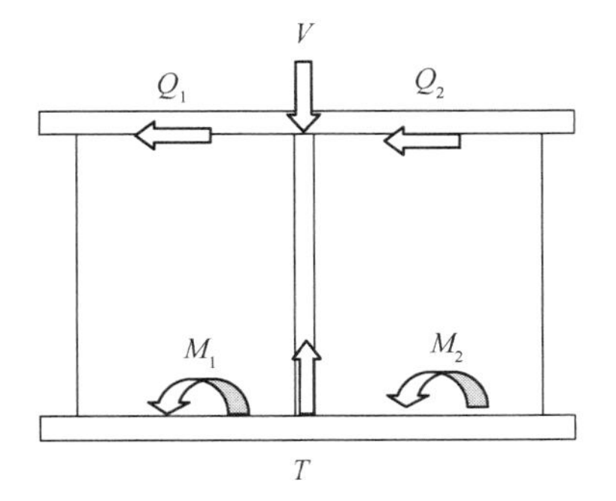

图6.1　剪力墙产生的力

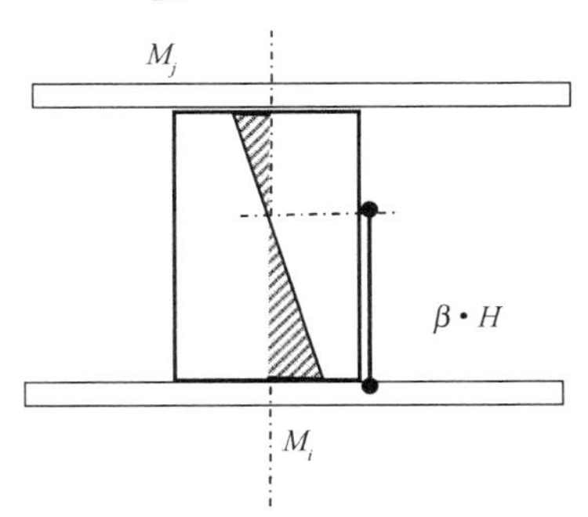

图6.2　梁的弯曲效应

若假定 $\beta=\dfrac{1}{1+\alpha}$，当 $\alpha=0$ 时 $\beta=1$；当 $\alpha=\infty$ 时 $\beta=0$。

剪力墙下端的弯矩公式如下：

$$M_i=Q_i\cdot\beta\cdot H \tag{6-6}$$

将式（6-6）代入式（6-3），两边除以壁倍率的系数 1.96kN/m 以及壁高 H（$H=$ 2.7m）。式左边为 N 值，即能得出式（6-1）。另外，式（6-1）中，A_1、L 按下列公式得到：

$$A_1=\frac{Q_1-Q_2}{D} \tag{6-7}$$

$$L=\frac{V}{1.96\times2.7} \tag{6-8}$$

其中，中间柱时，β 取为 0.5；外角柱（阳角柱）时，β 取为 0.8。式（6-2）按相同原理也可推导得出。

竖向荷载 L 需按以下所述的各种质量进行计算：

1. 与恒荷载对应的重量

屋顶（水泥瓦）＋天花板部分（按水平投影面积）　56kg/m²

墙（带有墙板、开口处）　35kg/m²

2 层的楼面板＋1 层的天花板部分　60kg/m²

相对荷载的重量　60kg/m²

如图 6.3 所示，假设柱的承载面积如下：

角柱对于承受屋顶、天花板部分的受荷面积为 1.51m×1.51m，其他柱的受荷面积为 1.82m×2.42m。

墙体高度为 2.7m，角柱宽度为 0.91m＋0.91m，其他柱宽度为 1.82m。

假设地板的受荷面积：角柱为 0.91m×0.91m，其他柱为 1.82m×1.82m。

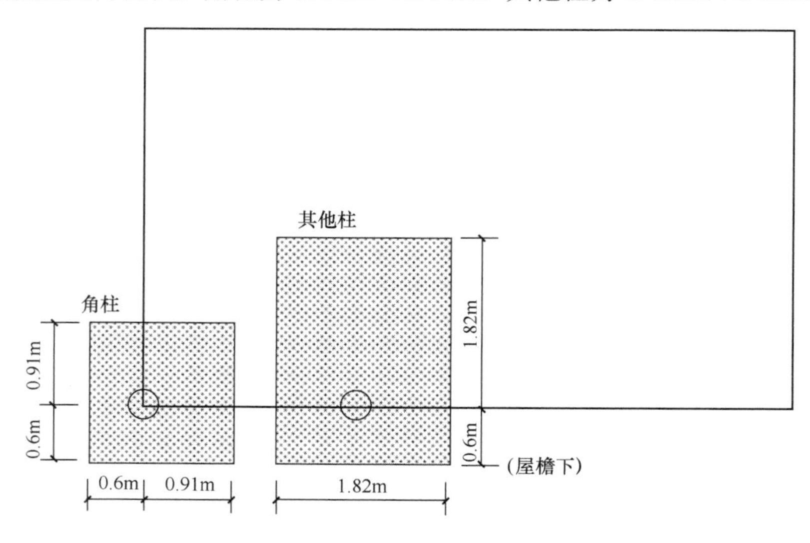

图 6.3　假定受荷面积

如上，按照下列计算，在平房及二层建筑的第 2 层，角柱的 L 值为 0.4，其他柱为 0.6。

平房及二层建筑的角柱顶部

承担部位	重量(kg/m²)	承担面积(m²)	V(kN)	L	L 的修正值
屋顶＋天花板	56	2.28	1.25	0.24	→0.4

平房及二层建筑的其他柱顶部

承担部位	重量(kg/m²)	承担面积(m²)	V(kN)	L	L 的修正值
屋顶＋天花板	56	4.40	2.42	0.46	→0.6

平房及二层建筑的角柱底部

承担部位	重量(kg/m²)	承担面积(m²)	V(kN)	L	L 的修正值
屋顶＋天花板	56	2.28	2.94	0.55	→0.4
墙壁	35	4.91			

平房及二层建筑的其他柱底部

承担部位	重量(kg/m²)	承担面积(m²)	V(kN)	L	L 的修正值
屋顶＋天花板	56	4.40	4.10	0.78	→0.6
墙壁	35	4.91			

按照下列计算，二层建筑的 1 层角柱 L 值为 1.0，其他柱为 1.6。

二层建筑的 1 层角柱顶部

承担部位	重量(kg/m²)	承担面积(m²)	V(kN)	L	L 的修正值
屋顶＋2 层天花板	56	2.28	3.91	0.74	→1.0
墙壁	35	4.91			
2 层楼面板＋1 层天花板	60	0.83			
2 层载重	60	0.83			

二层建筑的 1 层其他柱顶部

承担部位	重量(kg/m²)	承担面积(m²)	V(kN)	L	L 的修正值
屋顶＋2 层天花板	56	4.40	8.00	1.51	→1.6
墙壁	35	4.91			
2 层地板＋1 层天花板	60	3.31			
2 层载重	60	3.31			

二层建筑的 1 层角柱底部

承担部位	重量(kg/m²)	承担面积(m²)	V(kN)	L	L 的修正值
屋顶＋2 层天花板	56	2.28	5.60	1.06	→1.0
墙壁	35	9.83			
2 层地板＋1 层天花板	60	0.83			
2 层载重	60	0.83			

二层建筑的 1 层其他柱脚部

承担部位	重量(kg/m²)	承担面积(m²)	V(kN)	L	L 的修正值
屋顶＋2 层天花板	56	4.40	9.68	1.83	→1.6
墙壁	35	9.83			
2 层地板＋1 层天花板	60	3.31			
2 层载重	60	3.31			

6.3 金属连接件规格

阪神淡路大地震之后，“建筑标准法”规定了使用金属连接件对柱脚、柱头进行加固的连接方法。作出这些规定的依据是，根据日本住宅・木材技术中心在此之前制定的柱脚、柱头节点的金属连接件（加固件）的推荐性构造要求。本节将阐述该技术中心的金属连接件规格（HW-金属连接件 002（1）-2015）。

6.3.1 种类及型号

种类及型号如表 6.5 所示。

金属连接件、紧固件的种类及型号　　表 6.5

序号	种类	型号	型号的含义	用途
1	柱脚连接件	PB-33 PB-42	post base	门厅(玄关)处的独立柱柱脚的支座
2	短板销连接件	S S・S	strap	上下层柱之间或横梁间的相互连接
3	平板加固件	SM-12	mini strap	与直角梁钉的用途相同
		SM-40 SM-15S		与短板销连接件的用途相同
4	直折连接件	SA SA・S	angle strap	通柱与横梁的连接
5	弯曲连接件	ST-9 ST-12 ST-15	twisted strap	椽木与椽木封端板、椽木与檩条的连接
6	折弯连接件	SF	folded strap	椽木与椽木封端板、椽木与檩条的连接
7	鞍形连接件	SS	saddle strap	椽木与椽木封端板、椽木与檩条的连接
8	金属水平斜撑	HB、HB-S	horizontal brace	楼盖和屋顶桁架转角处的加强
9	系板连接螺栓	SB・F、SB・E SB・F2、SB・E2 SB・FS、SB・ES	strap bolt	梁与椽木封端板、椽木封端板与柱、梁与柱、横梁与通柱的连接
10	系板连接导管	SP-E、SP-E2 SP-ES	strap pipe	与系板连接件螺栓或长方形连接件的用途相同
11	角形加固件	CP-T、CP-L	corner plate	受到拉力的柱的上下连接
12	拐角形加固件	CP-ZS		
13	人字形板加固件	VP、VP2	v plate	
14	斜撑板	BP	brace plate	用 30mm×90mm 的斜撑连接柱和横架梁
		BP-2		用 45mm×90mm 的斜撑连接柱和横架梁
		BP-3FS		用 90mm×90mm 的斜撑连接柱和横架梁

续表

序号	种类	型号	型号的含义	用途
15	直角梁钉	C120、C150	clamp	构件上下的连接
16	异向直角梁钉	CC120、CC150	crossing clamp	
17	锚栓	M12	anchor bolt	地基与地梁的连接
		M16		地基与金属紧固件或地基与地梁的连接
18	拉紧连接件	HD-B	hold down (bolted type)	地基与柱连接，或上下层柱之间的相互连接
		S-HD	slim hold down	
		HD-N	hold down (nailed type)	
19	梁托连接件	BH	Beamhanger	次梁与主梁相交处，无支撑点时，次梁端支座的连接
20	圆钉	ZN	zinc-coated nail	
21	方头自攻螺钉	STS・C	square socket cheese head tapping screws	
		STS・HC	square socket hexagon head with collar tapping screws	
		STS6.5・F	square socket flat head tapping screws	
22	螺钉	ZS	zinc-coated screw nail	
23	平钉	ZF	zinc-coatedflat nail	
24	方头螺钉	LS12	Lag screw	
25	六角头螺栓	M12、N16	hexagon head bolt	
26	全螺钉螺栓	M12	full screw thread bolt	
27	方颈圆头螺栓	M12	flat square neck bolt	
28	带垫板的螺栓	M16W	bolt with washer	
29	六角螺母	M12	hexagon nut	
30	六角袋螺母	M12	domed cap nut	
31	接缝螺母	M12、M16	joint nut	螺栓相互连接
32	小型角型垫板	W2.3×30	square washer	斜撑板专用垫板
33	方型垫板	W4.5×40×ϕ14	square washer	用于受到挤压耐力以下拉伸的螺栓 M12
		W6.0×40×ϕ14		
		W9.0×40×ϕ18		用于受到挤压耐力以下拉伸的螺栓 M16
34	圆垫板	RW6.0×68×ϕ14	round washer	用于受到挤压耐力以下拉伸的螺栓 M12
		RW9.0×90×ϕ18		用于受到挤压耐力以下拉伸的螺栓 M16
35	垫板用弹簧	SW12、SW16	spring lock washers	目视确认是否忘记紧固螺栓和螺母的用途

6.3.2　材料

制造金属连接件的材料有以下种类：

1. 镀锌钢板

制造金属连接件的镀锌钢板，应采用 JIS G 3302（热浸镀锌钢板和钢带）。此外，制造金属水平支撑件的钢板，应采用结构用 SGH 400 或 SGC 400。制造其他金属连接件的钢板，应采用一般用 SGHC 或 SGCC。

2. 软钢板

制造金属连接件的软钢板，应采用 JIS G 3131（热轧软钢板及钢带）中规定的 SPHC，或应采用 JIS G 3141（冷轧钢板及钢带）中规定的 SPCC。

3. 钢管

制造柱底金属连接件的钢管，应采用 JIS G 3452（配管用碳素钢钢管）SGP。

4. 铁丝

制造圆钉、圆钉、螺钉、夹具以及交错夹具的铁丝，应采用 JIS G 3532（铁丝）中规定的机械性质为 SWM-N 的铁丝。

5. 线材

制造带有四角形孔的金属板螺钉的线材，应采用 JIS G 3507-2（冷锻加工用碳钢——第 2 部：线）。

制造垫板用弹簧的线材，应采用 JIS G 3506（硬钢线材）中规定的 SWRH 57（A，B）、SWRH 62（A，B）、SWRH 67（A，B）、SWRH 72（A，B）或 SWRH 77（A，B）。

6. 方头螺钉、螺栓类和螺母类

方头螺钉、六角头螺栓、半螺纹螺栓、全螺纹螺栓、方颈平头螺栓、锚栓以及系板连接件螺栓等螺栓（以下称为“螺栓类”）的制造用材料，应采用符合 JIS B 1180（六角头螺栓）附录 JA 中规定的机械性质的强度区分为 4.6 或 4.8 的碳素钢。

六角螺母、内螺母以及六角袋螺母（以下称“螺母类”）的制造用材料，应采用符合 JIS B 1181（六角螺母）附录 JA 中规定的机械性质的强度区分为 4T 的碳钢。

6.3.3 形状、尺寸和容许偏差

圆钉的尺寸容许差，以 JIS A 5508（钉）中规定的热浸镀锌粗铁圆钉为标准。

螺栓类的加工程度和等级，应符合 JIS B 1180（六角螺栓）附录 JA 中规定的 8g。

六角螺母以及接缝螺母的加工程度和等级，应符合 JIS B 1181（六角螺母）附录 JA 中规定的 7H。

六角袋螺母的形状区分和等级，应符合 JIS B 1183（六角袋螺母）中规定的 3 形 6H。

垫板用弹簧的种类和记号，应符合 JIS B 1251（弹簧垫板）中规定的一般用 2 号。

另外，螺栓类的螺钉端部，可以不施加倒角。螺栓类、螺母类和弹簧垫板的尺寸容许差，以 JIS B 1180（六角螺栓）附录 JA、JIS B 1181（六角螺母）附录 JA、JIS B 1183（六角袋螺母）以及 JIS B 1251（弹簧垫板）为标准。

6.3.4 强度性能

Z 标记各种金属连接件的强度性能见表 6.7～表 6.9。

1. 圆钉、方头螺钉或六角螺栓等金属连接件的短期容许承载力见表 6.6。

圆钉、方头螺钉或六角螺栓等金属连接件短期容许承载力表（kN）　　表6.6

序号	名称	记号	短期容许承载力			采用的紧固件
			花旗松类	扁柏类	柳杉类	
1	柱脚连接件	PB-33	11.3	10.4	10.0	1颗六角螺栓M12
		PB-42	22.7	20.8	20.0	2颗六角螺栓M12
2	平板加固件	SM-12	1.7	1.5	1.3	4颗圆钉ZN65
		SM-40	4.3	3.8	3.4	12颗圆钉ZN65
3	弯曲连接件	ST-9	1.7	1.5	1.3	4颗圆钉ZN40
		ST-12	1.7	1.5	1.3	
		ST-15	2.5	2.3	2.0	6颗圆钉ZN40
4	折弯连接件	SF	2.5	2.3	2.0	6颗圆钉ZN40
5	鞍形连接件	SS	5.1	4.6	4.0	
6	系板连接螺栓	SB・F	5.6	5.2	5.0	1颗六角螺栓M12 1颗螺钉ZS50
		SB・E				
		SB・F2	5.6	5.2	5.0	1颗六角螺栓M12
		SB・E2				
7	系板连接导管	SP・E	5.6	5.2	5.0	1颗六角螺栓M12 1颗螺钉ZS50
		SP・E2	5.6	5.2	5.0	1颗六角螺栓M12
8	角形加固件	CP・L	4.3	3.8	3.4	10颗圆钉ZN65
		CP・T				
9	人字形板加固件	VP	5.0	4.5	3.9	8颗圆钉ZN90
		VP2	5.1	4.6	4.0	12颗圆钉ZN65
10	短板销连接件	S	5.6	5.2	5.0	2颗六角螺栓M12 3颗螺钉ZS50
11	折叠连接件	SA				2颗六角螺栓M12 2颗螺钉ZS50
12	直角梁钉	C-120	1.2	1.1	1.0	—
		C-150				
13	异向直角梁钉	CC-120				
		CC-150				
14	拉紧紧固件	HD-B10	11.3	10.4	10.0	2颗六角螺栓M12 或2颗方头螺钉LS12
		S-HD10				
		HD-B15	17.0	15.6	15.0	3颗六角螺栓M12 或3颗方头螺钉LS12
		S-HD15				
		HD-B20	22.7	20.8	20.0	4颗六角螺栓M12 或4颗方头螺钉LS12
		S-HD20				
		HD-B25	28.4	26.0	25.0	5颗六角螺栓M12 或5颗方头螺钉LS12
		S-HD25				

续表

序号	名称	记号	短期容许承载力			采用的紧固件
			花旗松类	扁柏类	柳杉类	
14	拉紧紧固件	HD-N5	7.5	6.8	5.8	6 颗圆钉 ZN90
		HD-N10	12.6	11.4	9.8	10 颗圆钉 ZN90
		HD-N15	20.1	18.2	15.6	16 颗圆钉 ZN90
		HD-N20	22.6	20.5	17.6	20 颗圆钉 ZN90
		HD-N25	29.4	26.6	22.9	26 颗圆钉 ZN90

注：1. 应根据一般社团法人日本建筑学会发行的《木结构计算规范、同解说》（1998）的规定计算耐力。
2. 在使用垫板时，应采用不小于 W4.5×40 的方形垫板。
3. 表中树种根据日本建筑学会按密度分类的原则加以分类。花旗松类：包括花旗松、黑松、赤松、落叶松、铁杉；扁柏类：包括日本扁柏、美国扁柏、罗汉柏、冷杉；柳杉类：包括日本柳杉、西部红松、库叶冷杉、鱼鳞云杉、红松、云杉。

2. 方头自攻螺钉、六角螺栓等金属连接件的短期容许承载力见表 6.7。表中角柱与中柱的示意图见图 6.4。

方头自攻螺钉、六角螺栓的短期容许耐力表（kN） **表 6.7**

<table>
<tr><th rowspan="2">名称</th><th rowspan="2">记号</th><th colspan="3">短期容许承载力</th><th rowspan="2">采用的紧固件</th></tr>
<tr><th colspan="3">花旗松类、扁柏类、柳杉类</th></tr>
<tr><td>平板加固件</td><td>SM-15S</td><td colspan="2">角柱</td><td>4.1</td><td>柱：2 颗方头自攻螺钉 STS·C65
横架梁：2 颗方头自攻螺钉 STS·C65</td></tr>
<tr><td rowspan="4">拐角形加固件</td><td rowspan="4">CP·ZS</td><td rowspan="2">直接打入横架梁</td><td>角柱</td><td>8.8</td><td rowspan="4">柱：3 颗方头自攻螺钉 STS·C65
横架梁：3 颗方头自攻螺钉 STS·HC90</td></tr>
<tr><td>中柱</td><td>9.6</td></tr>
<tr><td rowspan="2">地板（28mm 以下）上开始</td><td>角柱</td><td>8.0</td></tr>
<tr><td>中柱</td><td>8.3</td></tr>
<tr><td rowspan="2">系板连接导管</td><td rowspan="2">SP·ES</td><td colspan="2">角柱</td><td>9.5</td><td rowspan="2">1 颗六角头螺栓 M12
3 颗方头自攻螺钉 STS·C65</td></tr>
<tr><td colspan="2">中柱</td><td>11.5</td></tr>
<tr><td rowspan="2">系板连接螺栓</td><td>SB·FS</td><td colspan="2" rowspan="2">中柱</td><td>12.6</td><td rowspan="2">3 颗方头自攻螺钉 STS·C65</td></tr>
<tr><td>SB·ES</td><td>10.8</td></tr>
<tr><td>短板销连接件</td><td>S·S</td><td colspan="3">10.0</td><td>8 颗方头自攻螺钉 STS·C65</td></tr>
<tr><td>折叠连接件</td><td>SA·S</td><td colspan="3">8.2</td><td>10 颗方头自攻螺钉 STS·C65</td></tr>
</table>

注：1. 应根据日本住宅·木材技术中心的金属连接件试验法规定，以及其发行的《木结构框架剪力墙结构住宅的容许应力度设计》（2008 年版）计算承载力。
2. 使用垫板时，采用方形垫板不应小于 W6.0×60，采用圆垫板不应小于 RW6.0×68。
3. 表中树种分类同表 6.6 注 3。

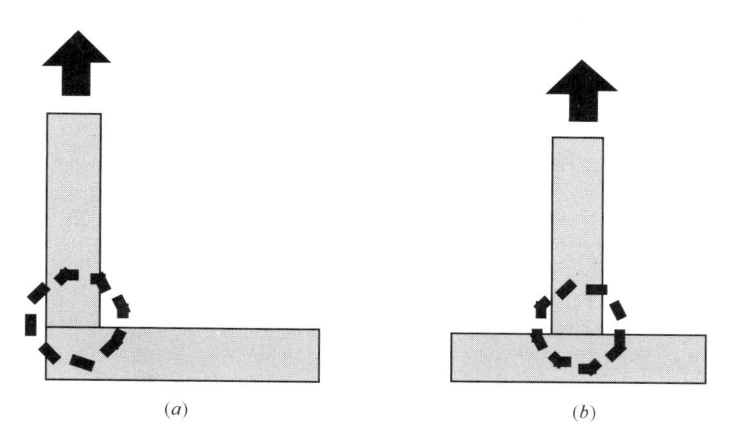

图 6.4 角柱、中柱采用带四角形洞的螺钉、六角螺栓连接件位置示意

(a) 角柱；(b) 中柱

3. 梁端金属连接件（梁托）的短期容许承载力及长期容许承载力见表 6.8。

金属梁托短期及长期容许承载力表（kN） 表 6.8

型号	木构件材种	长期容许受剪承载力		短期容许受剪承载力	短期容许受拉承载力
		水平梁	斜梁		
BH-135	锯材、胶合木 1	5.9	7.3	5.0	12.1
	胶合木 2	8.2	8.5	6.9	18.8
BH-195	锯材、胶合木 1	8.6	9.9	5.0	13.5
	胶合木 2	14.0	10.2	6.9	25.4
BH-255	锯材、胶合木 1	13.9	9.9	11.0	13.5
	胶合木 2	16.3	12.4	15.6	25.4
图示		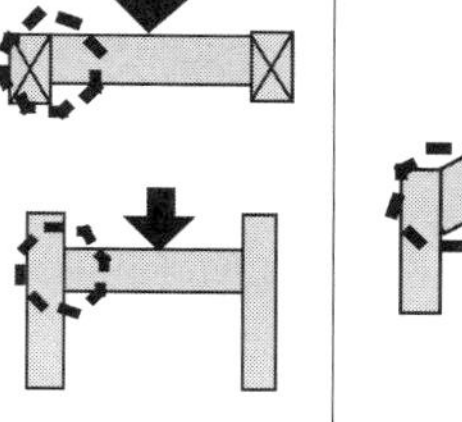		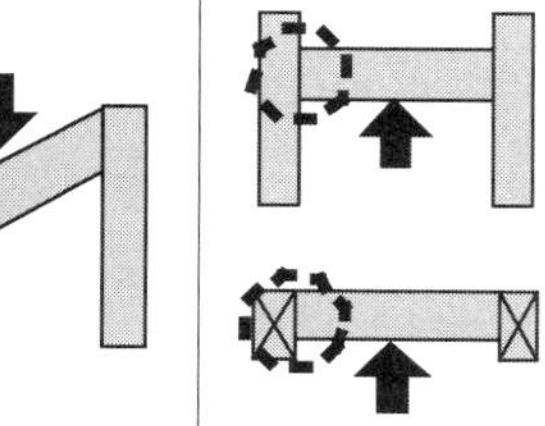	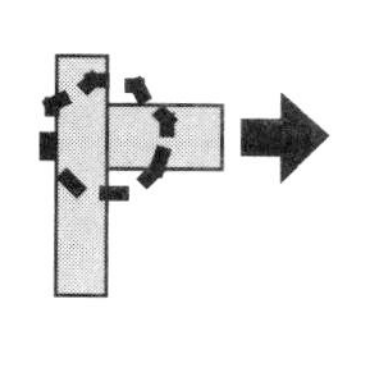

注：1. 锯材：包括花旗松类、扁柏类、柳杉类；
胶合木 1：包括一般胶合木；
胶合木 2：包括强度等级高于 E105-F300 的胶合木。
2. 应根据日本住宅·木材技术中心的金属连接件试验法规定，以及其发行的《木结构框架剪力墙结构住宅的容许应力度设计》（2008 年版）计算承载力。
3. 长期容许受剪承载力对于水平梁时，受剪承载力为柱-梁连接与梁-梁连接两者中的较小值；对于短期容许受剪承载力为柱-梁连接与梁-梁连接两者中的较小值。
4. 使用垫板时，采用方形垫板不应小于 W4.5×40。

4. 连接件的短期容许承载力见表 6.9。

连接件的短期容许承载力表（kN）　　表 6.9

名称	型号	短期容许承载力			主要用途
		花旗松类	日本扁柏类	日本柳杉类	
圆钉	ZN40	0.86	0.77	0.68	长期容许受剪承载力为表中值的 1/2； 钢连接板时其值增加 25%
螺钉	ZN65	0.86	0.77	0.68	
	ZN90	1.26	1.14	0.98	
	ZS50	1.48	1.34	1.17	
方形垫板	W4.5×40×ϕ14	9.60	8.32	6.40	用于受拉力小于受压承载力的螺栓 M12 的垫板
	W6.0×60×ϕ14	21.60	18.72	14.40	
	W9.0×80×ϕ18	38.40	33.28	25.60	用于受拉力小于受压承载力的螺栓 M16 的垫板
圆垫板	RW6.0×68×ϕ14	21.77	18.87	14.51	用于受拉力小于受压承载力的螺栓 M12 的垫板
	RW9.0×90×ϕ18	38.14	33.06	25.43	用于受拉力小于受压承载力的螺栓 M16 的垫板
带垫板螺栓	M16W	38.40	33.28	25.60	用于金属紧固件的连接件
方型垫板	W6.0×54×ϕ18	—	—	—	用于金属紧固件的垫板
方型小垫板	W2.3×30×ϕ12.5	—	—	—	用于斜撑板的垫板

注：应根据日本国土交通省告示第 1024 号第 1.1 条的规定计算垫板的受压承载力，同时，根据日本住宅・木材技术中心发行的《木结构框架剪力墙结构住宅的容许应力度设计》（2008 年版）计算接触面的承载力。

6.3.5　防锈防腐性能

金属连接件和紧固件的防锈防腐性能按表 6.10 中使用环境 2 进行分类。

金属连接件和紧固件的使用环境及防锈防腐处理要求　　表 6.10

种类		使用环境 1	使用环境 2	使用环境 3
		室内干燥环境	不直接暴露在雨中的室外环境或湿度大的室内环境	直接暴露在雨中的室外环境
连接件	拉紧加固件	1. JIS H 8610（电镀锌） Ep-Fe/Zn5/CM2 2. 其他均按以上方式处理	1. JIS H 8641（热浸镀锌） 1 种 A HDZ A 2. JIS H 8610（电镀锌） Ep-Fe/Zn8/CM2 3. 其他均按以上方式处理	1. JISG3302（热浸镀锌钢板以及钢带）Z35NC 2. 其他均按以上方式处理
	其他 A 类		1. JIS G 3302（热浸镀锌钢板以及钢带）Z27 NC 2. 其他均按以上方式处理	
紧固件	方头自攻螺钉		1. JIS H 8610（电镀锌） Ep-Fe/Zn20/CM1 2. 其他均按以上方式处理	1. JISH8610（电镀锌） Ep-Fe/Zn25/CM1 2. 其他均按以上方式处理
	钉类		1. JIS H 8641（热浸镀锌） 1 种 A HDZ A 2. 其他均按以上方式处理	
	螺栓类		1. JIS H 8610（电气镀锌） Ep-Fe/Zn8/CM2 2. 其他均按以上方式处理	
	其他 B 类			

注：1. 其他 A 类包括：短板销加固件、平板加固件、直折加固件、折叠加固件、折弯加固件、鞍形金属锚件、水平斜撑、拐角形加固件、角形加固件、人字形板加固件、斜撑板、梁托金属锚件、小型角形垫板。
2. 钉类包括：圆钉、平钉、螺钉。
3. 螺栓类包括：六角螺栓、方颈六角螺栓、方颈平头螺栓、两螺钉螺栓、全螺钉螺栓、锚栓、带垫板的螺栓、六角螺母、六角袋螺母、接缝螺母。
4. 其他 B 类包括：方头螺钉、冲头、角形垫板、圆垫板、柱脚连接件、系板连接螺栓、系板连接导管、垫板用弹簧。

6.3.6　外观

1. 金属连接件，不能有不利于使用的裂纹、瑕疵、缺损部位、弯曲、扭曲、偏心、未镀金、未涂饰、生锈等缺陷。

2. 金属紧固件，不能有不利于使用的破损、瑕疵、反翘、弯曲、偏心、未镀金、生锈等缺陷。

6.3.7　检查

金属锚件的形状、尺寸以及外观的检查，应采用合理的抽样检验方法进行。必须符合本书第6.3.3节及第6.3.7节的相关规定。

6.3.8　标识

1. 金属连接件和紧固件，必须用认定金属件表示规格中规定的型号以及认定的编号来标识。

2. 在金属连接件以及紧固件的包装中，成品的每个容器必须用认定金属件表示规格中规定的型号和认定的编号、品名、型号、数量以及制造者名来标识。

第7章　防火耐火设计

7.1　防火设计的要点

7.1.1　目的

木框架剪力墙结构建筑物的防火耐火设计的目的，一是通过确保建筑物或建筑物的一部分具有防火耐火性能来达到防止火势蔓延、火灾扩大或延烧至其他建筑物，二是通过限制用火场所的室内装饰装修来降低火灾发生的危险度，或推迟延烧火势蔓延的时间，以利于室内人员的避难疏散。

本章介绍日本根据建筑场地和木结构建筑物的规模、用途等对建筑物所需的防火耐火性能等的相关规定。

7.1.2　适用范围

本规定的适用范围为木框架剪力墙结构建筑物和建筑物的一部分。

7.1.3　术语

1. 特殊建筑物

特殊建筑物是指：学校、体育馆、医院、剧场、电影院、会所、展厅、百货商店、集市、舞厅、游艺场、公共浴池、旅馆、集体住宅、宿舍、公寓、工厂、仓库、车库、危险物品仓库、畜牧场、殡仪馆、垃圾处理场以及其他具有类似用途的建筑物。

2. 主要结构

主要结构是指墙体、柱、梁、楼盖、屋盖或楼梯，建筑物结构上不重要的隔墙、间柱、装饰柱、上层楼板、最底层地板、旋转舞台地板、小梁、屋檐梁、局部小楼梯、室外楼梯以及其他类似的建筑物部分除外。

3. 蔓延危险部分

从相邻地块的分界线、道路中心线或位于同一场地内的两个或多个建筑物外墙之间的中心线起算的距离为下列情况的，为蔓延危险部分（图 7.1）：

（1）建筑物 1 层（1 楼）：小于 3m 的情况；

（2）建筑物第 2 层及以上：小于 5m 的情况。

对于防火上有效的公园、广场、河流等空地、水面或具有防火构造的墙壁以及其他类似的部分应除外。

4. 耐火结构

耐火结构是指墙体、柱、楼板及其他建筑物的部分结构中，符合与耐火性能相关的技术标准的结构。其构造方法应符合日本国土交通省的规定或经政府批准。

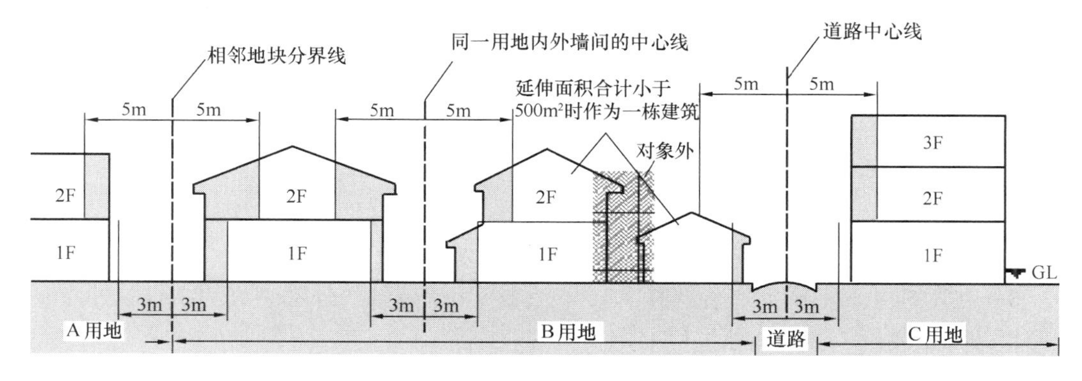

图7.1 建筑物可能蔓延部分示意

5. 准耐火结构

准耐火结构是指墙体、柱、楼板及其他建筑物的部分结构中，符合与准耐火性能相关的技术标准的结构。其构造方法应符合日本国土交通省的规定或经政府批准。

6. 防火结构

防火结构是指建筑物的外墙或屋檐的结构中，符合与防火性能相关的技术标准的结构。其构造方法应符合日本国土交通省的规定或经政府批准。

7. 不燃材料

不燃材料是指建筑材料中，符合与不燃性能相关的技术标准的材料，应符合日本国土交通省的规定或经政府批准。

8. 耐火建筑物

耐火建筑物是指符合下列标准的建筑物：

（1）主要结构符合下列条件1）或2）中的任意一项：

1）具有耐火结构。

2）下列性能（外墙以外的主要结构仅限于①）符合相关规定的技术标准：

① 该建筑物的结构、建筑设备及其使用功能，能够承受发生火灾时室内预测的温度，并直到火灾结束；

② 能够承受该建筑物周围所发生的一般火灾产生的温度，直到火灾结束。

(2) 在具有蔓延的危险部分的外墙开口处，设置有防火门以及其他规定的防火设备（防火设备应符合规定的技术标准，其构造方法应符合日本国土交通省的规定或经政府批准）。

9. 准耐火建筑物

准耐火建筑物是指耐火建筑物以外的建筑物，但应符合下列两个条件的任意一项，并在具有蔓延的危险部分的外墙开口处，应设置有符合规定的防火设备（防火设备应符合规定的技术标准，其构造方法应符合日本国土交通省的规定或经政府批准）。

（1）主要结构部分为准耐火结构。

(2) 第（1）项外的建筑物，具有与之相同的准耐火性能，并且主要结构的防火措施及其他事项符合规定的技术基准的结构。

10. 结构承重的主要部分

基础、基础承台、墙体、柱、屋架梁、地梁、斜向构件（斜撑、撑架、角撑及其他类似结构）、楼板、屋顶板或横架梁（梁、桁及其他类似结构）。用于承担建筑物的自重、载重、积雪载荷、风压、土压、水压或地震及其他振动或冲击。

11. 准不燃材料

准不燃材料是指建筑材料中，在普通火灾的温度增加的情况下，加热开始后的 10min 内，满足下列条件，并由日本国土交通省规定或经政府批准的材料：

（1）不燃烧；

（2）在防火方面不产生有害变形、熔化、裂纹及其他损伤；

（3）在避难方面不产生有害烟雾或有害气体（用于建筑物外部装修的结构除外）。

12. 难燃材料

难燃材料是指建筑材料中，在普通火灾的温度增加的情况下，加热开始后的 5min 内，满足下列条件，并由日本国土交通省规定或经政府批准的材料：

（1）不燃烧；

（2）在防火方面不产生有害变形、熔化、裂纹及其他损伤；

（3）在避难方面不产生有害烟雾或有害气体（用于建筑物外部装修的结构除外）。

7.2 建筑物场地、规模、用途相应的防火耐火性能要求

7.2.1 按建筑物场地的防火规定

为了防止市区火灾发生，对城市区域内的建筑物制定了有关防火区域限制的场地及建筑物规模（延伸面积、层数）的规定。

1. 防火区域内的建筑物

防火区域内，3 层以上或建筑面积超过 $100m^2$ 的建筑物应按耐火建筑物设计，其他建筑物可按耐火建筑物或准耐火建筑物设计。

2. 准防火区域内的建筑物

（1）准防火区域内，4 层或 4 层以上（不含地下室）的建筑物或建筑面积超过 $1500m^2$ 的建筑物应按耐火建筑物设计；建筑面积介于 $500\sim1500m^2$ 的建筑物可按耐火建筑物或准耐火建筑物设计；

（2）准防火区域内，3 层（不含地下室）建筑物应为耐火建筑物、准耐火建筑物，或者建筑物的外墙开口处的结构和面积、主要结构的防火措施等应符合防火方面必要的技术标准。

防火方面必要的技术标准：对于 3 层（不含地下室）建筑物的防火方面必要的技术要求，即“准防木三户”（图 7.2），有以下规定：

（1）面对相邻地块分界线的水平距离小于 1m 的外墙开口处，其防火构造方法符合政府规定或采用经政府批准的构造方法，或者设置作为防火设备的固定防火门。

（2）面对相邻地块分界线的水平距离小于 5m 的外墙开口处，防火构造方法应根据具体的水平距离采用相应的符合政府规定的标准。

（3）外墙为防火结构，在室内普通火灾时能够有效防止火焰以及火焰的高温蔓延，其防火构造方法应符合政府规定。

（4）房檐内采用防火结构。

（5）主要结构部分的柱和梁等结构构件，不应因普通火灾而轻易地倒塌，其防火构造方法应符合政府规定。

（6）楼面（最下层的地面除外）或其正下方的天花板的构造，当普通火灾发生时，能够有效阻止从下方传来的加热，防止火势向上方蔓延，其防火构造方法应符合政府规定。

（7）屋盖或其正下方的天花板防火构造，当室内发生普通火灾时，能够有效遮挡火焰和火焰的高温，其防火构造方法应符合政府的规定。

（8）3层建筑的房间及其以外的部分之间应采用隔墙或门来分隔。

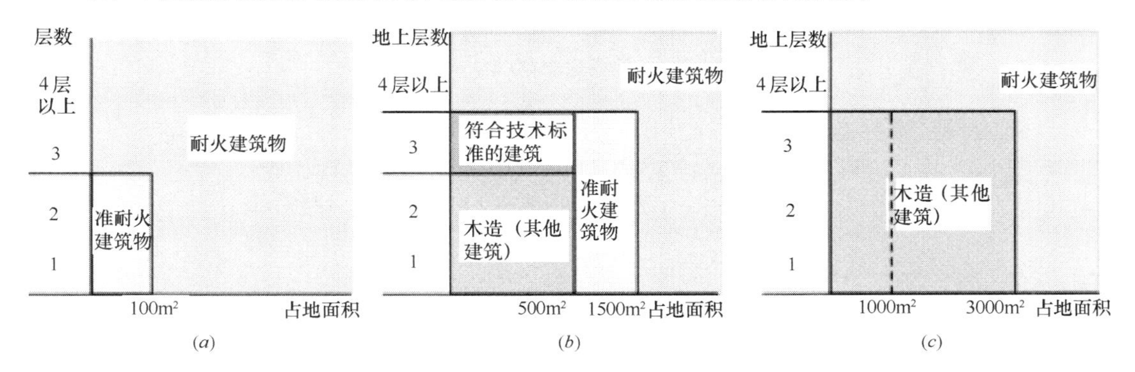

图7.2 防火区域指定的防火构造规定

(*a*) 防火区域

层数：含地下室3层以上（即地上2层、地下1层的建筑物为耐火建筑物）

(*b*) 准防火区域

木造（其他建筑）：可能蔓延部分的外墙及屋檐内为防火结构；

符合技术标准的建筑：采取一定的防火措施可使用木结构，称为“准防木三户”

(*c*) 法22条区域

木造（其他建筑）：占地面积不大于1000m² 的住宅可蔓延部分的外墙具有准防火性能；

占地面积大于1000m² 的住宅可蔓延部分的外墙、屋檐内为防火结构

3. 法22条区域内的建筑物

指定区域内的建筑物的屋面构造，普通火灾发生时假设火焰粉尘蔓延引起建筑物火灾的发生，为了防止屋面必要的性能产生问题，屋面构造应按建筑物的结构及用途区分符合规定的技术标准，其构造方法应符合日本国土交通省的规定或经政府批准。

此外，该区域内的木结构建筑物的外墙中，有可能蔓延部分的构造，应符合关于准防火性能相关的技术标准，其构造方法应符合日本国土交通省的规定或经政府批准。

7.2.2 按建筑物规模的防火规定

1. 建筑面积、建筑物高度

当支承建筑物自重及荷载的主要结构构件（楼面、屋面、楼梯除外）采用木材时，应符合下列规定（图7.3）：

（1）高度大于13m或房檐高度大于9m的建筑物的主要结构必须为耐火结构。但是，符合规定的技术标准的建筑物除外。

（2）建筑面积大于3000m² 的建筑物的主要结构必须为耐火结构。

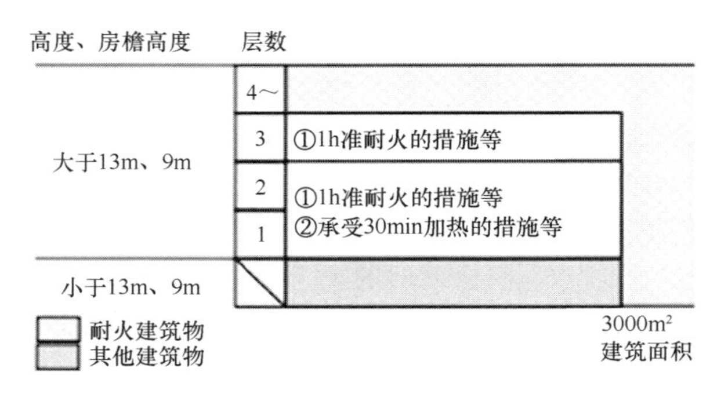

图 7.3　大规模建筑物的结构规定

2. 规定的技术标准

是指主要结构构件采用木构件的大规模建筑物的技术标准。对于高度大于 13m、房檐高度大于 9m 的建筑物，木结构建筑物应符合下列（1）或（2）两条规定的任意一项（图 7.4）。

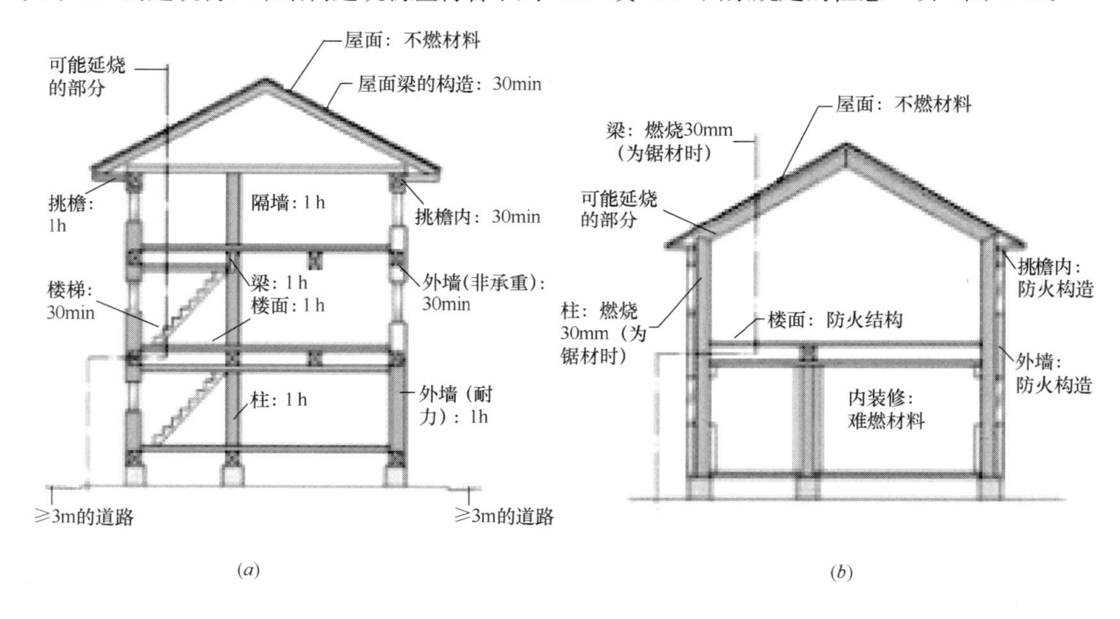

图 7.4　规避防火设施高度规定的方法❶

（*a*）具有 1h 准耐火结构的建筑；（*b*）承受 30min 加热情况的建筑

（1）标准 1（1h 准耐火措施的建筑物）

1）地下室除外，小于 3 层的建筑；

2）主要结构构件为准耐火结构（1h 准耐火构造）；

3）建筑物周围（出口部分除外）设置 3m 以上的通道。

但是，对于以下情况可除外：

1）由具有 1 小时准耐火结构的楼面、墙体或防火设备进行分区的建筑面积小于

❶ 出处：《木结构建筑的推介》（一般社团法人木利用建筑推进协议会）

200m² 的建筑物；

2）作为防止外墙开口处向上层蔓延的措施，开口处上方设有遮阳棚及其他类似结构时，在普通火灾造成的温度不断增加的情况下，加热开始后 20min 内，该加热面的背面没有因火灾而出现裂纹及其他损伤的构造方法，其构造方法应符合日本国土交通省的规定或经大臣批准的有效的防火设置。

（2）标准 2（承受 30min 加热情况的建筑物）

1）以下应符合令第 46 条第 2 项第 1 号①及②：

① 承重结构中主要部分的柱以及横架梁所采用的胶合木等材料的质量，应符合日本国土交通省规定的标准（胶合木、JAS 干燥锯材等）；

② 承重结构中主要部分的柱底部应与紧固于钢筋混凝土的地梁或钢筋混凝土的基础承台固定连接。

2）地下室除外，小于 2 层的建筑。

3）外墙及屋檐内为防火结构。并且，1 层楼面（正下方有地下室的部分）以及 2 层楼面（通道等除外）的结构，在室内发生普通火灾温度增加的情况下，加热开始后 30min 内，承重结构不会产生有影响的变形、熔化、裂纹及其他损伤，同时，该加热面以外的面（面向屋内）的温度达不到可燃物的燃烧温度以上，其构造方法应符合日本国土交通省的规定或经政府批准。

4）地下室的主要结构部分是由耐火结构或不燃材料组成。

5）在厨房、浴室或其他房间内设置灶、炉等设备或用具的部位，应采用耐火结构的楼面、墙体或特定防火设备规定的结构（平常关闭，或能随时开启后再关闭的结构等）与其他区域分隔开来。

6）建筑物的各房间、各通道、墙体（距离地面高度在 1.2m 以下的部分除外）和天花板（若没有天花板则为屋顶）等面向室内部分的装修材料应采用难燃材料。或自动洒水灭火设备、水喷雾灭火设备、泡沫灭火设备及其他类似设备应设置为自动式设备，并应设置排烟设备。

7）连接主要结构部位的柱和梁的长向连接部位或交叉连接部位，能够有效防止普通火灾温度升高时所造成的结构承载能力降低，其构造方法应符合日本国土交通省的规定。

8）根据政府规定的标准（燃烧性）的构造计算，能够确保在发生普通火灾的情况下，整体建筑物不会轻易倒塌。

3. 大规模木结构建筑物的外墙

总建筑面积大于 1000m² 的木结构建筑物，其外墙及挑檐内可能蔓延的部分应为防火结构，屋顶构造必须符合规定的构造要求（不燃材料）。

7.2.3　按建筑物用途的防火规定

1. 必须符合耐火建筑的特殊建筑物：

对于表 7.1 中用途分类为 1～4 类的建筑，房间设置层或部分占地面积以上的特殊建筑物为：

（1）为了防止建筑物遭受普通火灾导致倒塌及蔓延，该特殊建筑物由避难层至地面之间的主要结构部位的相关性能应符合规定的技术标准，构造方法应符合日本国土交通省的规定或经政府批准。

按建筑物的用途及规模所要求的防火性能　　表 7.1

<table>
<tr><td colspan="2" rowspan="2">建筑物分类</td><td colspan="4">特殊建筑的防火要求</td></tr>
<tr><td colspan="2">构造方法符合政府规定或由政府批准时</td><td>为耐火建筑物时</td><td>为耐火建筑物或准耐火建筑物时</td></tr>
<tr><td>类别</td><td>主要用途</td><td>提供用途的楼层</td><td>提供用途部分的楼面面积合计</td><td>提供用途部分的楼面面积合计(层)</td><td>提供用途部分的楼面面积合计(数量)</td></tr>
<tr><td rowspan="3">1类</td><td rowspan="2">剧场、电影院、演艺场</td><td>3层以上的楼层*1</td><td rowspan="3">观众席部分≥200m^2*1(室外观众席≥1000m^2*1)</td><td rowspan="3">—</td><td rowspan="3">—</td></tr>
<tr><td>主层不在1层*1</td></tr>
<tr><td>阅览室、礼堂、会议室</td><td>3层以上的楼层*1</td></tr>
<tr><td>2类</td><td>医院、诊所(有住院病床)、宾馆、旅馆、公寓、集体住宅、宿舍、儿童福利院(含认定的幼儿园)等</td><td>3层以上的楼层*1</td><td>1. 2层部分≥300m^2*2
2. 医院、诊所的2层以上设有住院病床</td><td>—</td><td>—</td></tr>
<tr><td>3类</td><td>学校、体育馆、博物馆、美术馆、图书馆、保龄球馆、滑雪场、滑冰场、游泳馆、体育练习场</td><td>3层以上的楼层*1</td><td>提供用途部分面积≥2000m^2*2</td><td>—</td><td>—</td></tr>
<tr><td rowspan="2">4类</td><td rowspan="2">百货商店、超市、展示厅、酒馆、西餐馆、夜总会、酒吧、舞厅、游艺场、公共浴池、候车室、餐馆、餐厅、大于10m^{2}店铺</td><td rowspan="2">3层以上的楼层*1</td><td>2层部分≥500m^2*2</td><td rowspan="2">—</td><td rowspan="2">—</td></tr>
<tr><td>提供用途部分面积≥3000m^2*1</td></tr>
<tr><td>5类</td><td>仓库</td><td>—</td><td>—</td><td>3层以上的部分≥200m^2</td><td>提供用途部分面积≥1500m^2</td></tr>
<tr><td>6类</td><td>汽车车库、汽车修理工厂、电影制片厅、演播室</td><td>—</td><td>—</td><td>3层以上的楼层</td><td>提供用途部分面积≥150m^2
主要结构为不燃材料的准耐火建筑物</td></tr>
<tr><td>7类</td><td>超过令第116条表中数量的危险物品仓库或处理场</td><td>—</td><td>—</td><td>—</td><td>全部</td></tr>
</table>

*1：主要结构的构造方法除耐火构造（耐火建筑物）之外，3层（地下室除外），用于集体住宅或学校等用途的结构，符合一定条件的情况下，可作为1h准耐火结构的准耐火建筑物（H27国交告第253号，第255号）。

*2：主要结构的构造方法符合准耐火结构（耐火建筑物或准耐火建筑物）等的规定（H27国交告第255号）。

注：在外墙开口处可能蔓延的部分以及从其他外墙开口处可能有蔓延可能的部分应设置具有20min室内遮盖性的防火设备（H27国交告第255号）。

（2）对于外墙有开口，而且从建筑物的其他部分可能蔓延至该开口处时，开口处必须设置防火门或其他规定的防火设备。

2. 对于表7.1中用途分类为5类、6类的建筑，当提供用途的房间设置在3层或3层以上的楼层，超过规定的占地面积时，这部分特殊建筑物必须为耐火建筑物。

3. 对于表7.1中用途分类为5类、6类的建筑，当提供用途的部分超过规定的占地面积时，这部分特殊建筑物为耐火建筑物或准耐火建筑物。

7.2.4 内部装饰限制

下列建筑物或建筑物的一部分的装修，必须符合规定的技术标准，不能影响室内的墙体和吊顶表面的防火性能（表7.2），其示意图见图7.5。

内部装饰受限制的建筑物的用途和部位 **表7.2**

<table>
<tr><th rowspan="2">序号</th><th rowspan="2" colspan="2">房间主要用途</th><th colspan="3">防火构造及面积规模</th><th>内部装饰受限部分</th><th colspan="3">内装饰材的燃烧种类</th></tr>
<tr><th>耐火建筑物</th><th>准耐火建筑物</th><th>其他建筑物</th><th>墙体、吊顶</th><th>不燃材料</th><th>准不燃材料</th><th>难燃材料[*1]</th></tr>
<tr><td rowspan="2">1</td><td rowspan="10">特殊建筑物</td><td rowspan="2">剧场、电影院、演艺场、阅览室、礼堂、会议室</td><td rowspan="2">房间≥400m^2</td><td rowspan="2">房间≥100m^2</td><td rowspan="2">房间≥100m^2</td><td>房间</td><td>○</td><td>○</td><td>○</td></tr>
<tr><td>通道、楼梯等</td><td>○</td><td>○</td><td></td></tr>
<tr><td rowspan="2">2</td><td rowspan="2">医院、诊所(有住院病床)、宾馆、旅馆、公寓、集体住宅、宿舍、儿童福利院(含认定的幼儿园)等[*3]</td><td rowspan="2">3层以上总面积[*4]：≥300m^2</td><td rowspan="2">2层部分总面积[*4]：≥300m^2</td><td rowspan="2">楼面面积合计≥200m^2</td><td>房间</td><td>○</td><td>○</td><td>○</td></tr>
<tr><td>通道、楼梯等</td><td>○</td><td>○</td><td></td></tr>
<tr><td rowspan="2">3</td><td rowspan="2">百货商店、超市、展示厅、酒馆、西餐馆、夜总会、酒吧、舞厅、游艺场、公共浴池、候车室、餐馆、餐厅、销售业或修理业店铺</td><td rowspan="2">3层以上合计面积≥1000m^2</td><td rowspan="2">2层部分合计面积≥500m^2</td><td rowspan="2">楼面面积合计≥200m^2</td><td>房间</td><td>○</td><td>○</td><td>○</td></tr>
<tr><td>通道、楼梯等</td><td>○</td><td>○</td><td></td></tr>
<tr><td>4</td><td>汽车车库、汽车修理工厂</td><td colspan="3">全部适用</td><td>其他部分或通道等</td><td>○</td><td>○</td><td></td></tr>
<tr><td>5</td><td>地下室中用于上述①②③的场所</td><td colspan="3">全部适用</td><td>其他部分或通道、楼梯等</td><td>○</td><td>○</td><td></td></tr>
<tr><td rowspan="2">6</td><td colspan="2" rowspan="2">大规模建筑物[*5]</td><td colspan="3" rowspan="2">3层以上、总面积>500m^2
2层以上、总面积>1000m^2
1层以上、总面积>3000m^2</td><td>房间</td><td>○</td><td>○</td><td>○</td></tr>
<tr><td>其他部分或通道等</td><td>○</td><td>○</td><td></td></tr>
<tr><td>7</td><td>2层以上的住宅、集体住宅</td><td>最上层以外的楼层的烟火使用室[*6]</td><td>非限制对象[*7]</td><td colspan="2">全部适用</td><td>该房间</td><td>○</td><td>○</td><td></td></tr>
<tr><td>8</td><td>住宅以外的建筑物</td><td>烟火使用室[*6]</td><td>非限制对象[*7]</td><td colspan="2">全部适用</td><td>该房间</td><td>○</td><td>○</td><td></td></tr>
<tr><td>9</td><td rowspan="2">全部建筑物</td><td>无窗房间[*2]</td><td colspan="3">楼面面积>50m^2</td><td rowspan="2">房间、通道、楼梯等</td><td rowspan="2">○</td><td rowspan="2">○</td><td rowspan="2"></td></tr>
<tr><td>10</td><td>法28条1项规定的温湿度调整工作室</td><td colspan="3">全部适用</td></tr>
</table>

*1：3层以上含房间的建筑物的吊顶不可采用难燃材料。没有吊顶的情况下，对屋顶加以限制。
*2：吊顶或吊顶以下80cm内，能够开启的窗口小于房间楼面面积的1/50，但吊顶高度超过6m的建筑物除外。
*3：符合1h准耐火结构的技术标准的集体住宅部分应视为耐火建筑物。
*4：每隔100m^2（集体住宅的住户为200m^2）以内，采用准耐火结构的楼面、墙体或防火设备进行防火分区的建筑物除外。
*5：在学校和表第②项中建筑高度小于31m的建筑物中房间部分，每隔100m^{2}以内作防火分区的建筑物除外。
*6：在厨房、浴室、干燥室、锅炉房、工作室等房间内设置有用火设备或器具的部分。
*7：耐火建筑物的主要结构构件为不耐火构造时，则全部适用。

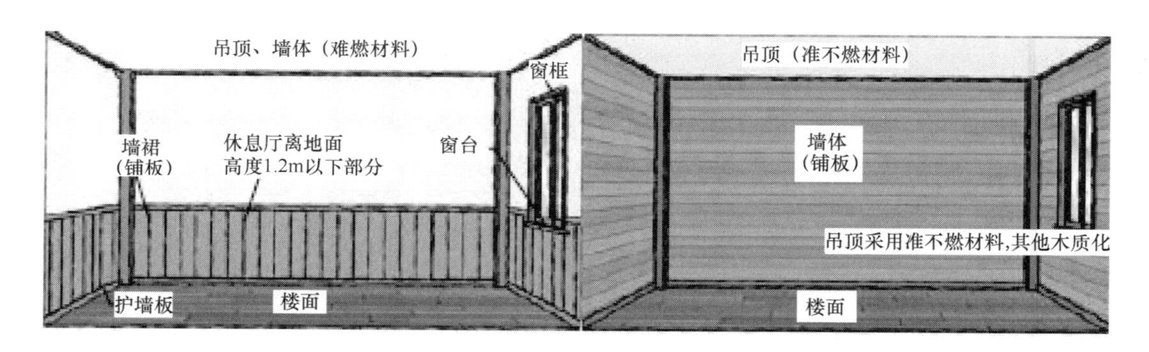

图 7.5　内装饰设置的内容❶

1. 特殊建筑物；

2. 3 层以上的建筑物；

3. 建筑物中部分无窗口或无其他开口的房间；

4. 总面积大于 $1000m^2$ 的建筑物；

5. 在厨房、浴室等房间内设置有使用明火的灶、炉等设备或器具。

7.2.5　防火墙和防火分区

1. 防火墙

总面积大于 $1000m^2$ 的建筑物，应符合下列规定：

(1) 通过防火构造有效的防火墙进行有效的分区；

(2) 防火分区的各个楼面面积的总和必须小于 $1000m^2$。

但是，对于符合下列条件之一的建筑物，将不受上述规定的限制：

(1) 耐火建筑物或准耐火建筑物。

(2) 商品批发市场的棚架顶、机械制作工厂以及其他与此相似的发生火灾的可能性较小的，并且符合下列条件中任意一项的建筑物：

1) 主要结构构件由不燃材料组成的，以及其他类似结构的建筑物；

2) 结构形式、主要结构构件的防火措施以及其他相关事项，符合必要的防火技术标准的建筑物。

(3) 畜牧场及政令规定用途的其他建筑物；当这些建筑周边地区被用于农业或与此相同的情况下，其结构、用途和周围的情况应在避难以及防止火灾蔓延等方面符合日本国土交通省规定的标准。

2. 木结构建筑物防火墙的要求

(1) 防火墙结构必须符合下列规定：

1) 具有耐火结构和独立的构造；

2) 在木结构建筑物中，不采用无钢筋混凝土或砌体结构；

3) 防火墙的两端及上端应突出建筑物外墙面或屋顶面，突出的距离应大于 500mm；

4) 设置在防火墙上的开口宽度和高度均应小于 2.5m，且在开口部位应设置符合特定

❶ 出处：《木结构建筑的推介》（一般社团法人木利用建筑推进协议会）

防火设备规定的构造。

（2）令第112条第15项规定，适用于给水管、配电管和其他管道穿过防火墙的情况；同条第16项规定，适用于通风设备、暖气设备或空调设备的风道穿过防火墙的情况。

（3）在符合技术标准的墙壁中，采用规定的结构方法或获得该规定的认定的墙体，均为符合第（1）项规定的防火墙。

3. 防火分区

在作为耐火建筑物、准耐火建筑物的大规模建筑物中，防火方面必须根据建筑物的用途、规模等进行有效分区（防火分区）。

防火分区主要包括：

（1）面积分区（高层分区）；

（2）竖向分区；

（3）特种用途分区。

3类防火分区可根据规定的面积、每个分区、耐火结构的楼板或墙体、准耐火结构的楼板或墙体、特定防火设备等进行分区（表7.3）。例如：

（1）面积分区：是将主要结构构件为耐火结构或准耐火结构的总面积超过1500m^2的建筑物，采用准耐火结构的楼面、墙体或特定防火设备进行防火分区，每个分区面积必须小于1500m^2（剧院、电影院、体育馆、工厂等在用途上有明确规定的除外）。

对于11层以上的高层建筑物，必须根据楼面面积及准不燃材料、不燃材料的装修等情况，按照一定规模进行分区。

（2）竖向分区：对于地下室或3层以上为起居室的居住部分、通风口和楼梯的部分，以及其他相似部分必须采用竖向分区与其他部分进行分隔。

（3）特种用途分区：在耐火建筑物、准耐火建筑物中，当特殊建筑物用途的部分和其他部分共同存在时，必须采用特种用途分区将特殊建筑物部分与其他部分进行分隔。

防火分区的规定　　**表7.3**

<table>
<tr><th colspan="2" rowspan="2">分区</th><th rowspan="2">适用建筑物及依据条文</th><th rowspan="2">分区面积</th><th colspan="3">分区的构造</th></tr>
<tr><th>楼面或墙体</th><th>防火设备</th><th>内部装饰
（墙体、吊顶）</th></tr>
<tr><td rowspan="7">面积分区</td><td rowspan="4">一般建筑</td><td>大规模木结构建筑物（耐火建筑物或准耐火建筑物除外）</td><td>每个≤1000m^2</td><td>防火墙（独立耐火构造的墙体）</td><td>特定防火设备（宽度≤2.5m、高度≤2.5m）</td><td>—</td></tr>
<tr><td>耐火建筑物</td><td rowspan="2">每个≤1500m^2</td><td>耐火结构</td><td rowspan="2">特定防火设备</td><td rowspan="2">—</td></tr>
<tr><td>准耐火建筑物（除下栏以外的）</td><td>准耐火结构（1h）</td></tr>
<tr><td>准耐火建筑物（法27条或法62条所规定的准耐火建筑物）</td><td>外墙耐火：
每个≤500m^2
不燃结构：
每个≤1000m^2</td><td>准耐火结构（1h）</td><td>特定防火设备</td><td>—</td></tr>
<tr><td rowspan="3">高层建筑</td><td rowspan="3">11层以上的楼层、地下街道（各单元部分）</td><td>每个≤100m^2</td><td>耐火结构</td><td>防火设备</td><td></td></tr>
<tr><td>每个≤200m^2</td><td>耐火结构</td><td>特定防火设备</td><td>精装面层、底层均为准不燃材料</td></tr>
<tr><td>每个≤500m^2</td><td>耐火结构</td><td>特定防火设备</td><td>精装面层、底层均为不燃材料</td></tr>
</table>

续表

分区	适用建筑物及依据条文	分区面积	分区的构造		
			楼面或墙体	防火设备	内部装饰（墙体、吊顶）
竖向区划	主要结构部分为准耐火结构（包括耐火结构），位于地下室或3层以上有起居室的建筑物	复式住宅、通风口、楼梯、电梯井、管道井及其他部分的分区	准耐火结构（耐火结构）	防火设备	—
特种用途区划	日本法规规定的用途部分（学校、电影院、公共浴池、超市、汽车车库、百货商店、公寓、集体宿舍、医院、仓库等）及其他部分		准耐火结构的墙体	防火设备	—
	根据日本法规的规定，作为耐火建筑物或准耐火建筑物的部分与其他部分		准耐火结构（1小时）	特定防火设备	—

（4）主要的防火隔墙

对于学校、医院、诊所、儿童福利设施等，以及酒店、旅馆、公寓、宿舍或超市的建筑物部分，必须把主要的防火隔墙设置为准耐火结构（自动洒水灭火设备等设置部分和对防火不产生影响的、符合政府规定的隔墙除外），并且隔墙高度应达到屋顶内或吊顶内。

（5）屋顶桁架为木结构的建筑物隔墙

建筑面积大于或等于300m^{2}的建筑物的屋顶桁架为木结构时，除了符合下列任意一项规定的建筑物以外，均必须每间隔12m在屋顶桁架之间设置准耐火结构的隔墙：

1）耐火建筑物；

2）建筑物各房间和各通道的室内墙面及吊顶面采用了难燃材料的精装修面，以及设置了自动洒水灭火设备、排烟设备的建筑物；

3）建筑周边场地用于农业用途或与此相似的情况下，其结构、用途及周边场地状况对避难与防止蔓延等方面不产生影响，符合日本国土交通省规定的标准的畜舍、堆肥仓库以及水产繁殖场或养殖场的棚架顶。

7.3 各部分详细要求

7.3.1 耐火建筑物

耐火建筑物包括（图7.6）：

1. 主要结构构件为耐火结构的建筑物；

2. 在外墙开口处可能蔓延的部分设有防火设备的建筑物。

耐火建筑物主要结构构件的耐火性能规定能见表7.4[1]。

---

[1] 出处：一般社团法人木利用建筑推进协议会《木结构建筑的推介》

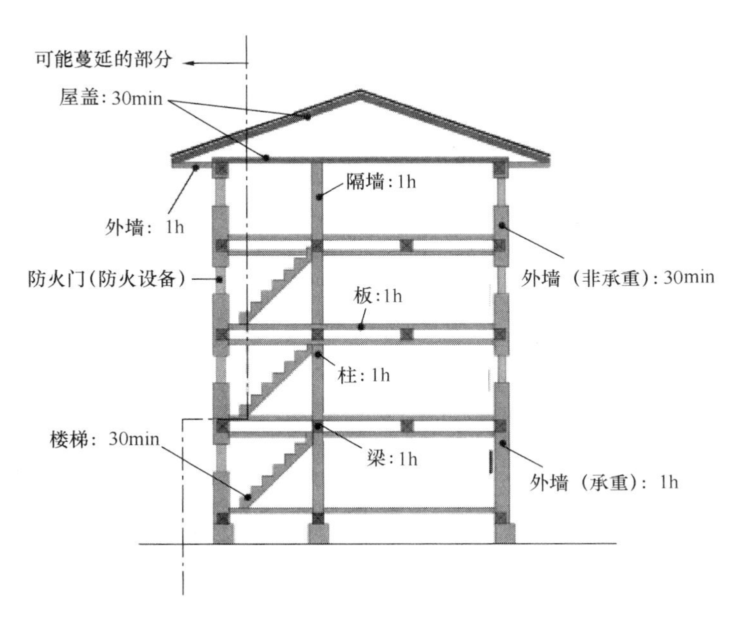

图 7.6　耐火建筑物示意

（途径 A：各主要结构部耐火结构，本图为 4 层建筑时的要求）

耐火建筑物主要结构构件的耐火性能规定　　**表 7.4**

<table>
<tr><th colspan="4" rowspan="2">构件</th><th rowspan="2">构件所在的楼层</th><th colspan="2">普通火灾</th><th>由室内产生的火灾</th></tr>
<tr><th>非损伤性</th><th>隔热性</th><th>隔火性</th></tr>
<tr><td rowspan="10">墙体</td><td rowspan="4">隔墙</td><td colspan="2" rowspan="3">剪力墙</td><td>15 层以上</td><td rowspan="2">2h</td><td rowspan="3">1h</td><td rowspan="3">—</td></tr>
<tr><td>5～14 层</td></tr>
<tr><td>最上层、2～4 层</td><td>1h</td></tr>
<tr><td colspan="2">非承重墙</td><td>—</td><td>—</td><td>1h</td><td>—</td></tr>
<tr><td rowspan="5">外墙</td><td colspan="2" rowspan="3">剪力墙</td><td>15 层以上</td><td rowspan="2">2h</td><td rowspan="3">1h</td><td rowspan="3">1h</td></tr>
<tr><td>5～14 层</td></tr>
<tr><td>最上层、2～4 层</td><td>1h</td></tr>
<tr><td rowspan="2">非承重墙</td><td>可能蔓延的部分</td><td>—</td><td>—</td><td>1h</td><td>1h</td></tr>
<tr><td>上述部分除外</td><td>—</td><td>—</td><td>30min</td><td>30min</td></tr>
<tr><td colspan="3" rowspan="1"></td></tr>
<tr><td colspan="4" rowspan="3">柱</td><td>15 层以上</td><td>3h</td><td rowspan="3">—</td><td rowspan="3">—</td></tr>
<tr><td>5～14 层</td><td>2h</td></tr>
<tr><td>最上层、2～4 层</td><td>1h</td></tr>
<tr><td colspan="4" rowspan="3">楼板</td><td>15 层以上</td><td rowspan="2">2h</td><td rowspan="3">1h</td><td rowspan="3">—</td></tr>
<tr><td>5～14 层</td></tr>
<tr><td>最上层、2～4 层</td><td>1h</td></tr>
</table>

续表

构件	构件所在的楼层	普通火灾		由室内产生的火灾
		非损伤性	隔热性	隔火性
梁	15 层以上	2h	—	—
	5～14 层			
	最上层、2～4 层	1h		
屋盖	—	30min	—	30min
楼梯	—	30min	—	—

注：1. “非损伤性”指在规定的时间内，不产生影响结构承载力的变形、熔化、破坏等损伤；
2. “隔热性”指在规定的时间内，加热面以外的面（与室内相接触的面）的温度没有上升到可燃物燃烧温度之上；
3. “隔火性”指在规定的时间内，不出现可引起室外火灾的裂纹等损伤。

主要结构构件包括耐火构造和可能蔓延的部分有防火设备的外墙开口构造。

1. 耐火构造

(1) 政府规定的构造（型式规定）

木结构的 1h 耐火时间的构造（隔墙与外墙以外的型式规定预计今后会补充）见表 7.5。

规定的耐火结构的构造方法　　表 7.5

建筑物的部位		墙体基材采用材料	对于普通火灾的耐火极限	覆面板位置	构造方法
墙体	隔墙(剪力墙或非承重墙)	木材或钢材	1h	两侧	1. 至少 2 张并且总厚度≥42mm 的强化石膏板 2. 至少 2 张并且总厚度≥36mm 的强化石膏板+厚度≥8mm 的水泥纤维板(仅限于硅酸铝板) 3. 厚度≥15mm 的强化石膏板+厚度≥50mm 的轻质混凝土板
	外墙(剪力墙或非承重墙)	木材或钢材	1h	外侧	1. 至少 2 张并且总厚度≥42mm 的强化石膏板(仅可在上覆盖金属板、轻质混凝土板、水泥挂板或涂抹水泥砂浆、灰浆) 2. 至少 2 张并且总厚度≥36mm 的强化石膏板+厚度≥8mm 的硅酸铝板(仅可在上覆盖金属板、轻质混凝土板、水泥挂板或涂抹水泥砂浆、灰浆) 3. 厚度≥15mm 的强化石膏板+厚度≥50mm 的轻质混凝土板
				内侧	1. 至少 2 张并且总厚度≥42mm 的强化石膏板 2. 至少 2 张并且总厚度≥36mm 的强化石膏板+厚度≥8mm 的硅酸铝板 3. 厚度≥15mm 的强化石膏板+厚度≥50mm 的轻质混凝土板

注：强化石膏板为 GB-F（V）板（石膏含有率≥95%、玻璃纤维含有率≥0.4%、蛭石含有率≥2.5%）；ALC 板为蒸压轻质混凝土板。

由表7.5可知，对于1h耐火极限的外墙（图7.7*a*），室外墙面的覆盖材料可以采用以下三种方法的任意一种：

1）至少2张且总厚度≥42mm的强化石膏板（GB-F（V）板、下同。），仅可在上覆盖金属板、轻质混凝土板（下同ALC板）、水泥挂板或涂抹水泥砂浆、灰浆；

2）至少2张且总厚度≥36mm的强化石膏板＋厚度≥8mm的硅酸铝板，仅可在上覆盖金属板、轻质混凝土板、水泥挂板或涂抹水泥砂浆、灰浆；

3）厚度≥15mm的强化石膏板＋厚度≥50mm的轻质混凝土板。

对于1h耐火极限的外墙室内墙面，以及1h耐火极限的内墙室内两侧墙面的覆盖材料，均可以采用以下三种方法的任意一种（图7.7）：

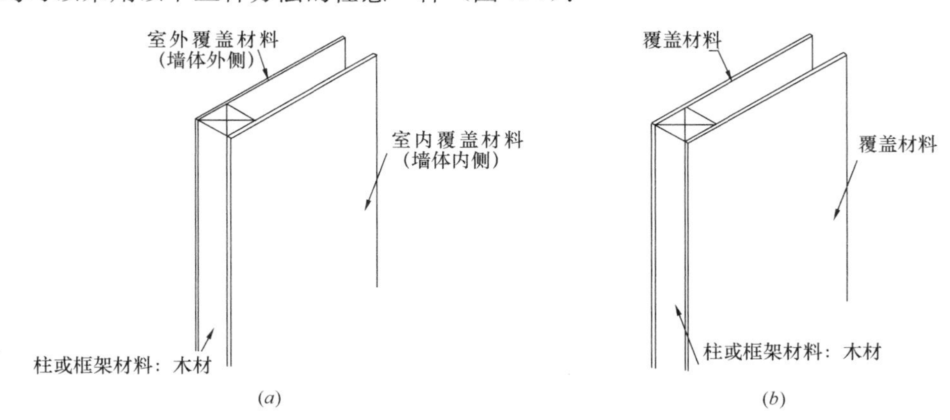

图7.7 墙体防火构造示意

（*a*）外墙；（*b*）隔墙

1）至少2张并且总厚度≥42mm的强化石膏板；

2）至少2张并且总厚度≥36mm的强化石膏板＋厚度≥8mm的硅酸铝板；

3）厚度≥15mm的强化石膏板 ＋厚度≥50mm的轻质混凝土板。

（2）政府批准的构造（认证构造，图7.8）

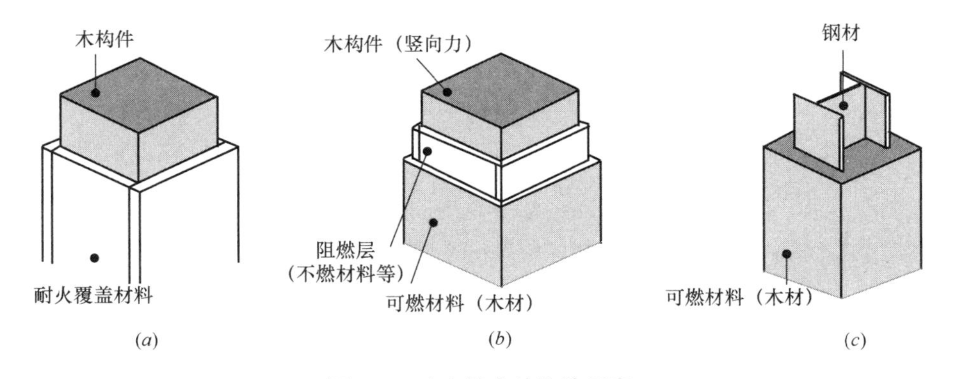

图7.8 政府批准的构造示意

（*a*）覆盖型耐火构造（方法1）；（*b*）阻燃型耐火构造（方法2）；（*c*）钢木组合构件（方法3）

政府批准的构造有以下几种：

1）方法1：覆盖型（隔板）耐火构造（行业团体等获得的认证构造），包括外墙、隔墙、柱、梁、楼板、屋盖（30min）、楼梯（30min）；

2）方法 2：阻燃型耐火构造（企业获得的认证构造）；

3）方法 3：木钢组合构件（木包钢胶合材耐火构造）（行业团体等获得的认证构造）。

2. 外墙开口处（可能蔓延的部分设置有防火设备）

（1）日本国土交通省规定的构造方法；

（2）经政府批准的构造方式。

7.3.2 准耐火建筑物

准耐火建筑物包括下列建筑物（图 7.9）：

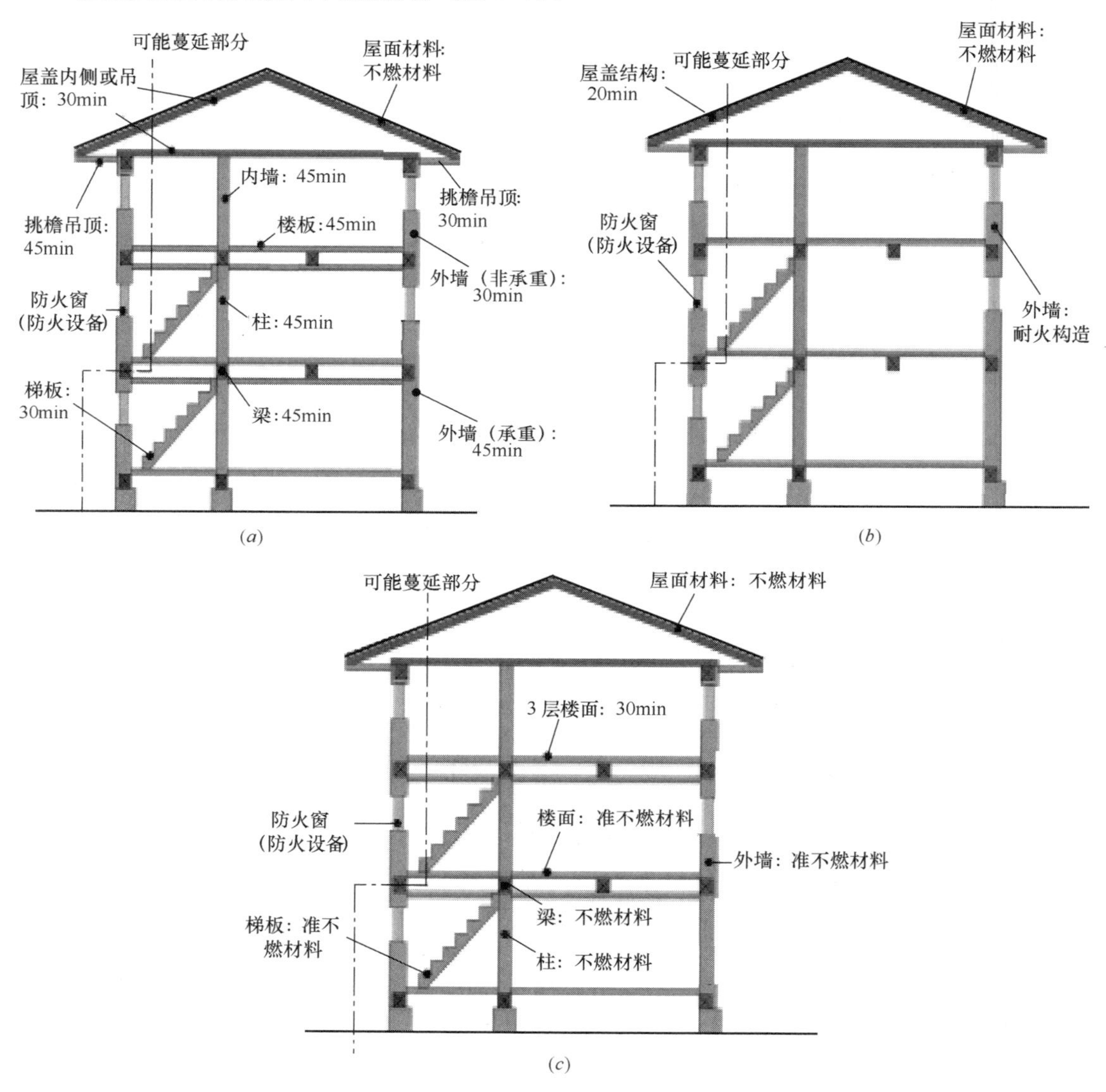

图 7.9 准耐火建筑物的主要结构构件的耐火性能与种类

(*a*) 1 类准耐火性能建筑（主要结构构件为准耐火结构）；(*b*) 2 类准耐火性能建筑 1 号（外墙耐火构造，主要采用混凝土）；(*c*) 2 类准耐火性能建筑 2 号（主要结构构件不燃构造，主要为钢结构）

1. 主要结构构件为准耐火结构的建筑物（1 类准耐火性能），或具有同等准耐火性能的建筑物（2 类准耐火性能）；

2. 在外墙开口处可能蔓延的部分设有防火设备的建筑物。

准耐火建筑物的主要结构构件的耐火极限见表 7.6。

准耐火建筑物的主要结构构件的耐火极限　　表 7.6

构件				普通火灾		由室内发生的火灾
				非损伤性	隔热性	隔火性
墙体	隔墙	剪力墙		45min	45min	—
		非承重墙		—	45min	—
	外墙	剪力墙		45min	45min	45min
		非承重墙	可能蔓延处	—	45min	45min
			上述情况以外	—	30min	30min
柱				45min	—	—
楼板				45min	45min	—
梁				45min	—	—
屋盖挑檐吊顶			可能蔓延处	—	45min	—
			上述情况以外	—	30min	—
屋盖				30min	—	30min
楼梯				30min	—	—

建筑物主要结构构件为准耐火结构的构造包括下列几种：

1. 符合政府规定的结构（方法规定）

（1）准耐火结构（1 类准耐火性能）

1）方法 1：覆盖型准耐火结构（型式规定）；

2）方法 2：炭化层设计方法。

炭化层设计是一种构件表面炭化之后，利用残存剩余截面进行容许承载力利用的防火设计法（图 7.10）。炭化层设计方法的原理是，构件表面即使被烧损，也不对结构承载能力产生影响，能够防止火灾时建筑物出现整体倒塌。不同木材在不同规定的耐火极限时间

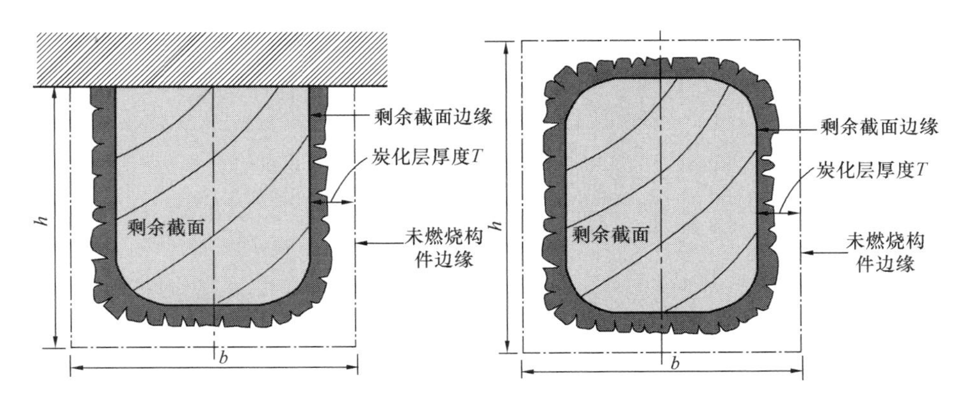

图 7.10　构件炭化层设计截面简图

内的炭化层厚度见表 7.7❶。

木材炭化层厚度值 **表 7.7**

木材种类	日本 1987 年“建告 1902”的值(30min)	准耐火结构(45min)	准耐火结构(1h)
胶合木(结构用集成材)	25mm	35mm	45mm
旋切板胶合木(结构用单板集成材、LVL)	25mm	35mm	45mm
结构用锯材	35mm	45mm	60mm

准耐火结构（1 类准耐火性能）的各种构件防火构造方法见表 7.8、表 7.9 和表 7.10。

准耐火结构的构造方法（墙体、柱） **表 7.8**

<table>
<tr><th colspan="3">建筑物的构件</th><th>普通火灾的耐火极限时间</th><th>构造方法</th></tr>
<tr><td rowspan="4">墙体</td><td rowspan="4">隔墙两侧(剪力墙、非承重墙)</td><td rowspan="2">墙体基材为木材或钢材</td><td>1h</td><td>1. 两层厚度≥12mm 的石膏板；
2. 厚度≥8mm 的矿渣石膏水泥板＋厚度≥12mm 的石膏板；
3. 厚度≥16mm 的强化石膏板；
4. 厚度≥12mm 的强化石膏板＋厚度≥9mm 的石膏板或难燃层板；
5. 厚度≥9mm 的石膏板或难燃层板＋厚度≥12mm 的强化石膏板</td></tr>
<tr><td>45min</td><td>1. 厚度≥15mm 的石膏板；
2. 厚度≥12mm 的石膏板＋厚度≥9mm 的石膏板或难燃层板；
3. 厚度≥9mm 的石膏板或难燃层板＋厚度≥12mm 的石膏板；
4. 厚度≥7mm 的石膏板上涂抹厚度≥8mm 的石膏砂浆</td></tr>
<tr><td>墙体基材为不燃材料</td><td></td><td>1. 厚度≥15mm 的钢丝网砂浆；
2. 木丝水泥板或石膏板上涂抹厚度≥10mm 的水泥砂浆或灰浆；
3. 木丝水泥板上涂抹水泥砂浆或灰浆＋金属板</td></tr>
<tr><td>墙体基材为非不燃材料</td><td>45min</td><td>1. 涂抹厚度≥20mm 的钢丝网砂浆或木板条砂浆；
2. 木丝水泥板或石膏板＋厚度≥15mm 的水泥砂浆或灰浆；
3. 砂浆＋瓷砖(总厚度 25mm)；
4. 水泥板或瓦＋砂浆(总厚度 25mm)；
5. 夹筋厚土墙；
6. 夹筋明柱土墙；
7. 厚度≥12mm 的石膏板 ＋镀锌铁皮；
8. 厚度≥25mm 的矿棉保温板＋镀锌铁皮</td></tr>
</table>

❶ 表中数据出处：《木结构建筑的推介》(一般社团法人木利用建筑推进协议会)

续表

<table>
<tr><th colspan="3">建筑物的构件</th><th>普通火灾的耐火极限时间</th><th colspan="2">构造方法</th></tr>
<tr><td rowspan="5">墙体</td><td rowspan="5">外墙（基材为：木材、钢材）</td><td rowspan="4">剪力墙、非承重墙的蔓延部分</td><td rowspan="2">1h</td><td>室外</td><td>1. 厚度≥18mm的硬质木片水泥板；
2. 厚度≥20mm的钢丝网砂浆</td></tr>
<tr><td>室内</td><td>1. 两层厚度≥12mm的石膏板；
2. 厚度≥8mm的矿渣石膏水泥板＋厚度≥12mm的石膏板；
3. 厚度≥16mm的强化石膏板；
4. 厚度≥12mm的强化石膏板＋厚度≥9mm的石膏板或难燃层板；
5. 厚度≥9mm的石膏板或难燃层板＋厚度≥12mm的强化石膏板</td></tr>
<tr><td rowspan="2">45min</td><td>室外</td><td>1. 厚度≥12mm的石膏板＋金属板；
2. 木丝水泥板或石膏板＋厚度≥15mm的水泥砂浆或灰浆；
3. 砂浆＋瓷砖（总厚度25mm）；
4. 水泥板或瓦＋砂浆（总厚度25mm）；
5. 厚度≥25mm的矿棉保温板＋金属板</td></tr>
<tr><td>室内</td><td>1. 厚度≥15mm的石膏板；
2. 厚度≥12mm的石膏板＋厚度≥9mm的石膏板或难燃层板；
3. 厚度≥9mm的石膏板或难燃层板＋厚度≥12mm的石膏板；
4. 厚度≥7mm的石膏板条＋厚度≥8mm的石膏砂浆；
另外，除上述构造外，可也采用30min耐火极限的构造＋厚度≥8mm的矿渣石膏水泥板或厚度为12mm的石膏板</td></tr>
<tr><td>非承重墙的蔓延部分</td><td>30min</td><td colspan="2">与上述剪力墙、非承重墙的蔓延部分耐火极限为45min的室外及室内的构造相同</td></tr>
<tr><td colspan="3">柱</td><td>1h</td><td colspan="2">1. 两层厚度≥12mm的石膏板；
2. 厚度≥8mm的矿渣石膏水泥板＋厚度≥12mm的石膏板；
3. 厚度≥16mm的强化石膏板；
4. 厚度≥12mm的强化石膏板＋厚度≥9mm的石膏板或难燃层板；
5. 厚度≥9mm的石膏板或难燃层板 ＋厚度≥12mm的强化石膏板；
6. 符合“建令46条2项1号”1类、2类标准的结构（⇒日本H12建设部告示第1380号、炭化层设计）</td></tr>
</table>

续表

建筑物的构件	普通火灾的耐火极限时间	构造方法
柱	45min	1. 厚度≥15mm 的石膏板； 2. 厚度≥12mm 的石膏板＋厚度≥9mm 的石膏板或难燃层板； 3. 厚度≥9mm 的石膏板或难燃层板＋厚度≥12mm 的石膏板； 4. 厚度≥7mm 的石膏板条＋厚度≥8mm 的石膏砂浆； 5. 符合“建令 46 条 2 项 1 号”1 类、2 类标准的结构(⇒日本 H12 建设部告示第 1358 号、炭化层设计)

注：1. 石膏板包含强化石膏板，混凝土包含轻质混凝土以及煤渣混凝土；
2. 矿棉与玻璃棉的体积比重应不小于 0.024；
3. 将墙体、柱、楼板、梁、屋盖、挑檐吊顶的防火覆盖的重叠部分、接缝部分及其他类似部分作为该重叠部分的背面来设置木材等，能够有效防止火焰向该建筑物内部侵入；
4. 除上述构造方法之外，经政府批准的构造均可。

准耐火结构的构造方法（楼盖、梁、屋盖）　　表 7.9

建筑物的构件		普通火灾的耐火极限时间	构造方法
楼盖(基材为木材、钢材)	楼面	1h	1. 厚度≥12mm 的木基结构板＋石膏板、硬质木片水泥板或轻质混凝土板； 2. 厚度≥12mm 的木基结构板＋厚度≥12mm 的砂浆、混凝土或石膏等面层； 3. 厚度≥40mm 的木材； 4. 草垫(聚苯乙烯形式的草垫除外)
	楼盖底面或板下吊顶		1. 两层厚度≥12mm 的石膏板＋厚度≥50mm 的矿棉或玻璃棉； 2. 两层厚度≥12mm 的强化石膏板； 3. 厚度≥15mm 的强化石膏板＋厚度≥50mm 的矿棉或玻璃棉； 4. 厚度≥12mm 的强化石膏板＋厚度≥9mm 的矿棉吸声板
	楼面	45min	1. 厚度≥12mm 的木基结构板＋厚度≥9mm 的石膏板或蒸压轻质混凝土板或厚度≥8mm 的硬质木片水泥板； 2. 厚度≥12mm 的木基结构板＋厚度≥9mm 的砂浆、混凝土或石膏等面层； 3. 厚度≥30mm 的木材； 4. 草垫(聚苯乙烯形式的草垫除外)
	楼板底面或板下吊顶		1. 厚度≥15mm 的强化石膏板； 2. 厚度≥12mm 的强化石膏板＋厚度≥50mm 的矿棉或玻璃棉

续表

建筑物的构件		普通火灾的耐火极限时间	构造方法
梁		1h	1. 两层厚度≥12mm 的石膏板+厚度≥15mm 的矿棉或玻璃棉 2. 两层厚度≥12mm 的强化石膏板； 3. 厚度≥15mm 的强化石膏板+厚度≥50mm 的矿棉或玻璃棉； 4. 厚度≥12mm 的强化石膏板+厚度≥9mm 的矿棉吸声板； 5. 符合“建令 46 条 2 项 1 号”1 类、2 类标准的结构(⇒日本 H12 建设部告示第 1380 号、炭化层设计)
		45min	1. 厚度≥15mm 的强化石膏板； 2. 厚度≥12mm 的强化石膏板+厚度≥50mm 的矿棉或玻璃棉； 3. 符合“建令 46 条 2 项 1 号”1 类、2 类标准的结构(⇒日本 H12 建设部告示第 1358 号、炭化层设计)
采用不燃材料的屋盖(挑檐吊顶除外)	室内侧吊顶 挑檐吊顶	30min	1. 厚度≥12mm 的强化石膏板； 2. 两层厚度≥9mm 的石膏板； 3. 厚度≥12mm 的石膏板+厚度≥50mm 的矿棉或玻璃棉； 4. 厚度≥12mm 的硬质木片水泥板； 5. 厚度≥12mm 的石膏板+金属板； 6. 木丝水泥板或石膏板+ 厚度≥15mm 的水泥砂浆或灰浆； 7. 砂浆+瓷砖(总厚度 25mm)； 8. 水泥板或瓦+ 砂浆(总厚度 25mm)； 9. 厚度≥25mm 的矿棉保温板+金属板； 10. 厚度≥20mm 的钢丝网砂浆； 11. 2 层以上的纤维混入硅酸钙板(总厚度 16mm)
挑檐吊顶(被外墙与屋盖内部空间隔离的除外)	蔓延部分	1h	1. 厚度≥15mm 的强化石膏板+金属板； 2. 2 层以上的纤维混入硅酸钙板(总厚度 16mm)； 3. 厚度≥18mm 的硬质木片水泥板； 4. 厚度≥20mm 的钢丝网砂浆； 5. 能够有效阻止火焰通过屋面板与外墙间的缝隙或相连接部分的缝隙进行蔓延的结构(⇒日本 H12 建设部告示第 1380 号)
		45min	1. 厚度≥12mm 的硬质木片水泥板； 2. 厚度≥12mm 的石膏板+金属板； 3. 木丝水泥板或石膏板+ 厚度≥15mm 的水泥砂浆或灰浆； 4. 水泥板或瓦+ 砂浆(总厚度 25mm)； 5. 厚度≥25mm 的矿棉保温板+金属板； 6. 能够有效阻止火焰通过屋面板与外墙间的缝隙或相连接部分的缝隙进行蔓延的结构(⇒日本 H12 建设部告示第 1358 号)
	蔓延以外部分	30min	

注：1. 木基结构板包括结构用胶合板、结构用 OSB 板、刨花板、厚型木地板等；
2. 其他同表 7.8 注。

准耐火结构的构造方法（楼梯）　　表 7.10

<table>
<tr><th colspan="3">建筑物的构件</th><th>普通火灾的耐火极限时间</th><th colspan="2">构造方法</th></tr>
<tr><td rowspan="7">楼梯</td><td colspan="2">梯段板及楼梯梁</td><td rowspan="7">30min</td><td colspan="2">梯段板以及楼梯梁均为厚度≥60mm 的木材</td></tr>
<tr><td rowspan="3">采用的木材厚度≥35mm</td><td>梯段板</td><td>板底面</td><td>1. 厚度≥12mm 的强化石膏板；
2. 两层厚度≥9mm 的石膏板；
3. 厚度≥12mm 的石膏板＋厚度≥50mm 的矿棉或玻璃棉；
4. 厚度≥12mm 的硬质木片水泥板；
5. 厚度≥12mm 的石膏板＋金属板；
6. 木丝水泥板或石膏板＋ 厚度≥15mm 的水泥砂浆或灰浆；
7. 砂浆＋瓷砖(总厚度 25mm)；
8. 水泥板或瓦＋ 砂浆(总厚度 25mm)；
9. 厚度≥25mm 的矿棉保温板＋金属板</td></tr>
<tr><td rowspan="2">楼梯梁</td><td>外侧</td><td>1. 厚度≥8mm 的矿渣石膏水泥板；
2. 厚度≥12mm 的石膏板</td></tr>
<tr><td>室外</td><td>1. 厚度≥12mm 的石膏板＋金属板；
2. 木丝水泥板或石膏板＋ 厚度≥15mm 的水泥砂浆或灰浆；
3. 砂浆＋瓷砖(总厚度 25mm)；
4. 水泥板或瓦＋ 砂浆(总厚度 25mm)；
5. 厚度≥25mm 的矿棉保温板＋金属板</td></tr>
<tr><td rowspan="3">其他</td><td>梯段板</td><td>背面</td><td>1. 厚度≥15mm 的强化石膏板；
2. 厚度≥12mm 的强化石膏板＋厚度≥50mm 的矿棉或玻璃棉</td></tr>
<tr><td rowspan="2">楼梯梁</td><td>外侧</td><td>1. 厚度≥15mm 的石膏板；
2. 厚度≥12mm 的石膏板＋厚度≥9mm 的石膏板或难燃层板；
3. 厚度≥9mm 的石膏板或难燃层板＋厚度≥12mm 的石膏板；
4. 厚度≥7mm 的石膏板条＋厚度≥8mm 的石膏砂浆</td></tr>
<tr><td>室外</td><td>1. 厚度≥12mm 的石膏板＋金属板；
2. 木丝水泥板或石膏板＋ 厚度≥15mm 的水泥砂浆或灰浆；
3. 砂浆＋瓷砖(总厚度 25mm)；
4. 水泥板或瓦＋ 砂浆(总厚度 25mm)；
5. 厚度≥25mm 的矿棉保温板＋金属板</td></tr>
</table>

注：同表 7.8 注。

对于符合相关标准的各种构件的构造方法有以下几方面：

1）外墙

日本“H12 建设部告示第 1358 号第一、H27 国土交通部告示第 253 号第一”规定的外墙防火构造见表 7.11。外墙的防火构造示意图见图 7.11。外墙的墙面覆盖材料只要符合表中任意一项构造方法就可满足防火标准的规定。

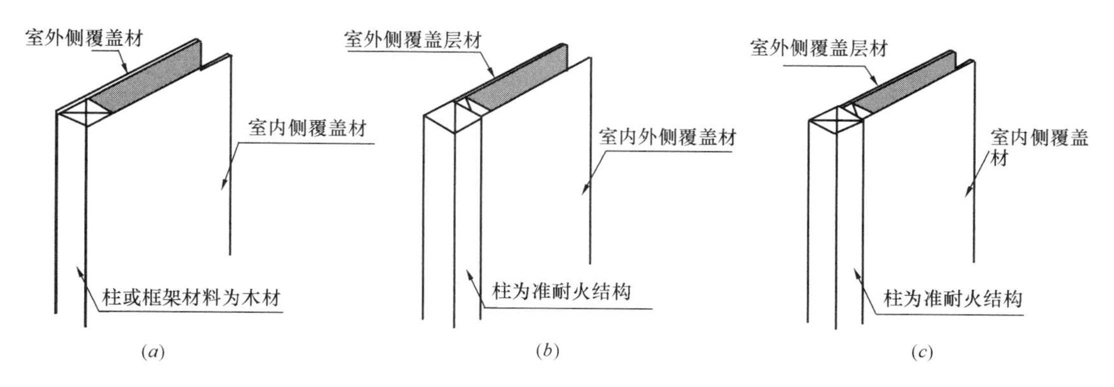

图 7.11　外墙构造示意

(*a*) 墙内外均为隐柱墙；(*b*) 墙外为隐柱墙、墙内为明柱墙；(*c*) 墙内外均为明柱墙

外墙防火构造　　　表 7.11

耐火极限	室外覆盖层(外墙)	室内覆盖层(内墙)
45min	1. 厚度≥12mm 的石膏板＋金属板； 2. 木丝水泥板＋ 厚度≥15mm 的水泥砂浆或灰浆； 3. 石膏板＋ 厚度≥15mm 的水泥砂浆或灰浆； 4. 砂浆＋瓷砖(总厚度 25mm)； 5. 水泥板或瓦＋ 砂浆(总厚度 25mm)； 6. 厚度≥25mm 的矿棉保温板＋金属板	1. 厚度≥15mm 的石膏板(包括强化石膏板，下同)； 2. 厚度≥12mm 的石膏板＋厚度≥9mm 的石膏板； 3. 厚度≥12mm 的石膏板＋厚度≥9mm 的难燃层板； 4. 厚度≥9mm 的石膏板或难燃层板＋厚度≥12mm 的石膏板； 5. 厚度≥7mm 的石膏板条上涂抹厚度≥8mm 的石膏砂浆
60min	1. 厚度≥18mm 的硬质木片水泥板； 2. 厚度≥20mm 的钢丝网砂浆	1. 两层厚度≥12mm 的石膏板； 2. 厚度≥8mm 的矿渣石膏水泥板＋厚度≥12mm 的石膏板； 3. 厚度≥16mm 的强化石膏板； 4. 厚度≥12mm 的强化石膏板＋厚度≥9mm 的石膏板； 5. 厚度≥12mm 的强化石膏板＋厚度≥9mm 的难燃层板； 6. 厚度≥9mm 的石膏板或难燃层板＋厚度≥12mm 的强化石膏板

2）屋面挑檐

日本“H12 建设部告示第 1358 号第五、H27 国土交通部告示第 253 号第五”规定的屋面挑檐防火构造见表 7.12。只要符合表中任意一项构造方法就可满足防火标准的规定。

屋面挑檐防火构造　　　表 7.12

耐火极限	椽条、屋面板采用防火覆盖时	椽条、屋面板采用木材时
45min	1. 厚度≥12mm 的硬质木片水泥板； 2. 厚度≥12mm 的石膏板＋金属板； 3. 木丝水泥板或石膏板＋ 厚度≥15mm 的水泥砂浆或灰浆； 4. 石膏板＋ 厚度≥15mm 的水泥砂浆或灰浆； 5. 砂浆＋瓷砖(总厚度≥25mm)； 6. 水泥板或瓦＋ 砂浆(总厚度≥25mm)； 7. 厚度≥25mm 的矿棉保温板＋金属板	椽条：木材； 屋面板：厚度≥30mm 的木材； 檐口挡板：厚度≥45mm 的木材； 构件的重叠部分：屋面板、椽条与檐口梁的重叠部分设置为椽条嵌接方式，能够有效防止火焰侵入建筑物内部(图 7.12)

续表

耐火极限	椽条、屋面板采用防火覆盖时	椽条、屋面板采用木材时
60min	1. 厚度≥15mm 的强化石膏板＋金属板； 2. 两层纤维混入硅酸钙板，总厚度≥16mm； 3. 厚度≥18mm 的硬质木片水泥板； 4. 厚度≥20mm 的钢丝网砂浆	椽条：木材； 屋面板：厚度≥30mm 的木材； 檐口挡板及覆盖材料： 1. 在厚度≥12mm 的木材的室内侧涂抹厚度≥40mm 的石灰浆、水泥砂浆和灰浆； 2. 厚度≥30mm 的木材的室内侧涂抹厚度≥20mm 的石灰浆、水泥砂浆和灰浆； 3. 厚度≥30mm 的木材的室外侧涂抹厚度≥20mm 的石灰浆、水泥砂浆和灰浆； 构件的重叠部分：屋面板、椽条与檐口梁的重叠部分设置为椽条嵌接方式，能够有效防止火焰侵入建筑物内部(图 7.12)

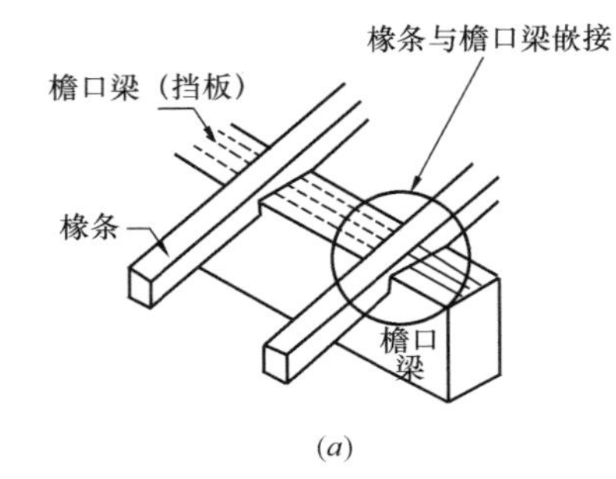

(a)

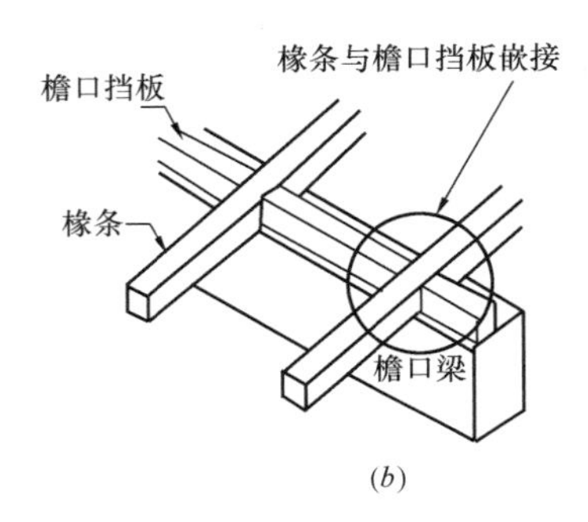

(b)

图 7.12　屋面檐口椽条嵌接构造示意

3）隔墙

隔墙的防火构造方法见表 7.13。隔墙的防火构造示意图见图 7.13。只要符合表中任意一项构造方法就满足防火标准的规定。

隔墙防火构造　　　　表 7.13

耐火极限	覆盖层(两面分别贴或涂)
45min	1. 厚度≥15mm 的石膏板(包括强化石膏板，下同)； 2. 厚度≥12mm 的石膏板＋厚度≥9mm 的石膏板； 3. 厚度≥12mm 的石膏板＋厚度≥9mm 的难燃层板； 4. 厚度≥9mm 的石膏板难燃层板＋厚度≥12mm 的石膏板； 5. 厚度≥7mm 的石膏板条＋ 厚度≥8mm 的石膏砂浆； 6. 涂抹厚度≥20mm 的钢丝网砂浆或木板条砂浆； 7. 木丝水泥板或石膏板＋厚度≥15mm 的水泥砂浆和灰浆； 8. 砂浆＋瓷砖(总厚度≥25mm)； 9. 水泥板或瓦＋ 砂浆(总厚度≥25mm)； 10. 土墙； 11. 夹筋明柱土墙； 12. 厚度≥12mm 的石膏板＋镀锌铁皮； 13. 厚度≥25mm 的矿棉保温板＋镀锌铁皮

续表

耐火极限	覆盖层(两面分别贴或涂)
60min	1. 两层厚度≥12mm 的石膏板； 2. 厚度≥8mm 的矿渣石膏水泥板＋厚度≥12mm 的石膏板； 3. 厚度≥16mm 的强化石膏板； 4. 厚度≥12mm 的强化石膏板＋厚度≥9mm 的石膏板； 5. 厚度≥12mm 的强化石膏板＋厚度≥9mm 的难燃层板； 6. 厚度≥9mm 的石膏板或难燃层板＋厚度≥9mm 的强化石膏板

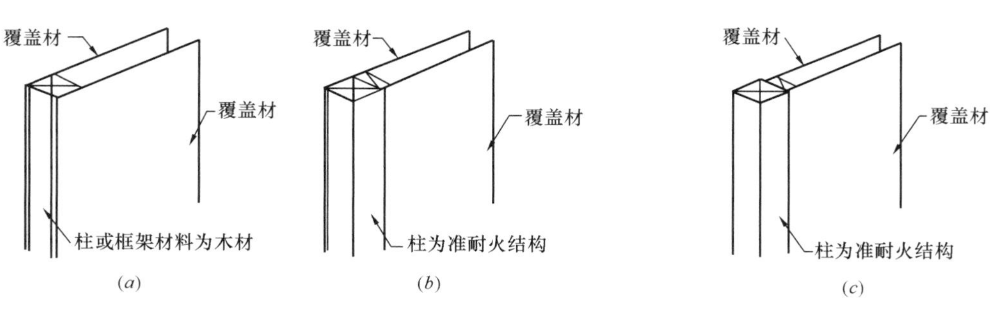

图 7.13　隔墙防火构造示意

(a) 两面为隐柱墙；(b) 一面隐柱墙、一面明柱墙；(c) 两面为明柱墙

4) 柱

柱的防火构造方法见表 7.14。柱的防火构造示意图见图 7.14 所示。只要符合表中任意一项构造方法就满足防火标准的规定。

柱的防火构造　　**表 7.14**

耐火极限	采用防火覆盖时	采用炭化层设计时
45min	1. 厚度≥15mm 的石膏板(包括强化石膏板，下同)； 2. 厚度≥12mm 的石膏板＋厚度≥9mm 的石膏板； 3. 厚度≥12mm 的石膏板＋厚度≥9mm 的难燃层板； 4. 厚度≥9mm 的石膏板或难燃层板＋厚度≥12mm 的石膏板； 5. 厚度≥7mm 的石膏板条＋ 厚度≥8mm 的石膏砂浆	结构用锯材：45mm； 层板胶合木、旋切板胶合木(LVL)：35mm； 长向连接部位或交叉连接部位： 1. 除炭化层外的剩余截面能有效保证承载力； 2. 连接采用的螺栓、销钉、螺丝钉、圆钉等利用木材进行有效的防火覆盖
60min	1. 两层厚度≥12mm 的石膏板； 2. 厚度≥8mm 的矿渣石膏水泥板＋厚度≥12mm 的石膏板； 3. 厚度≥16mm 的强化石膏板； 4. 厚度≥12mm 的强化石膏板＋厚度≥9mm 的石膏板； 5. 厚度≥12mm 的强化石膏板＋厚度≥9mm 的难燃层板； 6. 厚度≥9mm 的石膏板或难燃层板＋厚度≥9mm 的强化石膏板	结构用锯材：60mm； 层板胶合木、旋切板胶合木(LVL)：45mm； 长向连接部位或交叉连接部位： 1. 除炭化层外的剩余截面能有效保证承载力； 2. 连接采用的螺栓、销钉、螺丝钉、圆钉等利用木材进行有效的防火覆盖

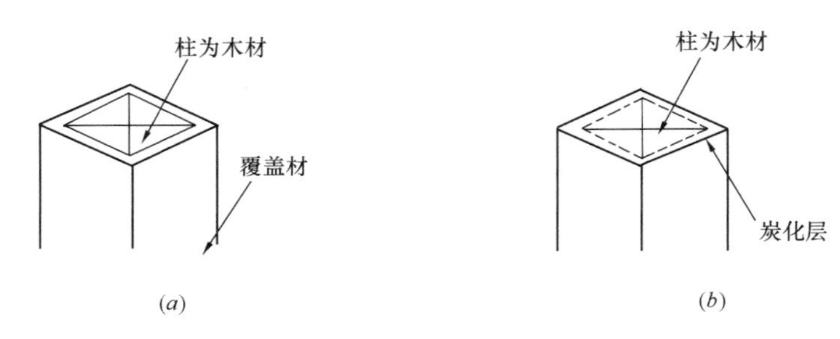

图 7.14 柱的防火构造示意

(a) 采用防火覆盖构造;

(b) 采用炭化层设计(四面炭化后剩余截面必须保证结构安全)

5) 楼盖

楼盖的防火构造方法见表 7.15。楼盖的防火构造示意图见图 7.15。只要符合表中任意一项构造方法就满足防火标准的规定。

楼盖的防火构造 **表 7.15**

耐火极限	楼面的覆盖层	楼盖底面的覆盖层
45min	1. 厚度≥12mm 的木基结构板+厚度≥9mm 的石膏板或轻质混凝土板,以及厚度≥8mm 的硬质木片水泥板; 2. 厚度≥12mm 的木基结构板+ 厚度≥9mm 的砂浆、混凝土、石膏; 3. 厚度≥30mm 的木材; 4. 草垫(聚苯乙烯形式的草垫除外)	1. 厚度≥15mm 的强化石膏板; 2. 厚度≥12mm 的强化石膏板+厚度≥50mm、体积比重≥0.024 的矿棉或玻璃棉
60min	1. 厚度≥12mm 的木基结构板+厚度≥12mm 的石膏板、蒸压轻质混凝土板和硬质木片水泥板; 2. 厚度≥12mm 的木基结构板+ 厚度≥12mm 的砂浆、混凝土、石膏; 3. 厚度≥40mm 的木材; 4. 草垫(聚苯乙烯形式的草垫除外)	1. 两层厚度≥12mm 的石膏板+厚度≥50mm、体积比重≥0.024 的矿棉或玻璃棉; 2. 两层厚度≥12mm 的强化石膏板; 3. 厚度≥15m 的强化石膏板+厚度≥50mm 的矿棉或玻璃棉; 4. 厚度≥12mm 的强化石膏板+厚度≥9mm 的矿棉吸声板

注:木基结构板包括结构用胶合板、结构用 OSB 板、刨花板、厚木地板以及其他相似板材。

6) 梁

对于日本"H12 建设部告示第 1358 号第四、H27 国土交通部告示第 253 号第四"规定的梁的防火构造方法见表 7.16。梁的防火构造示意图见图 7.16。只要符合表中任意一项构造方法就满足防火标准的规定。

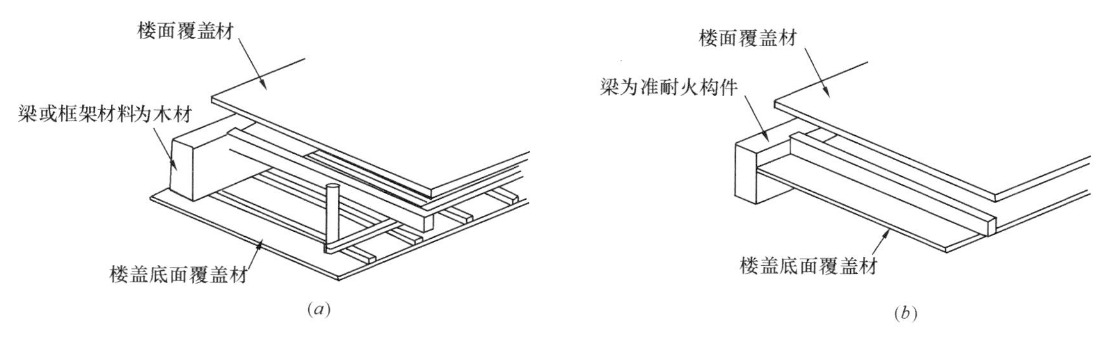

图 7.15 楼盖的防火构造示意

(a) 暗梁的防火覆盖构造；(b) 露梁的防火覆盖构造

梁的防火构造 **表 7.16**

耐火极限	采用防火覆盖时	采用炭化层设计时
45min	1. 厚度≥15mm 的强化石膏板； 2. 厚度≥12mm 的强化石膏板＋厚度≥50mm、体积比重≥0.024 的矿棉或玻璃棉的石棉	结构用锯材：45mm； 层板胶合木、旋切板胶合木(LVL)：35mm； 长向连接部位或交叉连接部位： 1. 除炭化层外的剩余截面能有效保证承载力； 2. 连接采用的螺栓、销钉、螺丝钉、圆钉等利用木材进行有效的防火覆盖
60min	1. 两层厚度≥12mm 的石膏板＋厚度≥50mm、体积比重≥0.024 的矿棉或玻璃棉； 2. 两层厚度≥12mm 的强化石膏板； 3. 厚度≥15m 的强化石膏板＋厚度≥50mm 的矿棉或玻璃棉； 4. 厚度≥12mm 的强化石膏板＋厚度≥9mm 的矿棉吸声板	结构用锯材：60mm； 层板胶合木、旋切板胶合木(LVL)：45mm； 长向连接部位或交叉连接部位： 1. 除炭化层外的剩余截面能有效保证承载力； 2. 连接采用的螺栓、销钉、螺丝钉、圆钉等利用木材进行有效的防火覆盖

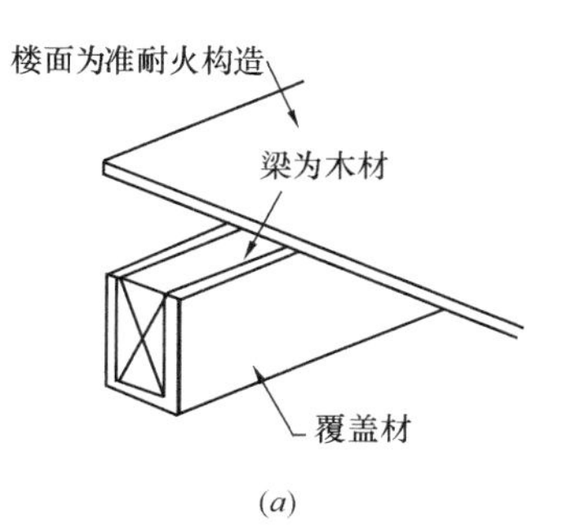

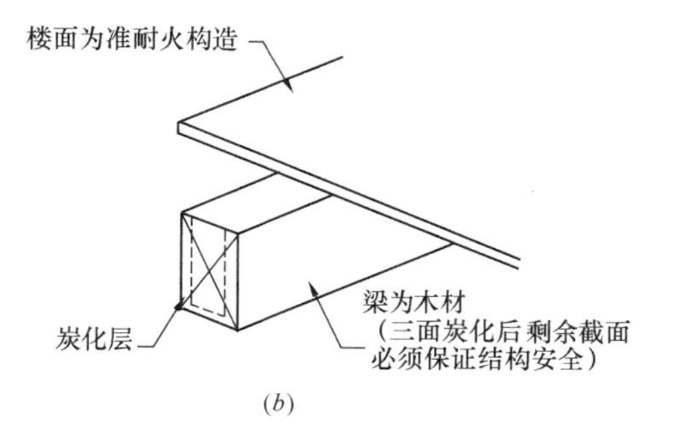

图 7.16 梁的防火构造示意

(a) 采用防火覆盖构造

梁上部设有准耐火结构的地板的情况下，防火覆盖三面；梁上部没有地板的情况下防火覆盖四面

(b) 采用炭化层设计

7）屋盖

屋盖的防火构造方法见表 7.17。屋盖的防火构造示意图见图 7.17。只要符合表中任意一项构造方法就满足防火标准的规定。

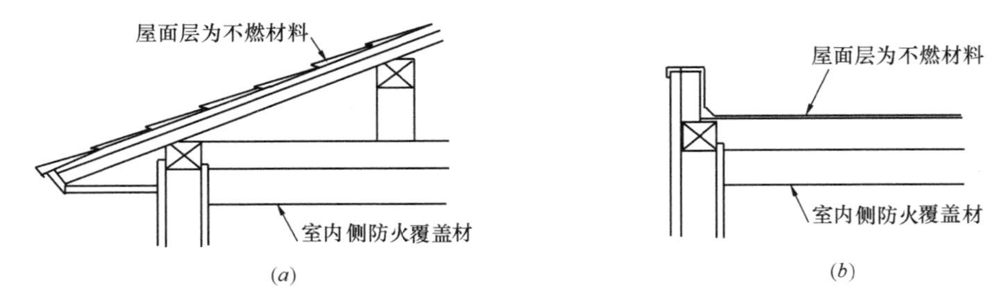

图 7.17　屋盖的防火构造示意

（a）坡屋顶构造；（b）平屋顶构造

屋盖的防火构造　　**表 7.17**

耐火极限	屋面材料	室内侧的防火覆盖(选用其中任一种)
30min	铺设不燃材料（包括瓦、金属板、平板石棉瓦等）	1. 厚度≥12mm 的强化石膏板； 2. 两层厚度≥9mm 的石膏板； 3. 厚度≥12mm 的石膏板＋体积比重≥0.024 的矿棉或玻璃棉； 4. 厚度≥12mm 的硬质木片水泥板； 5. 厚度≥12mm 的石膏板＋金属板； 6. 木丝水泥板或石膏板＋厚度≥15mm 的水泥砂浆和灰浆； 7. 石膏板＋厚度≥15mm 的水泥砂浆和灰浆； 8. 砂浆＋瓷砖，总厚度≥25mm； 9. 水泥板＋ 砂浆，总厚度≥25mm； 10. 瓦＋ 砂浆，总厚度≥25mm； 11. 厚度≥25mm 的矿棉保温板＋金属板； 12. 厚度≥20mm 的钢丝网砂浆； 13. 两层以上的纤维混入硅酸钙板，总厚度≥16mm

8）楼梯

日本“H12 建设部告示第 1358 号第六”规定的楼梯的防火构造方法见表 7.18。楼梯的防火构造示意图见图 7.18。只要符合表中任意一项构造方法就满足防火标准的规定。

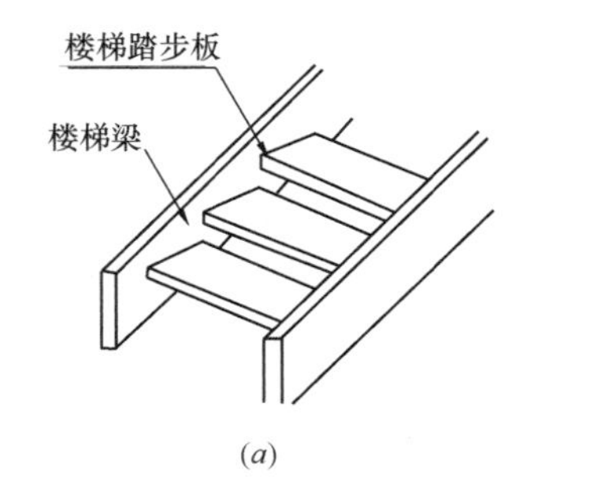

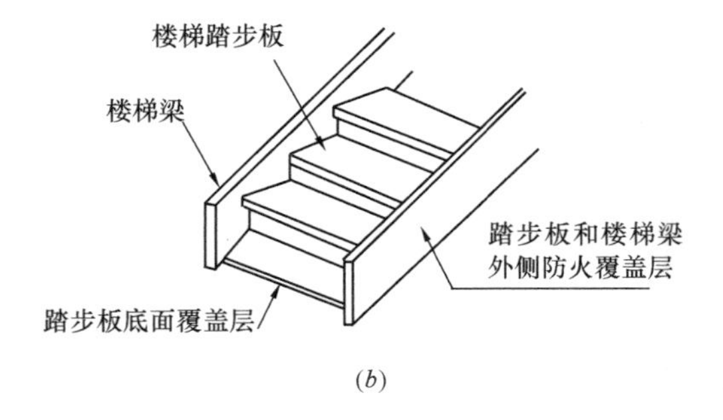

图 7.18　楼梯的防火构造示意

（a）采用木楼梯；（b）采用防火覆盖层

楼梯的防火构造　　表7.18

耐火极限	仅采用木楼梯时	采用防火覆盖层时
30min	踏步板应采用：厚度≥60mm的木材；支撑踏步板的梁应采用：厚度≥60mm的木材	1. 楼梯踏步板和楼梯梁采用厚度≥35mm的木材时： （1）踏步板底面的防火覆盖层（以下任意一项）： 1）厚度≥12mm的强化石膏板； 2）两层厚度≥9mm的石膏板； 3）厚度≥12mm的石膏板＋厚度≥50mm、体积比重≥0.024的矿棉或玻璃棉； 4）厚度≥12mm的硬质木片水泥板； 5）其他相似构造。 （2）楼梯梁外侧的防火覆盖层（以下任意一项）： 1）厚度≥12mm的石膏板； 2）厚度≥8mm的矿渣石膏水泥板； 3）与附近准耐火结构的墙体相同的覆盖层。 （3）楼梯梁在室外时，与准耐火结构的外墙室外覆盖层相同。 2. 楼梯踏步板和楼梯梁采用厚度≤35mm的木材时： （1）踏步板底面的防火覆盖层（以下任意一项）： 1）厚度≥15mm的强化石膏板； 2）厚度≥12mm的强化石膏板＋厚度≥50mm、体积比重≥0.024的矿棉或玻璃棉。 （2）楼梯梁外侧的防火覆盖层（以下任意一项）： 1）厚度≥15mm的石膏板； 2）厚度≥12mm的石膏板＋厚度≥9mm的石膏板； 3）厚度≥12mm的石膏板＋厚度≥9mm的难燃层板； 4）厚度≥9mm的石膏板或难燃层板＋厚度≥12mm的石膏板； 5）厚度≥7mm的石膏板条＋ 厚度≥8mm石膏砂浆。 （3）楼梯梁在室外时，与准耐火结构的外墙室外覆盖层相同

（2）符合技术标准（2类准耐火性能）

1）外墙耐火结构（2类准耐火性能1）

外墙为耐火结构，且屋顶构造符合日本“法第22条第1项”规定的结构及符合国土交通省规定的其他构造。

2）不燃结构（2类准耐火性能2）

主要结构中的柱及梁采用不燃材料制成，其他主要结构构件采用准不燃材料制成，外墙可能蔓延的部分、屋盖和楼盖为规定的结构。

2. 外墙开口处构造（在可能蔓延的部分有防火设备）

（1）日本国土交通省规定的构造方法；

（2）经政府批准的构造方法。

3. 防火结构

在建筑物的外墙或屋面挑檐的结构中，采用相关防火性能规定的技术标准的钢丝网砂浆、水泥砂浆及其他构造符合政府规定或经政府批准的构造方法。

（1）外墙、屋面挑檐吊顶的结构

1）日本国土交通省规定的构造方法

2）经政府批准的构造方法（认定构造）

防火结构的构造方法见表 7.19。

防火结构的构造方法 **表 7.19**

建筑物的部分				普通火灾时的耐火极限	构造方法
外墙	剪力墙	墙体为不燃材料	室内侧	20min	1. 粘贴厚度≥9.5mm 的石膏板； 2. 填充厚度≥75mm 的玻璃棉或矿棉+厚度≥4mm 的木基结构板、墙挂板、硬质纤维板或木材
外墙	剪力墙	墙体为不燃材料	室外侧	20min	1. 厚度≥15mm 的钢丝网砂浆； 2. 木丝水泥板或石膏板+厚度≥10mm 的水泥砂浆或灰浆； 3. 木丝水泥板+ 水泥砂浆或灰浆+金属板； 4. 砂浆+瓷砖，总厚度≥25mm； 5. 水泥板或瓦+砂浆，总厚度≥25mm； 6. 厚度≥12mm 的石膏板+镀锌铁皮； 7. 厚度≥25mm 的矿棉保温板+镀锌铁皮
外墙	剪力墙	墙体为不燃材料以外的其他材料	夹筋厚土墙	20min	厚土墙
外墙	剪力墙	墙体为不燃材料以外的其他材料	夹筋明柱土墙	20min	厚度≥40mm （不翻涂时，间柱的室外侧涂抹≤15mm，或在间柱室外侧贴≥15mm 的木材）
外墙	剪力墙	墙体为不燃材料以外的其他材料	室内防火覆盖层	20min	1. 粘贴厚度≥9.5mm 的石膏板； 2. 填充厚度≥75mm 的玻璃棉或矿棉+厚度≥4mm 的木基结构板、墙挂板、硬质纤维板或木材； 3. 泥土浆抹墙(厚度≥30mm)
外墙	剪力墙	墙体为不燃材料以外的其他材料	室外防火覆盖层	20min	1. 涂抹厚度≥15mm 的钢丝网砂浆或木板条泥浆； 2. 木丝水泥板或石膏板+厚度≥15mm 的水泥砂浆或灰浆； 3. 夹筋土墙(厚度≥20mm)； 4. 厚度≥12mm 的挂板(室内侧为厚度≥30mm 的夹筋土墙时，采用能够有效防止火焰由土墙壁、间柱和横架梁等之间的重叠部分侵入内部的构造)； 5. 砂浆+瓷砖，总厚度≥25mm； 6. 水泥板或瓦+灰浆，总厚度≥25mm； 7. 厚度≥12mm 的石膏板+镀锌铁皮； 8. 厚度≥25mm 的矿棉保温板+镀锌铁皮
外墙	非承重墙			20min	采用上述剪力墙的构造方法之一
屋面挑檐 （外墙及屋盖等被遮挡的除外）				30min	1. 厚型夹筋土墙； 2. 涂抹厚度≥15mm 的钢丝网砂浆或木板条泥浆； 3. 木丝水泥板或石膏板+厚度≥15mm 的水泥砂浆或灰浆； 4. 夹筋土墙(厚度≥20mm)； 5. 砂浆+瓷砖，总厚度≥25mm； 6. 水泥板或瓦+灰浆，总厚度≥25mm； 7. 厚度≥12mm 的石膏板+镀锌铁皮； 8. 厚度≥25mm 的矿棉保温板+镀锌铁皮

(2) 对于结构构件防火构造具体的方法有以下几方面：

1）外墙

日本“H12建设部告示第1359号第一”规定的外墙的防火构造规格见表7.20，其示意图见图7.19、图7.20。只要符合表中任意一项构造方法就满足防火标准的规定。

外墙的防火构造方法 **表7.20**

区分	室外面层(外墙)	室内面层(内墙)
型式1	1. 厚度≥20mm的钢丝网砂浆； 2. 厚度≥20mm的木板条泥浆； 3. 木丝水泥板或石膏板＋厚度≥15mm的水泥砂浆或灰浆； 4. 石膏板＋厚度≥15mm的水泥砂浆或灰浆； 5. 夹筋土墙厚度≥20mm(包含墙挂板)； 6. 厚度≥12mm的石膏板＋镀锌铁皮； 7. 厚度≥25mm的岩棉保温板＋镀锌铁皮； 8. 灰浆＋瓷砖，总厚度≥25mm； 9. 水泥板或瓦＋砂浆，总厚度≥25mm	1. 石膏板厚度≥9.5mm； 2. 木基结构板、结构用挂板、硬质纤维板或木材厚度≥4mm(墙体内填充厚度≥75mm的玻璃棉或矿棉)
型式2	1. 厚型夹筋土墙(图7.20*a*)； 2. 夹筋明柱土墙厚度≥40mm(两面涂、图7.20*b*)； 3. 夹筋明柱土墙(不两面涂)厚度≥40mm(柱的室外侧突出土墙的距离≤15mm，图7.20*c*)； 4. 夹筋明柱土墙(不两面涂)厚度≥40mm(柱的室外侧贴厚度≥15mm的木材，图7.20*d*)； 5. 夹筋明柱土墙(可不两面涂)厚度≥30mm＋厚度≥12mm的木材(图7.20*e*)	

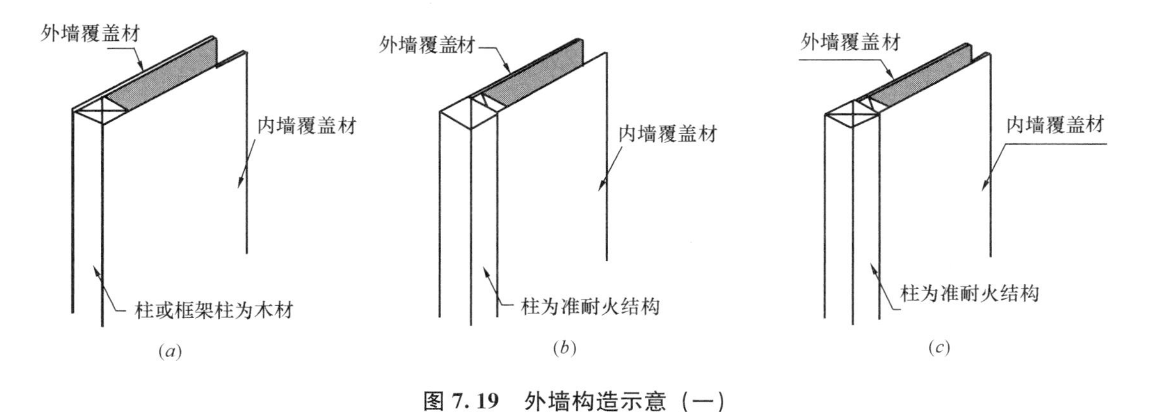

图7.19 外墙构造示意（一）

(*a*) 内外两面为隐柱墙；(*b*) 墙外面隐柱墙、墙内面明柱墙；(*c*) 内外两面为明柱墙

2）屋面挑檐

屋面挑檐的防火构造方法见表7.21，其示意图见图7.21。

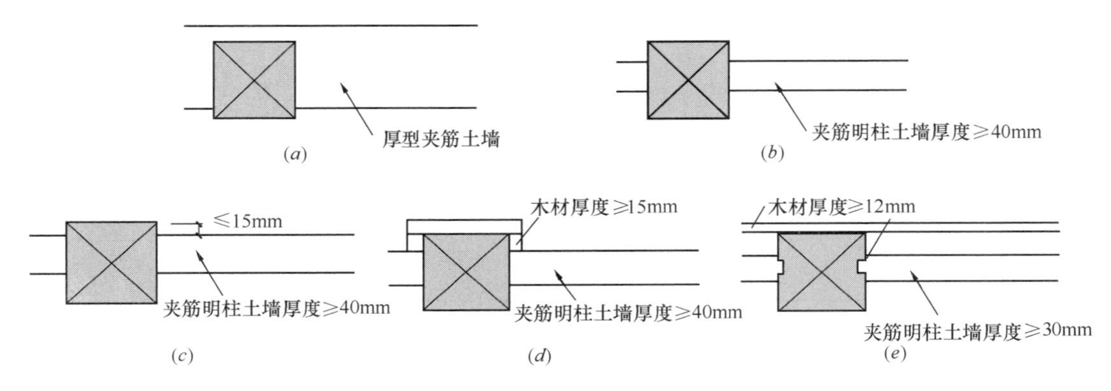

图 7.20 外墙构造示意（二）

屋面挑檐的防火构造规格　　表 7.21

挑檐吊顶覆盖材料
1. 土墙； 2. 钢丝网砂浆厚度≥20mm； 3. 木板条泥浆厚度≥20mm； 4. 木丝水泥板＋ 厚度≥15mm 的水泥砂浆或灰浆； 5. 石膏板＋厚度≥15mm 的水泥砂浆或灰浆； 6. 抹泥层厚度≥20mm(包括基底板)； 7. 石膏板厚度≥12mm＋镀锌铁皮

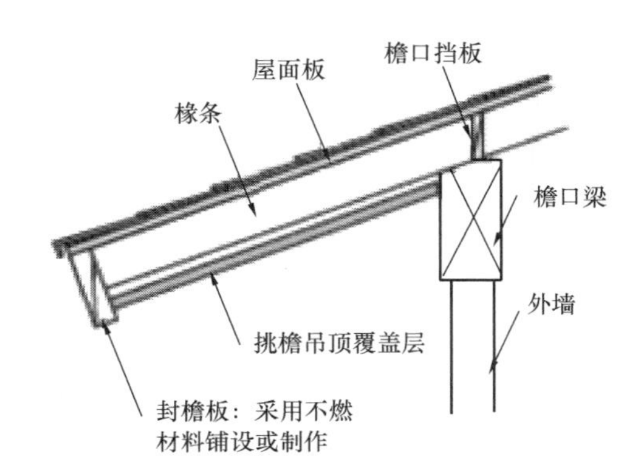

图 7.21 屋面挑檐示意

7.3.3 准防火结构

外墙可能蔓延部分的准防火性能的方法可采用由政府规定或经政府批准的土墙及其他结构。

外墙的构造包括下列两类：

（1） 日本国土交通省规定的结构（方法规定）；

（2） 经政府批准的结构（认定结构）。

准防火性能的构造方法见表 7.22。

准防火性能的构造方法　　表 7.22

建筑物的部分			普通火灾的耐火极限	构造方法
外墙	剪力墙的延烧部分	明柱墙	20min	夹筋明柱土墙厚度≥30mm(土墙与间柱、土墙与梁之间的搭接部分应采用企口连接有效防止火焰的侵入)
		室内防火覆盖层		1. 石膏板厚度≥9.5mm； 2. 厚度≥75mm 的玻璃棉或矿棉＋厚度≥4mm 的木基结构板、结构用挂板、硬质纤维板或木材
		室外防火覆盖层		1. 夹筋土墙； 2. 准不燃材料＋镀锌铁皮； 3. 厚度≥9mm 的石膏板或木丝水泥板； 4. 铝板网芯墙面板
	非承重墙的延烧部分		20min	上述剪力墙任意构造方法之一

日本"H12 建设部告示第 1362 号"规定的外墙的防火构造规格见表 7.23，其示意图见图 7.22。只要符合表中任意一项构造方法就满足准防火性能的规定。

外墙的防火构造方法(H12 建设部告示第 1362 号)　　表 7.23

区分	室外覆盖材料(外墙)	室内覆盖材料(内墙)
型式 1	1. 厚型夹筋土墙(**不翻面涂并包含基底板**)； 2. 墙底采用不燃材料制作，表面贴镀锌铁皮； 3. 贴厚度≥9mm 的石膏板或木丝水泥板； 4. 铝板网芯墙面板	1. 石膏板厚度≥9.5mm； 2. 木基结构板、结构用挂板、硬质纤维板、木材厚度≥4mm(墙体内填充厚度≥75mm 的玻璃棉或矿棉)
型式 2	夹筋明柱土墙厚度≥30mm(可不翻面涂，图 7.23)	

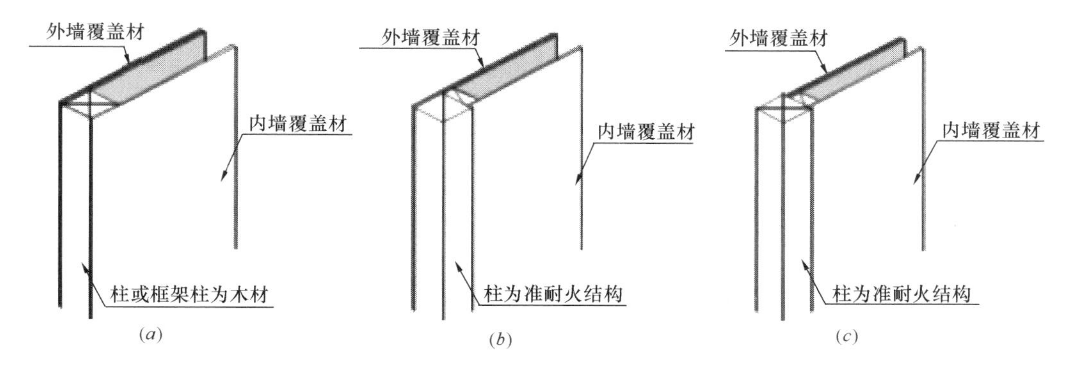

图 7.22　外墙构造示意

(a) 内外两面为隐柱墙；(b) 墙外面隐柱墙、墙内面明柱墙；(c) 内外两面为明柱墙

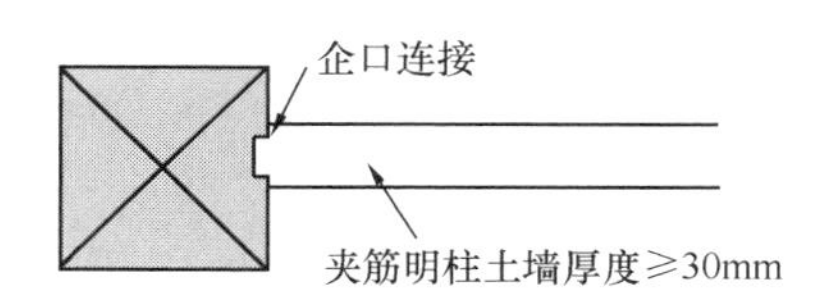

图 7.23　外墙构造示意

第 8 章　耐　久　设　计

8.1　耐久设计的要点

8.1.1　目的

木框架剪力墙结构的住宅建筑的耐久设计是指为了使建筑物或其中一部分的性能维持在某一程度以上状态的设计。其目的是对规定了使用寿命的建筑物的整体和各部位、构件、部品的耐久性能进行设计并标示施工用型式规格。

8.1.2　适用范围及前提条件

本节内容适用于建筑面积不大于 $600m^2$，层数不高于 3 层的木框架剪力墙结构建筑。

8.1.3　适用地区

在中国各地可参照本节内容。

8.1.4　目标使用年限

根据日本标准规定，本方法的目标使用年限是“承重结构的主要部分”呈现下列状态（极限状态）的年数，即三代人可居住使用年数（75～90 年）以上：

1. 超过结构设计规定的结构承重极限使住宅的安全性能降低，而且，通过普通修缮和部分更换不能恢复其安全性能的状态。

2. 通过普通修缮和部分更换可能恢复到上述第 1 条的安全性能状态，但是预计继续使用会导致经济上的不合算。

8.1.5　劣化因数的假定

1. 不同地区的劣化因数

耐久设计时，应尽可能正确地了解各地区的温度、湿度、降雨量、积雪量、大气盐分量和紫外线量等劣化因数。而且，在掌握损害木材的白蚁的种类、分布和栖息地后，采取必要的预防措施。

2. 部位和劣化危险度（危险等级）

耐久设计时，根据建筑物内各构件的使用环境条件，应考虑劣化危险度。

进行建筑物的耐久设计时，在决定建筑物内构件周边的危险等级的主要因素中，要充分考虑以下使用环境：各种水分和湿度的作用、构件在户外空气的暴露状况、构件受到日照的条件、构件距离地表面的高度和构件周围的通风状态等。

国际标准 ISO 按照危险等级分类的构件见表 8.1。

ISO标准中危险等级和构件使用环境　　表8.1

危险等级	构件的暴露环境	一般构件
1	内部装饰的干燥环境	室内装修材、屋顶桁架材、建材
2	内部装饰的潮湿环境	有水附近的构件
3	外部有保护环境	外墙内的构件
	长期暴露环境	木露台、木阳台
4	接触地面环境	木搁栅、木桩
5	海中	木桩

8.1.6　术语

劣化：受到物理的、化学的和生物的因素影响，建筑物或其一部分的性能降低。但是，不包括灾害导致的损坏情况。

耐久性：建筑物或其一部分抵抗劣化的性能。

耐久设计：为了使建筑物或其一部分的性能在某一水准以上的状态能够继续维持的设计。

使用年限：建筑物或其一部分直到不能继续使用为止的年数。

目标使用年限：该建筑物在设计阶段为达到某个目标所确定的使用年限。

加压注入材：通过加压注入处理法，将木材保存剂浸入锯材、胶合木（集成材）、结构用胶合板中。也称为加压式保存处理木材、加压处理木材。

防腐措施：在结构上或材料上对构成建筑物或其一部分的木材采取的有效防止腐朽损害的方法。

防腐防蚁措施：在结构上或材料上对构成建筑物或其一部分的木材采取的有效防止腐朽损害和白蚁损害的方法。

防腐处理：通过使用对木腐菌有抑制效果的药剂来处理木材的方法。

防腐防蚁处理：通过使用分别对木腐菌和白蚁有抑制效果的药剂来处理木材的方法。

土壤处理：为了阻止白蚁侵入建筑物内，对地基土壤使用具有防蚁效果的药剂进行处理的方法。

8.2　木材的耐久性和浸渍处理

8.2.1　木材的耐久性

在对木材（锯材）、胶合木（集成材）、胶合板等木质材料的耐久性进行说明时首先要注意，木材有边材（原木外周围白色部分）和心材（原木中心红褐色部分）的区别（图8.1）。

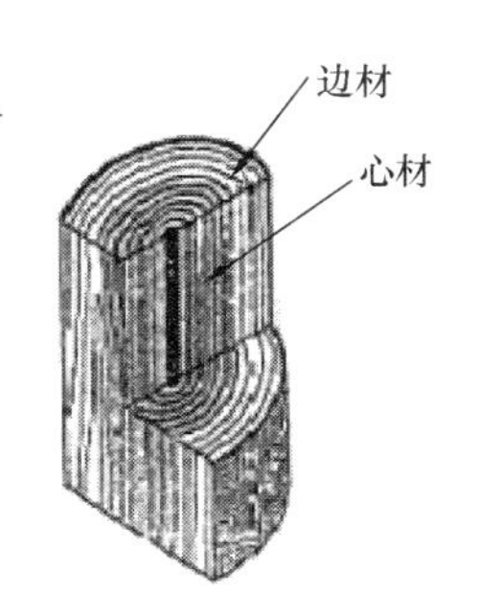

图8.1　心材与边材

不同树种的边材耐久性基本上没有差异，耐久性都很低。不同树种的心材耐腐蚀性有不同差异，而且都比边材耐久性高。

但是，即使是耐久性高的树种，包含边材的木材也需要进行边材的浸渍处理。在《锯材的日本农林标准（JAS)》中，把属于耐久性中等以上的树种归类为D1级，其他部分为D2级。主要树种的心材耐久性能见表 8.2。

主要树种的心材耐久性（耐腐蚀性） **表 8.2**

耐腐蚀性的区分	平均使用寿命	日本木材	北美、欧洲、澳大利亚木材	热带产木材
极大	在野外 9 年以上			娑罗双木 重娑罗双
大	在野外 7～8.5 年	日本罗汉柏 日本扁柏 栗	美国扁柏 阿拉斯加黄杉 北美乔柏	白柳桉 大叶桃花心木 翼红铁木
中	在野外 5～6.5 年	日本柳杉 日本落叶松	花旗松(山) 兴安落叶松	甘巴豆 龙脑香
小	在野外 3～4.5 年	冷杉 赤松 黑松	阿拉斯加黄杉 欧洲赤松 花旗松(海岸型)	大花脑树 红柳桉 桉树
极小	在野外 2.5 年以下	库叶冷杉 鱼鳞云杉 山毛榉	云杉 辐射松 欧洲云杉	贝壳杉 拉敏白木 帕劳橡胶树

注：耐腐蚀性表示在树种的每个心材部分用于屋外接触土地时，直到无法继续使用为止的平均年数。
出处：《木材工业手册》第 4 版（丸善株式会社）

8.2.2 关于木材的劣化现象和生物劣化

1. 木材的劣化现象

木材是天然材料，如果置于室外，长期受微生物的作用会变成泥土。木材的这一特征有利于自然循环，但从工业化利用角度而言则是劣化缺陷。

导致木材劣化的因素有载体菌引起的腐朽、白蚁引起的蚁害和霉菌引起的表面污染等。其中腐朽和蚁害会大大降低木材的强度性能，在使用木材时需要要特别注意。

住宅建筑的木结构构件和在野外使用的木结构构件，最好使用保存处理木材（图 8.2）。

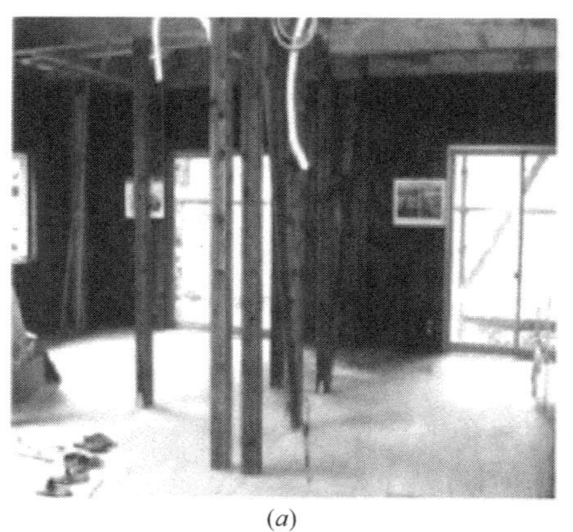
(*a*)

(*b*)

图 8.2 保存处理木材示意

(*a*) 加压防腐处理后的结构构件；(*b*) 加压防腐处理后的室外构件

木材会产生霉变，霉菌以木材的糖类和氨基酸或木材表面的附着物为营养源，主要在木材表面产生。与腐朽菌不同，霉变不会降低木材的强度性能，但会影响木材的美观。

2. 劣化木材的生物群

(1) 腐朽菌

在具备营养（木材）、空气、适当温度和适当水分这四个条件下，腐朽菌随处都会生长。在室外接近土壤的地方（图 8.3）、室内用水处附近和楼面下湿度大的地方，受到的损害会更大一些。近几年，随着住宅建筑高密封性、高绝热性的发展，墙体内由冷凝水引起的腐朽案例多有发生。所以，在接近地面基础的附近，有必要采取防止墙体内冷凝水引起腐朽的措施。

图 8.3　住宅外墙的腐朽

(2) 白蚁

在日本最常见的具有代表性的白蚁有两类，即家白蚁和黄胸散白蚁。近几年也发生过多起由外来物种小楹白蚁造成灾害的报告。

由于家白蚁和黄胸散白蚁是从地下移动侵入房屋的，因此对接近土壤和地面的木构件采取防蚁措施就够了。小楹白蚁飞来飞去随处都能侵入房屋，所以只采用以前的防蚁对策无法进行防治了（图 8.4）。整栋房屋的木结构构件若都使用保存处理木材，就能有效对付所有白蚁。

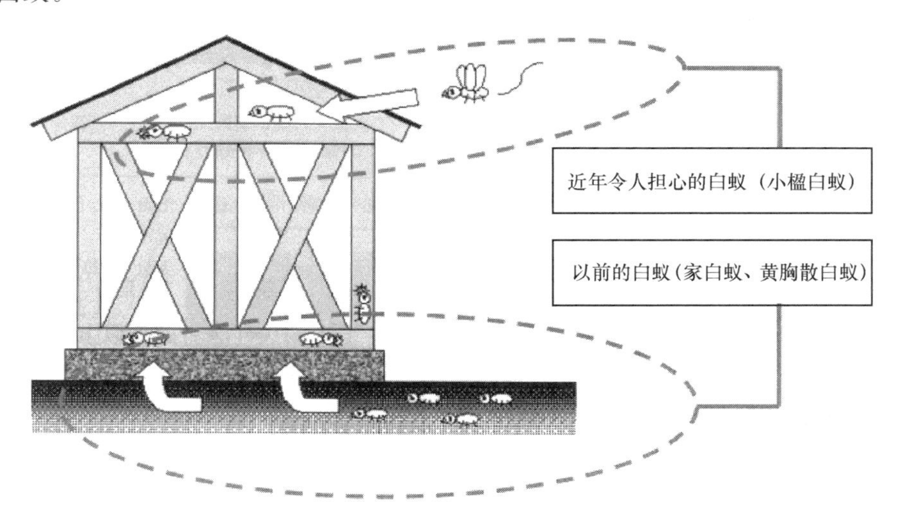

图 8.4　白蚁入侵路线示意图

8.2.3　木材的保存处理

对木材的防腐防蚁处理方法一般有两种，一是使用保存药剂的加压式保存处理方法，二是浸渍或涂抹保存药剂的表面处理方法。

1. 保存药剂的涂抹和浸渍等处理

主要是在建筑施工现场，对木质构件表面或横截面等加工面进行涂抹或喷涂保存药剂，使其附着规定量的防腐防虫药剂。

公益社团法人日本木材保存协会对这一类木材用保存药剂的防腐防虫性能和安全性进行审查，木材用保存药剂是否合格由该协会认定。涂抹以及浸渍处理等表面处理用的认定药剂，可以在该协会的网站主页上检索确认。

2. 加压式保存处理

工厂使用的加压保存处理方法是日本工业规格（JIS A 9002）中规定的处理方法。是通过在高压注药罐内减压、加压，将保存药剂浸渍到木材内部的处理方法。加压浸渍装置以及制造方法如图 8.5 所示。

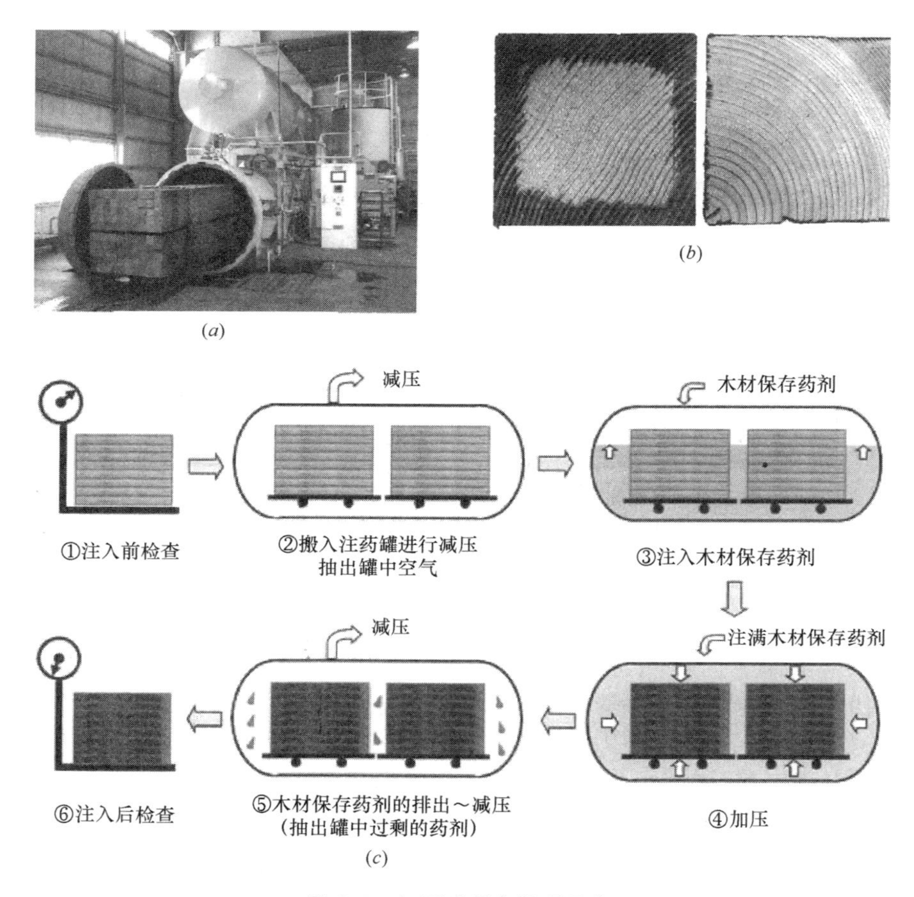

图 8.5 加压式保存处理示意

(*a*) 加压浸渍处理装置；(*b*) 加压处理和表面处理的药剂层的差异

(深色部分：浸透药剂的部分)；(*c*) 处理流程示意

(1) 加压处理木材的使用环境

日本 JAS 标准按加压处理木材使用部位规定了相应的浸渍处理的浸渍度和吸收量，见表 8.3。

JAS标准的加压处理木材性能分区表 **表8.3**

性能分区	加压式保存处理木材的使用状态
K1	在室内干燥场所使用的木材，对干材害虫(粉蠹)进行防虫性能的处理(防虫处理木材)
K2	在北海道等平均气温低的地方使用的木材，进行防腐防蚁性能处理(在比较寒冷的地区能使用的防腐防虫处理木材)
K3	在日本全国使用的木材，进行防腐防蚁性能处理(作为防腐防虫处理的木材可用于地梁)
K4	在室外风雨的严酷环境下使用的木材，进行防腐防蚁性能处理(可用于室外的木构件)
K5	易发生腐朽或白蚁危害环境中可望具有很好的耐久性能的木材，接地条件下可长期耐用

(2) 加压式保存处理药剂的种类

见表8.4。

加压式浸入处理药剂的种类 **表8.4**

药剂的剂型	水溶性	溶于水使用的制剂
	乳化性	将非水溶性成分乳化的制剂，用水稀释后使用
	油溶性	溶于有机溶剂使用的制剂
	油性	有效成分本身是油状的，杂酚油相似
药剂的有效成分	无机系	由带有杀菌性的金属化合物构成的制剂
	有机系	对木材腐朽菌和白蚁有抵抗性的有机系杀菌剂，是由防蚁剂构成的制剂

(3) 加压式浸入处理木材的品质标准

日本《锯材的日本农林规格》(锯材的JAS) 规定了加压式浸入处理木材的性能标准。JAS规格中的加压式浸入处理木材的品质标准根据性能分区被分为K1～K5共5类，按照各自分区和浸入药剂，制定了药剂浸入度和药剂吸收量的标准。

- JAS标准制定了每种药剂的吸收量标准。
- JAS标准中规定的浸入度，表示药剂从被处理木材表面浸透的深度。

JAS标准规定的浸入度标准见表8.5，其中树种群分类见表8.6。

JAS标准规定的浸入度 **表8.5**

性能区分	树种群	图示	浸入度的规定
K2	D1	80%以上 边材 表面到10mm处大于20% 心材	边材部分大于80%； 木材表面到10mm处的心材部分大于20%

续表

<table>
<tr><th>性能区分</th><th>树种群</th><th>图示</th><th>浸入度的规定</th></tr>
<tr><td>K2</td><td>D2</td><td rowspan="3"> 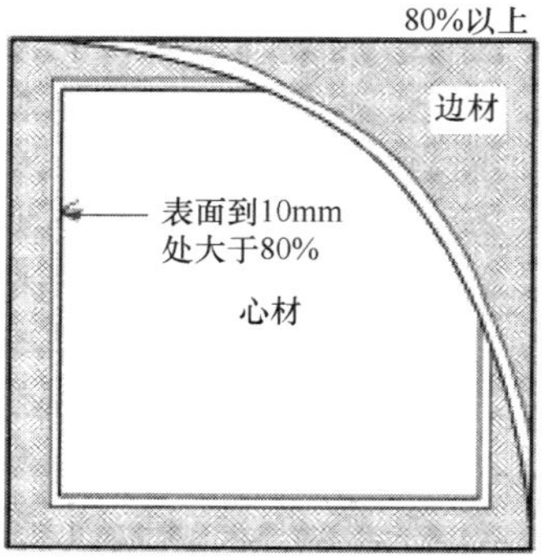80%以上
边材
表面到10mm
处大于80%
心材</td><td rowspan="3">边材部分大于80%；
木材表面到10mm处的心材部分大于80%</td></tr>
<tr><td>K3</td><td>所有树种</td></tr>
<tr><td rowspan="3">K4</td><td>D1</td></tr>
<tr><td>D2
(≤90mm)</td><td> 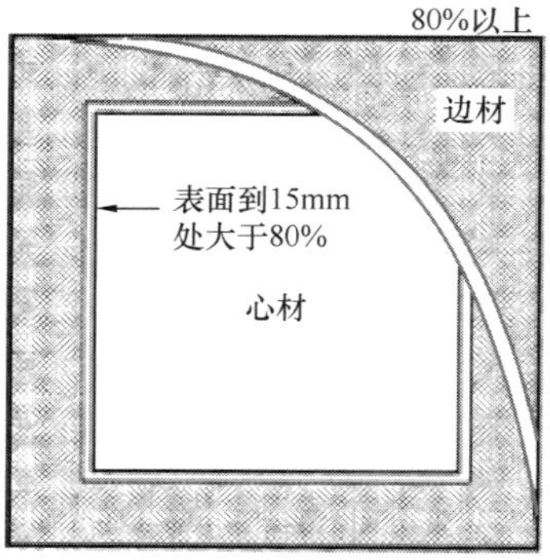80%以上
边材
表面到15mm
处大于80%
心材</td><td>边材部分大于80%；
木材表面到15mm处的心材部分大于80%</td></tr>
<tr><td>D2
(>90mm)</td><td rowspan="2"> 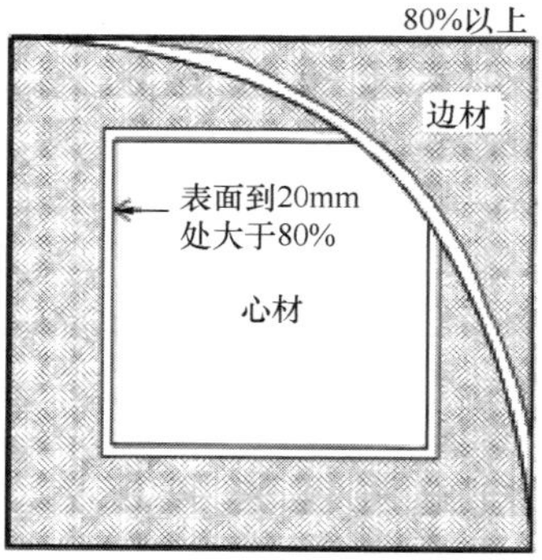80%以上
边材
表面到20mm
处大于80%
心材</td><td rowspan="2">边材部分大于80%；
木材表面到20mm处的心材部分大于80%</td></tr>
<tr><td>K5</td><td>所有树种</td></tr>
</table>

树种群分类 **表 8.6**

心材的耐久性分区	树种
D1	日本扁柏、黄杉、日本柳杉、落叶松、美国扁柏、北美乔柏、黄桧、花旗松、兴安落叶松、松柏
D2	D1 以外的树种

8.2.4 防白蚁的土壤处理药剂

在日本，黄胸散白蚁和家白蚁等是在土壤里沿着基础、地板以及其他地面与建筑物之间的通道侵入到建筑物内的。为了防止这种情况的出现，应用防蚁药剂对建筑物下的土壤进行处理。

处理土壤的防蚁药剂

1986 年 9 月，日本实际上禁止使用有机磷系防虫剂可氯丹，主要采用的木材防虫剂是有机磷系防虫剂陶斯松（毒死蜱），但是，它也不能在建筑物中使用。目前，药剂变得多样化起来，包括合成拟除虫菊酯系药剂、非酯拟除虫菊酯系药剂、新烟碱系药剂、氨基甲酸酯系药剂，以及其他带有新的化学结构和作用机构的药剂等。其剂型也不止油剂和乳化剂，还有微膜囊化剂、流动性药剂、可溶化剂等，并已进行生物农药的应用等实用化或试验性的防治。

公益社团法人日本木材保存协会的药剂等认定委员会，将对药剂的效力、安全性、对环境的负荷、使用方法、使用后的废弃方法等进行综合审议并认定。公益社团法人日本白蚁对策协会提出了土壤处理等施工方法，防治技术委员会对这些材料和施工方法的防治效果和安全性进行独自审查并登记。（参照各协会的主页）

8.2.5 加压式浸入处理木材的使用标准

为了提高耐久性，作为判断在建筑物的哪个部位适用加压注入处理材的准则，有以下三点：

1. 结构上重要的构件；
2. 容易受到生物劣化损害的构件；
3. 难以检查维修的构件。

木框架剪力墙结构的耐久设计要点中，如果是长期使用的建筑物，其构件至少要符合上述 3 点准则中的 2 点。在确保建筑物的耐久可靠性方面，应该考虑利用加压注入材。具体哪个部位应该采用，如图 8.6 所示。

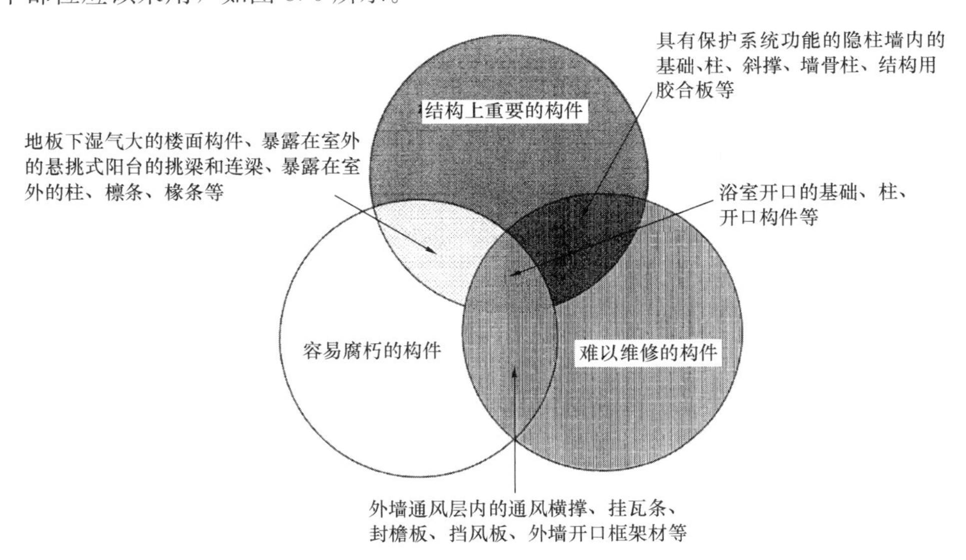

图 8.6 应该按浸入处理对象的构件准则和示例

8.2.6 日本木材防腐工业公会推荐的长使用年限住宅的规格

在日本木材防腐工业公会制作的《采用加压注入材的长使用年限住宅的规格》中，提供了《日本木材防腐工业公会推荐的长使用年限住宅的规格》，具体内容见表 8.7。

日本木材防腐工业公会推荐的长使用年限住宅的规格　　表 8.7

构件(并用结构)	对象	保存处理的性能区分
基础 （外墙下端设置控水）	所有树种	JAS浸入处理 K3 以上 （北海道为 K2 以上）
	耐久性高的树种	边材部分 JAS浸入处理 K3 以上 （北海道为 K2 以上）
一层外墙的框架构件 （通风层或距屋檐 90cm 以上的明柱墙）	一层及通柱	JAS保存处理 K3 以上
	外墙墙底材 （主材、面材）	JAS保存处理 K2 以上
一层外墙的框架构件 （与通风性无关）	一层及通柱	JAS保存处理 K3 以上
	外墙墙底材 （主材、面材）	JAS保存处理 K3 以上
一层有水房间的楼面构件	楼面横撑、直接与混凝土接触的构件和配管周围的构件	JAS保存处理 K3 以上 （北海道 K2 以上）
	上述以外	表面处理、加压注入处理
浴室、更衣室周围墙体和楼面构件 （整体浴室、有效防水已完成）		适合一层外墙的框架、 一层水房间楼面构件的任何一个
挡雨的屋盖桁架构件		JAS保存处理 K3 以上
阳台板	平时为挡雨结构	JAS保存处理 K3 以上
	构成的框架	一层外墙的框架、同上
通风横撑		加压注入处理
开口框架		加压注入处理
屋檐结构、构造材		表面处理、加压注入处理

注：1. 耐久性高的树种为锯材的 JAS 中规定的耐久性 D1 的树种，包括日本扁柏、黄杉、柏木、北美乔柏、光叶榉、栗，其他与这些具有相同耐久性的树种；
2. 一层外墙的框架构件包括柱子、框架材、斜撑、间柱、承重面材；
3. 一层有水房间包括浴室、更衣室；
4. 楼面构件包括吊顶以及二层以上时包含墙底材；
5. 开口框架包括外墙或浴室周围的开口部框架；
6. 屋檐结构、构造材包括椽条、封檐板、挡风板等。

8.3 提高建筑金属连接件的耐久性

提高建筑金属连接件耐久性的措施

1. 进行适当的防锈处理

在结构用金属连接件的防腐蚀中有三个原则。第一，钢材所处的使用环境应远离腐蚀介质；第二，使用不锈钢材和耐候性钢材等不易生锈的合金钢；第三，对钢材进行防锈处理。某些建筑的场所和部位无法完全远离腐蚀介质，在这种情况下，是采用不易生锈的合金钢，还是采取防锈处理，需要根据性能要求和经济性来确定。一般情况下，结构用金属锚固件和金属连接件采用防锈处理的方法。

2. 金属连接件防锈处理的种类

根据欧洲的RoHS（特定有害物质使用限制）指令，防锈处理的无铬化正在发展。具有代表性的防锈处理的各个种类的特征见表8.8，其中“镀锌＋有机膜”这种复合膜处理的耐久性最优秀。

防锈处理及其特性表[1] **表8.8**

防锈处理		使用的主要金属件	其他
Z和C标记的金属件采用的防锈处理方法	熔融镀锌钢板（Z27）	仅采用冲压加工就可产品化的金属件；水平撑、长方形金属锚件等	在镀锌上一般采用很薄的铬处理，也多采用无铬钢板代替
	电镀锌铬酸盐（Ep-Fe/Zn8/CM2）	螺栓、螺母类；垫板等钢板厚度高的金属连接件	汽车零件业和弱电专业的零件采用三价铬处理，代替铬处理的无铬处理法正在研究开发
	熔融镀锌（HDZ-A）	金属紧固件SHD、圆钉等；适用于不能用镀锌钢板制作的金属连接件，或制作时需进行焊接工艺的金属连接件	在镀锌上一般采用很薄的铬处理，无铬处理法正在研究开发
同等认定的金属件采用的防锈处理方法	合金镀锌钢板	仅采用冲压加工就可产品化的金属件；水平撑、长方形金属锚件等	在镀锌上一般采用很薄的铬处理，也多采用无铬钢板代替
	合金镀金	金属紧固件SHD、圆钉等；适用于不能用镀锌钢板制作的金属连接件，或制作时需进行焊接工艺的金属连接件	在镀锌上一般采用很薄的铬处理，无铬处理法正在研究开发；不适用于螺栓、螺母和螺丝钉等紧固件
	复合膜处理(典型的复合膜是在底层镀锌，再涂抹有机膜，形成无机与有机的复合膜)	金属连接件整体都可处理	复合膜是通过调查后研发的覆盖膜，对于木材渗出的木酸或与防腐防虫处理的木材接触时，该类膜具有很高的耐腐性

3. 金属连接件与加压式浸入处理木材的相符性

使用加压式浸入处理木材时，要选择采用经过适当表面处理的金属连接件。

使用含铜的加压式浸入处理木材时，因为铜金属容易和锌发生反应，要选择表面经过复合膜处理的金属连接件。各种处理金属连接件和加压式浸入处理木材的相符性（室外暴露试验（筑波）第3年）见表8.9。

---

[1] 出处：深谷敏之．木结构住宅用金属连接件的防锈处理．住宅和木材34（397），2011年

加压式浸入处理木材和金属连接件的相符性（室外暴露试验（筑波）第3年）❶　表8.9

加压式浸入处理木材	药剂分类	金属的规格											
		镀锌						镀锌合金			复合皮膜		
		Zn8Cr3	Z27	HDZ-A	HDZ23（相当）	Z60	HDZ35	Zn+Sn镀合金	Zn+Mg镀合金1	Zn+Mg镀合金2	电镀锌+皮膜1	电镀锌+皮膜2	Z27+阳离子膜
	AAC	B	B	B	C	C	A	C	D	C	B	C	D
	SAAC	B	C	C	C	C	A	B	D	B	C	D	D
	BAAC	A	C	C	C	C	C	B	D	D	C	C	D
	ACQ	A	A	A	A	A	C	A	A	A	C	D	D
	CUAZ-2	A	A	A	A	A	C	A	A	A	C	C	D
	CUAZ-3	A	A	A	A	B	C	A	A	A	C	C	D
	AZN	C	C	C	C	D	D	D	D	C	D	D	D
	硼酸	C	D	D	D	C	D	D	C	C	D	D	D

注：A—会产生大于30%的红锈；B—会产生小于30%的红锈；C—会产生微量的红锈；D—会产生变色、白锈。

8.4　各部分结构

本节介绍日本“住宅金融支援机构”发行的《木结构住宅的工程规格书》中与耐久性有关的长期优良住宅的标准规格，这些规格主要是防止结构体系劣化时各部位的构造要求。

长期优良住宅是指几代人都能使用的住宅。结构体系通常在假定的自然条件以及维修管理条件下，住宅达到极限状态的时间需要持续3代人以上的必要措施。

8.4.1　基础工程

1. 一般事项

（1）基础设置在1层平面外周边的剪力墙和内部剪力墙的正下方。

（2）基础的结构形式应根据其地基的长期容许应力，采用以下任何一个形式：

1）条形基础（长期容许应力值大于30kN/m²）；

2）与护壁墙一体的条形基础（长期容许应力值大于30kN/m²）；

3）筏板基础（长期容许应力值大于20kN/m²）；

4）桩基础（长期容许应力值小于20kN/m²）。

❶　出处：石山央树，中岛正夫，森拓郎，野田康信，中岛裕贵，槌本敬大．与保存处理木材相接的各种表面处理钢板的暴露试验（其4）3年经过报告．日本建筑学会大会学术演讲梗概集22198：395-396，2014年

2. 条形基础

条形基础（图 8.7）的构造如下：

（1）条形基础采用钢筋混凝土整体浇筑（包括相互紧密连接的预制混凝土构件）。

（2）从地面到基础上端或从地面到地梁下端的高度大于 400mm。

（3）条形基础承台的厚度应大于 150mm；基础厚度应大于 150mm，宽度应大于 450mm；埋深应大于 240mm，且比建设区域的冻土层深，或者采取有效措施防止冻结。

（4）基础的配筋如下：

1）承台部位的上、下主筋应大于 D13，使其与附加拉筋紧密连接；

2）承台部位的附加拉筋应大于 D10，间距不大于 300mm；

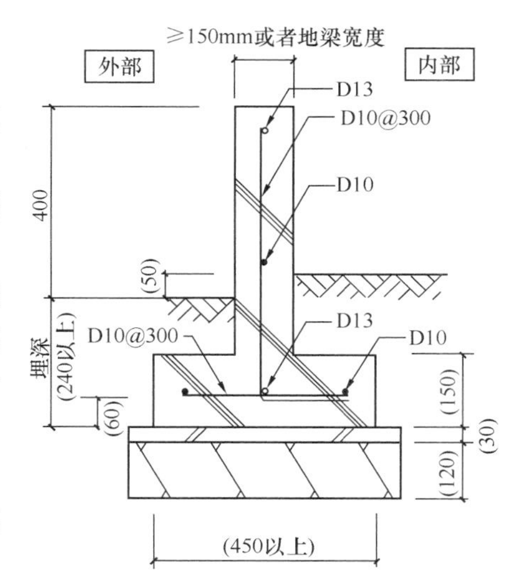

图 8.7　条形基础截面图

3）基础部分的主筋应大于 D10，间距不大于 300mm，并与基础两端的通长拉筋紧密连接，通长拉筋应大于 D10；

4）设置通风口时，洞口周围用大于 D10 的附加筋进行加强。

3. 筏板基础、基础桩

筏板基础（图 8.8）的构造或桩基础的构造如下：

（1）筏板基础或使用桩基础时的基础梁，均采用钢筋混凝土整体浇筑（包括相互紧密连接的预制混凝土构件）；

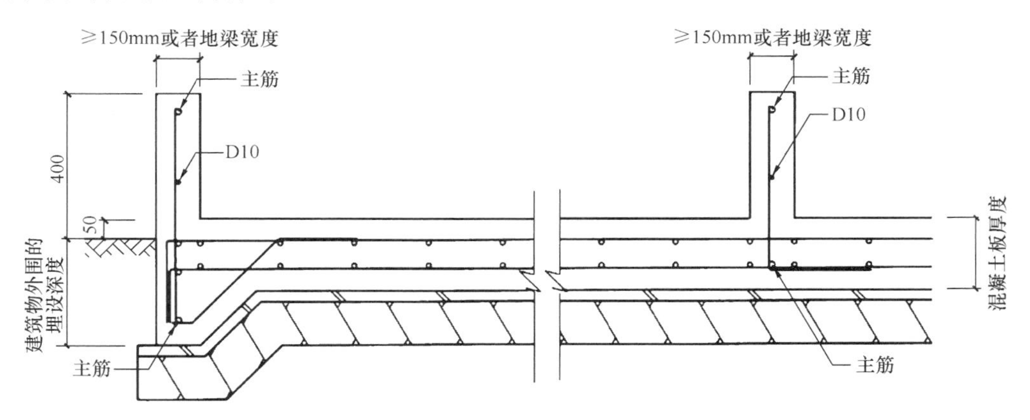

图 8.8　筏板基础截面图

（2）从地面到基础上端或从地面到地梁下端的高度大于 400mm；

（3）在筏板基础的筏板上设置排水孔；

（4）关于其他的构造方法应通过结构计算确定。

8.4.2 地板下地基的防蚁措施

1. 适用范围

对于地板下地基的防蚁措施，可采取下列任何一种方法：

（1）采用钢筋混凝土浇筑的筏板基础；

（2）采用混凝土浇筑的整体地面（仅限于条形基础和钢筋为整体浇筑时）；

（3）在条形基础的内周和垫层周围，对土壤使用防白蚁药剂进行处理。

2. 用药剂对土壤进行处理

（1）用药剂进行土壤处理时，应符合下列规定的任何一种方法：

1）土壤防蚁处理所采用的药剂质量应是公益社团法人“日本白蚁对策协会”或公益社团法人“日本木材保存协会”认定的产品或同等以上的产品；

2）当采用与土壤药剂处理相同或效果更好的方法，即采用在地板下的土壤表面铺设具有防蚁效果的薄膜或树脂膜等方法时，应按照技术人员的方法进行处理。

（2）使用药剂时的具体处理方法要依据公益社团法人“日本白蚁对策协会”制定的标准规格书进行。

（3）在给排水用的盐化塑料管与进行了防腐防虫处理的部位接触时，应采取措施避免防腐防虫药剂对管子的损害。

8.4.3 地板下通风

地板下的通风口应按下列要求进行设置（图 8.9、图 8.10）：

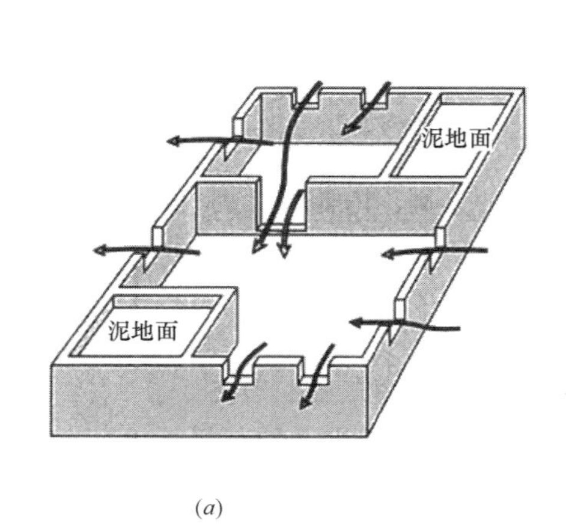

(a)

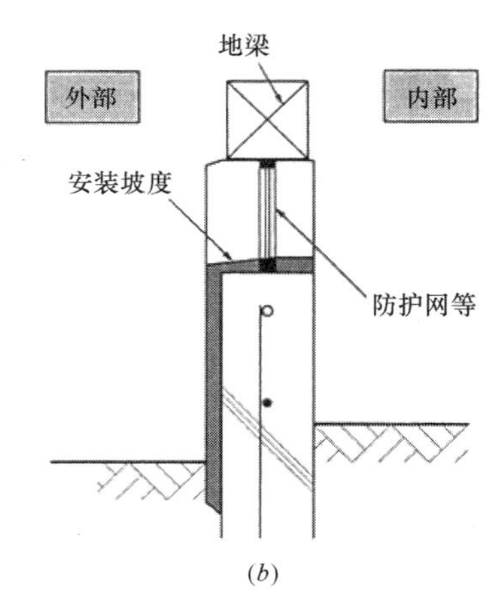

(b)

图 8.9 地板下通风口示意

(a) 通风口设置示意；(b) 通风口剖面

1. 地板下存在空间时，其通风口的设置可采用下列任何一个方法：

（1）在外周边的基础承台上每隔 4m 设置一个有效通风面积大于 300cm^2 的地板下通风孔；

（2）当使用地梁板时，在外周边的地梁板上每隔 1m 设置有效面积大于 75cm^2 的通风孔。

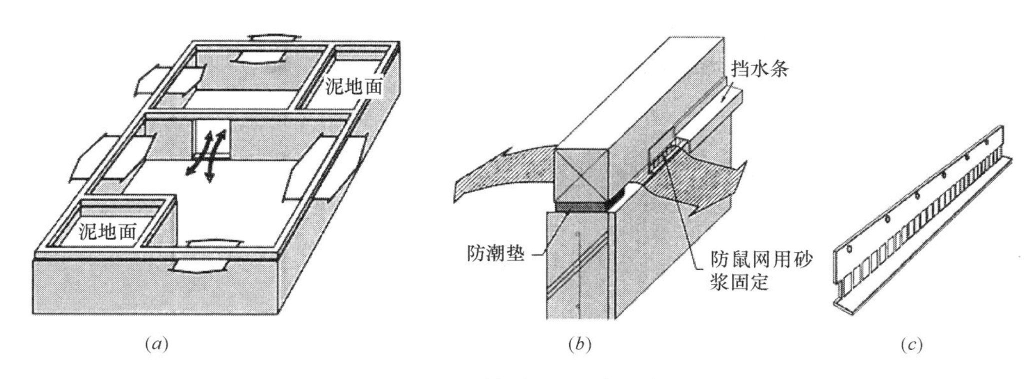

图 8.10 地梁板通风孔示意

(*a*) 地梁板通风孔的设置；(*b*) 地梁板通风孔示意；(*c*) 防鼠网示意

2. 为了防止老鼠侵入，在地板下的外围周边的通风孔处应安装坚固的防护网。

3. 在室内的条形基础中，应在适当位置设置尺寸大小不妨碍通风和检查的地板下通风孔。

8.4.4 地板下防潮

地板下防潮措施可采用下列两种方法的任何一种或两者均采用。但是，基础采用筏板基础时无此限制。

1. 采用防水混凝土时，应符合下列规定：

(1) 在地板下的整个平面上浇筑不小于60mm厚的防水混凝土（图8.11）；

(2) 在浇筑混凝土前，地板下的填土应层层夯实。

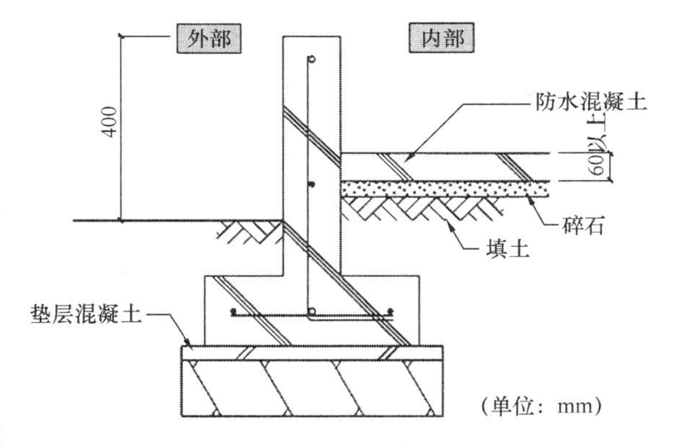

图 8.11 地板下防水混凝土截面图

2. 采用防潮膜时，应符合下列规定：

(1) 在地板下整个平面上铺满厚度大于0.1mm的防潮膜，并且，防潮膜的种类和质量应符合JISA 6930（住宅用塑料防潮膜）、JISZ 1702（包装用聚乙烯膜）或JISK 6781（农业用聚乙烯膜）的规定，以及与这些规定相同或效果更好的防潮膜；

(2) 防潮膜接缝处的重叠宽度应大于150mm，应采用干燥的沙、碎石或混凝土压紧整个防潮膜。

8.4.5 地板下检查孔的设置

1. 地板下每个被分隔的独立空间（用人通行口连接时，将相连的地板下的空间可看作是一个分区部分）应设置检查口。

2. 在每个被分开的房屋空间内（用人通行口连接时，将相连的地板下的空间可看作是一个分区部分）应设置检查口。

8.4.6 地板下的空间高度

地板下空间的有效高度应大于 330mm。但是，当浴室地板下的空间有效高度必须低于 330mm 时，如果能够对该部分进行检查，并且，也不妨碍其他部分地下空间的检查的情况下，该部分的地下空间高度可以不受限制。

8.4.7 木质部分的防腐防虫措施

1. 地梁的防腐防虫措施

（1）地梁的防腐防虫措施可采取下列任意一个方法：

1）应采用日本罗汉柏、扁柏等耐久性高的树种木材，或采用这些树种制作的胶合木（结构用集成材）或旋切板胶合木（结构用单板层积材）；

2）使用 JAS 标准中规定的浸入处理性能区分 K3 等级以上的防腐防虫处理木材。

（2）在与地梁相接的外墙下端设置防水条。

2. 外墙木框架的防腐防虫措施

距离地面高度小于 1m 的外墙木框架的防腐防虫措施可采用下列任意一种方法：

（1）使用日本扁柏、日本罗汉柏、栗、榉树、日本柳杉、落叶松等锯材，或采用这些树种制作的胶合木（结构用集成材）或旋切板胶合木（结构用单板层积材）。

（2）在外墙内设置通风层，作为墙体内通风的构造（图 8.12）。

（3）铺设外墙木挂板，作为直接通风的构造。

（4）屋檐挑出尺寸应大于 90cm，并且柱直接暴露在户外的构造（明柱墙结构）。

（5）采用截面尺寸大于 120mm×120mm 的锯材、胶合木（结构用集成材）或旋切板胶合木（结构用单板层积材）。

（6）采用下列第 1）项或第 2）项的药剂处理过的锯材、胶合木（结构用集成材）或旋切板胶合木（结构用单板层积材）：

1）后述第 4 点“药剂的品质”第（1）款中提出的防腐防虫处理材，在工厂进行处理；

2）后述第 4 点“药剂的品质”第（2）款中提出的防腐防虫药剂，在现场涂抹、喷涂或浸渍。

3. 外墙墙底木构件的防腐防虫措施

距离地面高度小于 1m 的外墙墙底木质构件的防腐防虫措施可采用下列任意一种方法：

（1）使用日本扁柏、日本罗汉柏、栗、榉树、日本柳杉、落叶松等墙底材。

（2）在外墙内设置通风层，作为墙体内通风的构造（图 8.12）。

（3）铺设外墙木挂板，作为直接通风的构造。

（4）屋檐挑出尺寸应大于 90cm，并且柱直接暴露在户外的构造（明柱墙结构）。

（5）采用下列第 1）项或第 2）项的药剂处理过的锯材、结构用胶合板、结构用覆面板以及 JAS 标准规定的结构用覆面板、JISA 5908（刨花板）规定的刨花板（P 类），或 JISA 5905（纤维板）规定的 MDF 中密度纤维板（P 类）：

1）后述第 4 点“药剂的品质”第（1）款中提出的防腐防虫处理材，在工厂进行

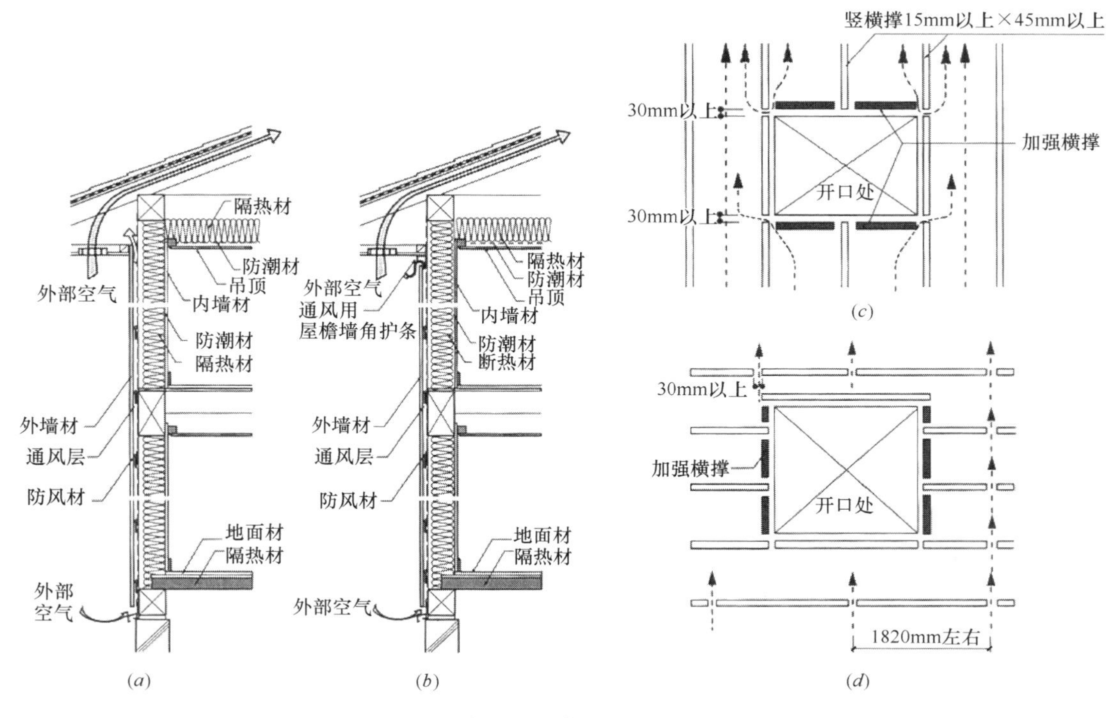

图 8.12 外墙通风构造及开孔加强构造示意

(*a*) 屋盖桁架内通风孔构造；(*b*) 屋檐墙边通风构造；(*c*) 使用竖横撑的开口处加强构造（外墙间柱在开口处上下的间隔宽度小于 10cm 时，应安装加强横撑）；(*d*) 使用横撑的开口处加强构造（外墙间柱在开口处上下的间隔宽度小于 10cm 时，应安装加强横撑）

注：1. 图（*a*）中浸入屋盖内的水蒸气量比较大，应特别注意屋盖桁架内的通风作用；

2. 通风层内的气流会引起防风防水材下端部掀起，应注意不让气流进入墙内。

处理；

2）后述第 4 点“药剂的品质”第（2）款中提出的防腐防虫药剂，在现场涂抹、喷涂或浸渍。

4. 药剂的品质

（1）在工厂采用防腐防虫药剂处理木材时，可以采用下列任意一种方法进行：

1）按照符合锯材的 JAS 标准的浸入处理（K1 除外）的方法进行处理；

2）采用 JISK 1570（木材浸入剂）中规定的加压浸入用木材浸入剂，按照 JISA 9002（木质材料的加压式浸入处理方法）的规定进行加压式浸入处理；

3）采用公益社团法人“日本木材保存协会”（以下称“木材保存协会”）认定的加压注入用木材防腐防虫剂，按照 JISA 9002（木质材料的加压式保存处理方法）的规定进行加压式浸入处理；

4）除上述 3 种方法以外，采用对防腐防虫有效的药剂，涂抹、加压注入、浸渍、喷涂，或使用混入对防腐防虫有效的药剂的粘结剂对木材进行防腐防虫处理。但是，不应在胶合木的胶粘剂中进行混合。

（2）使用药剂在现场处理时，防腐防虫药剂的品质可采用下列任意一种：

1）用于木质构件防腐措施的药剂质量，应符合木材保存协会认定的药剂，或按照

JISK 1571（木材保存剂——性能标准及其测试方法）的规定进行测试，并符合其性能标准的表面处理用药剂；

2）在木质构件防腐措施以及防虫措施中采用的药剂质量，应符合公益社团法人“白蚁对策协会”（以下称作“白蚁协会”）或木材保存协会认定的防腐防虫剂。

（3）采用药剂进行现场处理时，木材的处理方法应满足下列规定：

1）采用涂抹、喷涂和浸渍时，木材、胶合板的标准用药剂量是每平方米表面积上不应低于 300mL；

2）为了避免处理不均匀，在规定的药剂用量范围内要仔细地进行处理，使木材充分吸收；

3）木材的横截面、接头、接缝的连接处、裂纹部分、与混凝土和基础相接触的部分，要特别仔细地进行处理。

（4）使用上述第（2）款第 2）项的药剂进行处理的方法，应符合“白蚁协会”制定的标准规格书的规定。

（5）现场进行的加工、切断和穿孔洞等部位，应按照上述第（3）款的规定进行涂抹或喷涂处理。

8.4.8 窗洞开口处

1. 材料

（1）窗框的质量和性能应符合 JISA 4706（窗框）的规定，以及与其相同或更高的标准。

（2）门的质量和性能应符合 JISA 4702（门套）的规定，以及与其相同或更高的标准。

（3）金属遮雨窗的质量和性能应符合 JISA 4713（住宅用遮雨窗）的规定，以及与其相同或更高的标准。

（4）防火门的确定应符合相关技术文件的特别规定。采用铝制门窗制品时，应遵守“建筑标准法”的规定。

（5）金属制纱窗的质量应符合外框为全可动式，纱网为合成树脂。

（6）外部门窗使用的玻璃的质量和种类，应符合 JIS 标准的规定。

2. 窗框的安装

窗框的安装，在原则上可采用下列任意一种方法。但是，难以满足这些规定时，特别要对防潮纸和窗框的连接、窗框安装的稳定性、防止外墙装饰材的损伤等作出考虑，并特别记载。

（1）在框架上铺设防风防水材料的构造时，应在柱、过梁、窗台上安装坚固的窗框；

（2）采用板条墙底板、结构用面板等在柱外侧进行铺设时，要铺设与板材同样厚度的夹层面板材，并在其上安装窗框；

（3）采用外层隔热方法时，应安装在截面尺寸足够的夹层面材上；

（4）安装内置窗框时，应采用各制造商所指定的方法。

3. 门窗框边周围的防水

（1）在外墙开口处的窗台上先铺设防水膜。窗台和柱的内角处使用防水条或窗框框架材转角异形配件等，进行防水处理，避免产生间隙。

（2）完成上述防水处理后，再安装窗框。

（3）窗框周围的防水胶带，要贴在窗框的竖框和上横框架上。防水胶带的贴法，要按照先两个竖框，然后上框的顺序进行。

（4）防风防水材的铺设方法是，将防风防水材插入预先铺设的防水膜的内层，按照先开口处两侧，后开口处上部的顺序进行铺设。

（5）在干法外墙装饰中，要对窗框周围进行密封处理。

8.4.9 阳台

悬挑阳台（图8.13）的规格如下：

1. 阳台端部距外墙中轴线的悬挑长度不应大于1m，超过时应特别记载。

2. 悬挑长度应小于屋内侧地板梁跨度的1/2，悬挑端部用连系梁固定。

3. 阳台板面设置大于1/50的坡度，水沟部分设置大于1/200的坡度。采用两张以上的面板重叠铺设时，板的接缝不应重叠，不应产生突起纹理、台阶和凹凸不平。

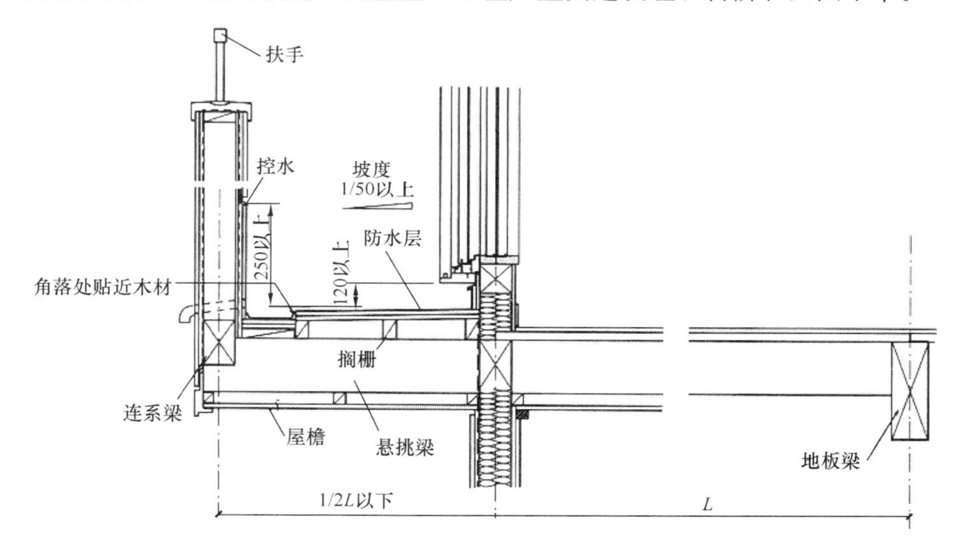

图8.13 悬挑阳台截面图

8.4.10 浴室等处的防水措施

1. 浴室墙的框架（包含木质墙底材、室内露出的部分）、楼盖（地上2层以上时包含墙底材）以及吊顶，可采用下列任意一种防水措施：

（1）整体组装式浴室；

（2）对浴室墙的框架、楼盖以及吊顶，进行有效防水处理；

（3）对浴室墙的框架、楼盖以及天花板，采取防腐防虫措施。

2. 更衣室墙的框架（包含木质的墙底材、室内露出的部分）、楼盖（地上2层以上时包含墙底材）以及吊顶，可采用下列任意一种防水措施：

（1）在更衣室墙的框架、楼盖处使用防潮纸、乙烯壁纸、石膏覆盖板、乙烯地板苫布，或防水胶合板；

（2）对更衣室墙的框架、楼盖以及吊顶，采取防腐防虫措施。

8.4.11 屋盖桁架内的通风口

1. 屋盖桁架内通风口

存在屋盖桁架空间时，屋盖桁架内的通风要符合下列规定（但是，当在屋面层采用隔热措施而不是在吊顶内采用隔热措施时，不应设置屋盖桁架内的通风口）：

（1）每个独立的屋盖桁架内，在通风有效的位置上设置 2 个以上的通风孔。

（2）通风孔的有效通风面积应按照下列任意一种要求设置（图 8.14）：

1）在两个山墙分别设置通风孔（吸气、排气两用）时，将通风孔尽可能设置在山墙上部，通风孔的面积合计应大于吊顶总面积的 1/300；

2）在屋檐下设置通风孔（吸气、排气两用）时，通风孔的面积合计应大于吊顶总面积的 1/250；

3）在屋檐里或屋盖桁架内的墙里设置面向屋外的吸气孔、山墙上的排气孔，垂直距离大于 900m 时，每个通风孔的面积应大于吊顶总面积的 1/900；

4）使用排气筒等器具的通风孔，尽可能设置在屋盖桁架内的顶部，通风孔的面积应大于吊顶总面积的 1/600。而且，屋檐里或屋盖桁架内的墙上，设置面向屋外的吸气孔的面积应大于吊顶总面积的 1/900；

5）屋檐里或屋盖桁架内的墙上设置面向屋外的吸气孔，且在房顶设置排气孔时，吸气孔的面积应大于吊顶总面积的 1/900，排气孔的面积应大于吊顶总面积的 1/1600。

需要注意，在单坡屋盖的边缘屋檐里设置有通风孔时，应确保通风孔（吸气、排气两用）的面积大于边缘屋檐面积的 1/250。

2. 防护网

在屋盖桁架内的换气孔中，为了防止雨、雪、虫等的侵入，要安装坚固的防护网。

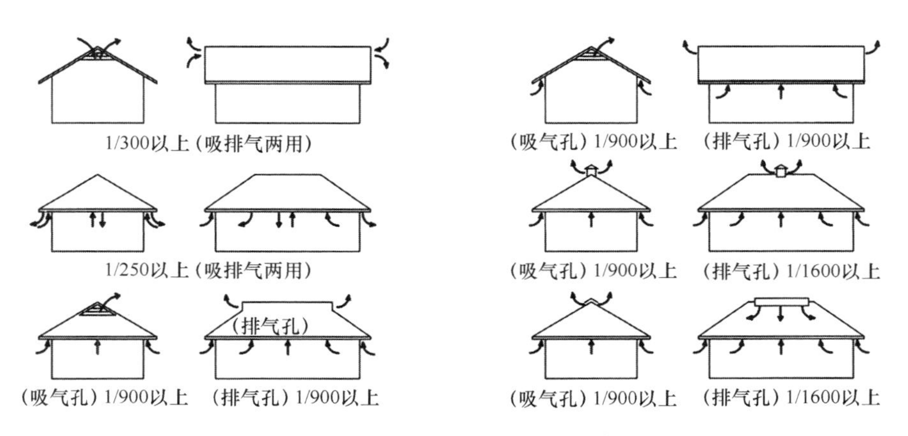

图 8.14 通风孔开孔面积示意

第9章　结构计算案例

9.1　设计依据

9.1.1　建筑物概要

· 名称：中国样板房
· 用途：专用住宅
· 层数：2层
· 总面积：214.65m^2（1层140.35m^2，2层74.30m^2）
· 最高高度：9.85m
· 屋檐高度：7.10m
· 各层高度：1层3.60m，2层2.90m

平面图及立面图见图9.1～图9.3。

9.1.2　结构计算的条件

本实例按照日本标准进行计算和设计，仅供参考。在中国应根据中国标准的规定进行计算。

· 结构计算的方法：简易计算（"壁量计算"＋"四分割法"＋"N值计算"）
· 地震力的计算条件：抗震设计烈度为7级，设计基本地震加速度为0.1g
· 风压的计算条件：地表面粗度为A类，基本风压为0.40kN/m^2
· 剪力墙的设计样式：面材胶合板厚度9mm(含水率≤16%)，钉长50mm，钉间距≤150mm

注：斜撑不算入应力要素，忽略其影响。

9.2　墙量计算所得的剪力墙强度设计

9.2.1　剪力墙的抗剪力要求值（最小墙量）

地震时的抗剪力要求值Q_E和风压时的抗剪力要求值Q_W计算式如下：

· 地震时要求值：　　$Q_E = Q_0 \times C_E \times A$　　(9-1)

· 风压时要求值：　　$Q_W = Q_0 \times C_W \times L$　　(9-2)

式中：Q_0——标准值（取3.5kN/m）；
C_E——求地震时的抗剪力要求值所需的系数；
C_W——求风压时的抗剪力要求值所需的系数；
A——各层地板面积；
L——各方向上各层的外边长度。

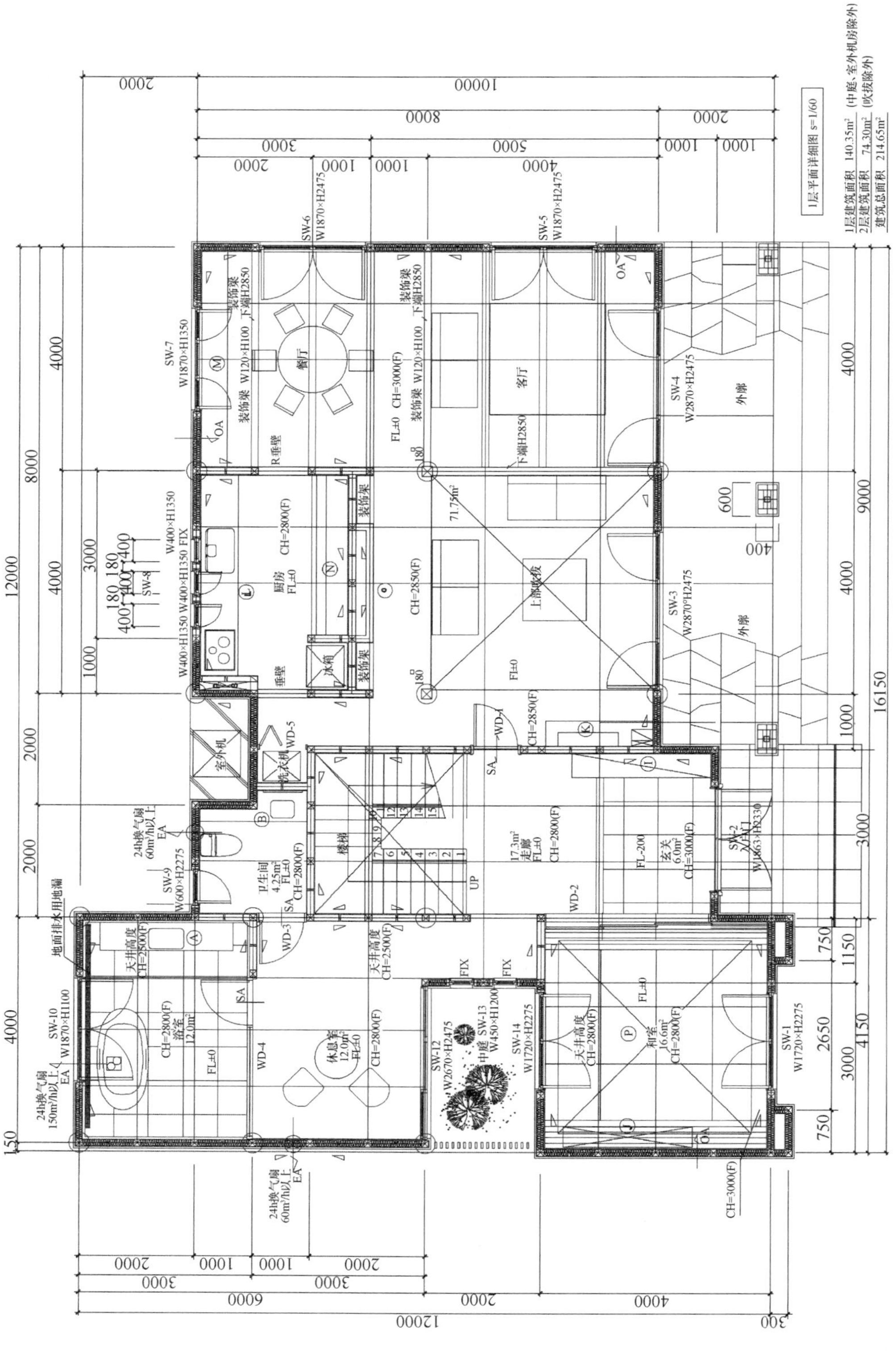
1层平面详细图 s=1/60
1层建筑面积 140.35m² (中庭、室外机房除外)
2层建筑面积 74.30m² (吹拔除外)
建筑总面积 214.65m²
餐厅
客厅
厨房
外廊
上部吹拔
室外机
洗衣机
卫生间
楼梯
走廊
玄关
浴室
休息室
中庭
和室

图 9.1 建筑 1 层平面图

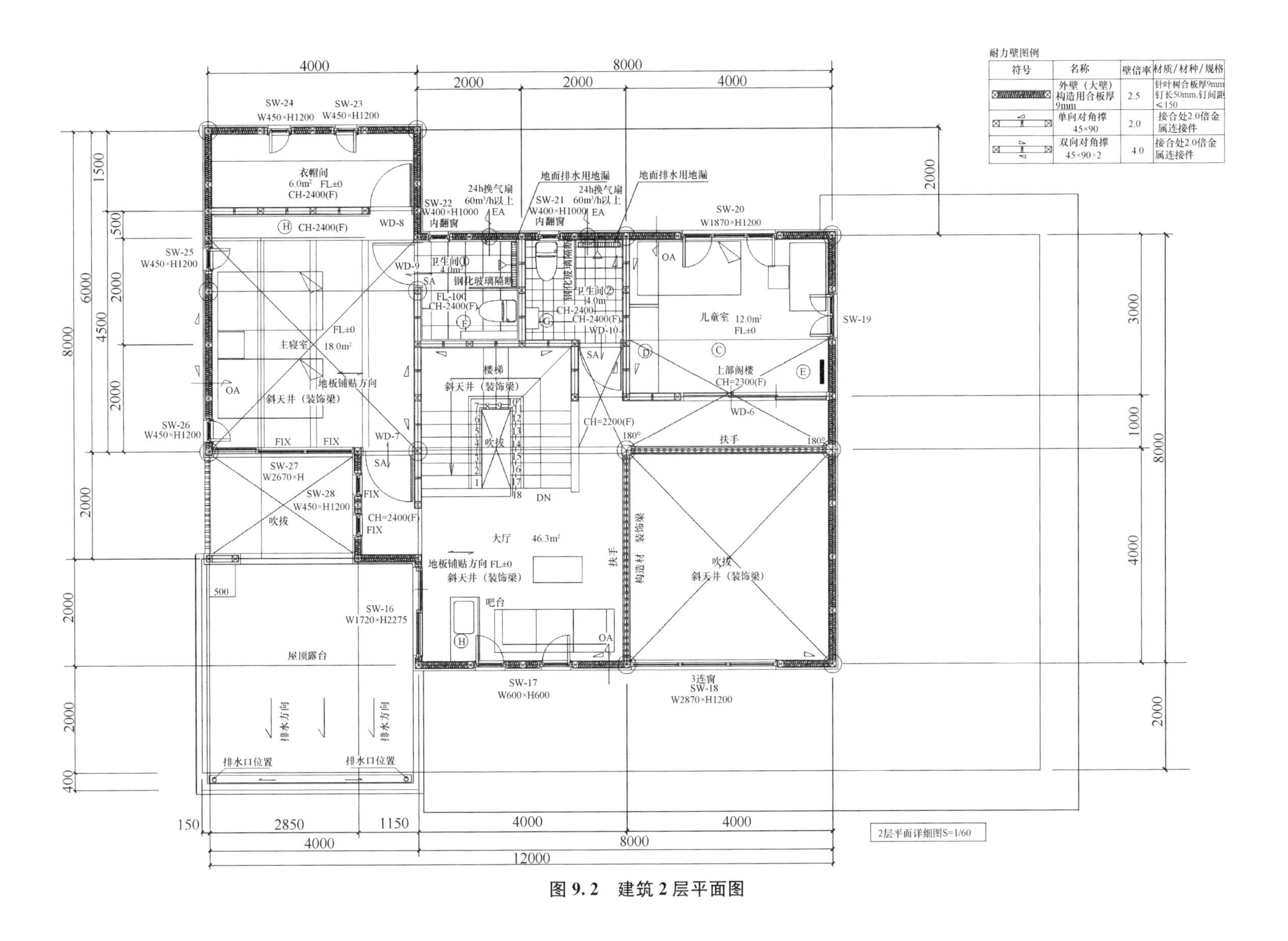

耐力壁图例

符号	名称	壁倍率	材质/材种/规格
	外壁（大壁）构造用合板厚9mm	2.5	针叶树合板厚9mm 钉长50mm,钉间距≤150
	单向对角撑 45×90	2.0	接合处2.0倍金属连接件
	双向对角撑 45×90×2	4.0	接合处2.0倍金属连接件

图 9.2　建筑 2 层平面图

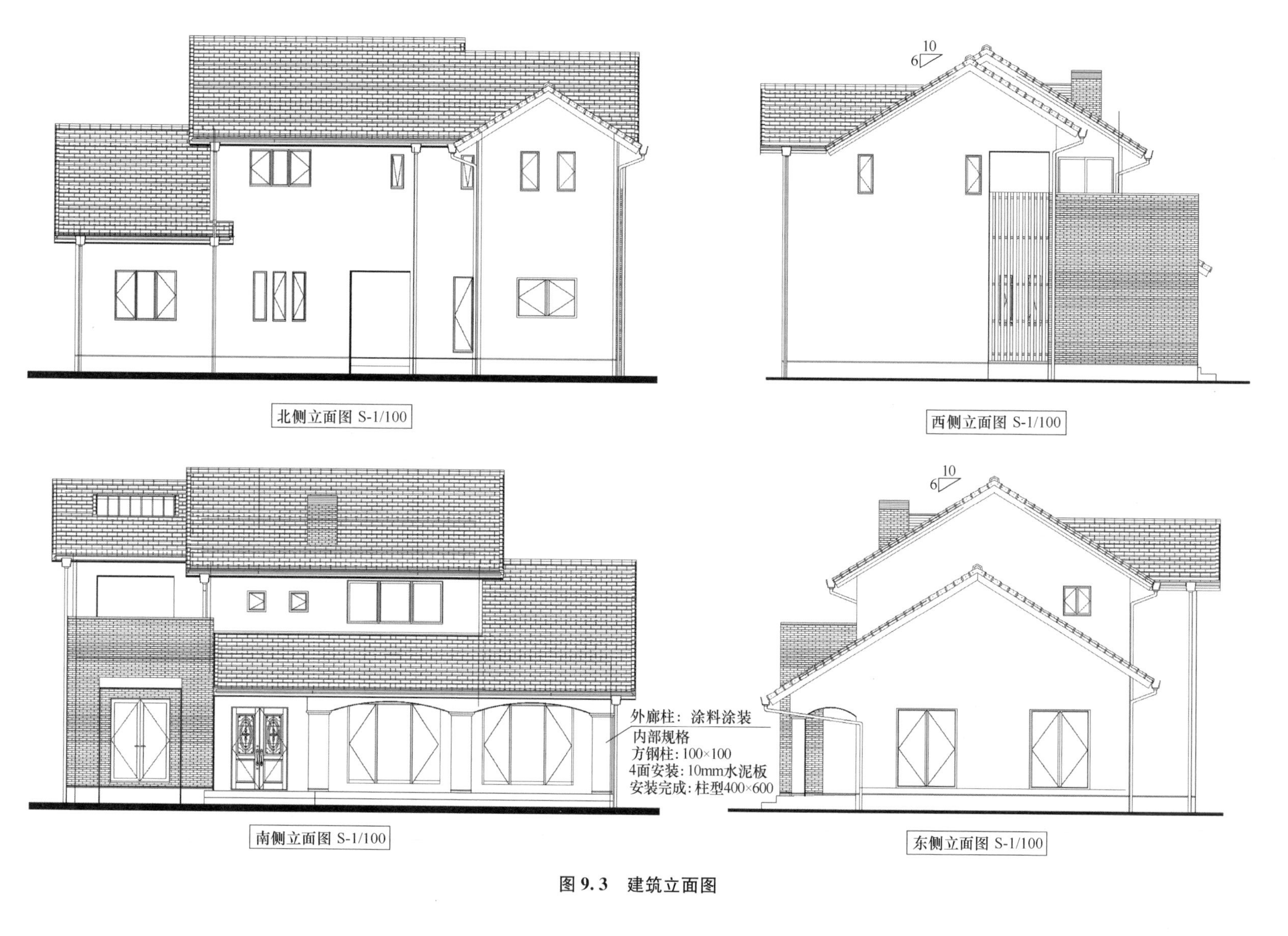
北侧立面图 S-1/100
10
6
西侧立面图 S-1/100
外廊柱：涂料涂装
内部规格
方钢柱：100×100
4面安装：10mm水泥板
安装完成：柱型400×600
南侧立面图 S-1/100
10
6
东侧立面图 S-1/100

图 9.3 建筑立面图

地震时的系数 C_E 和风压时的系数 C_W 如下：

2 层：$C_E = 0.05\text{m/m}^2$，1 层：$C_E = 0.09\text{m/m}^2$（抗震设计烈度：7 级，设计基本地震加速度：$0.1g$）

2 层：$C_W = 0.62\text{m/m}$，1 层：$C_W = 1.25\text{m/m}$（地表面粗度：A 类，基本风压：0.40kN/m^2）

各层地板面积分割见图 9.4、图 9.5。各层地板面积 A 如下：

2 层：$A = j+k+l+m=17.1+9.2+32.0+16.0=74.3\text{m}^2$

1 层：$A = a+b+c+d+e+f+g+h+i$

$=0.645+4.50+3.225+12.6+8.4+3.0+11.07+27.0+72.0$

$=142.44\text{m}^2$

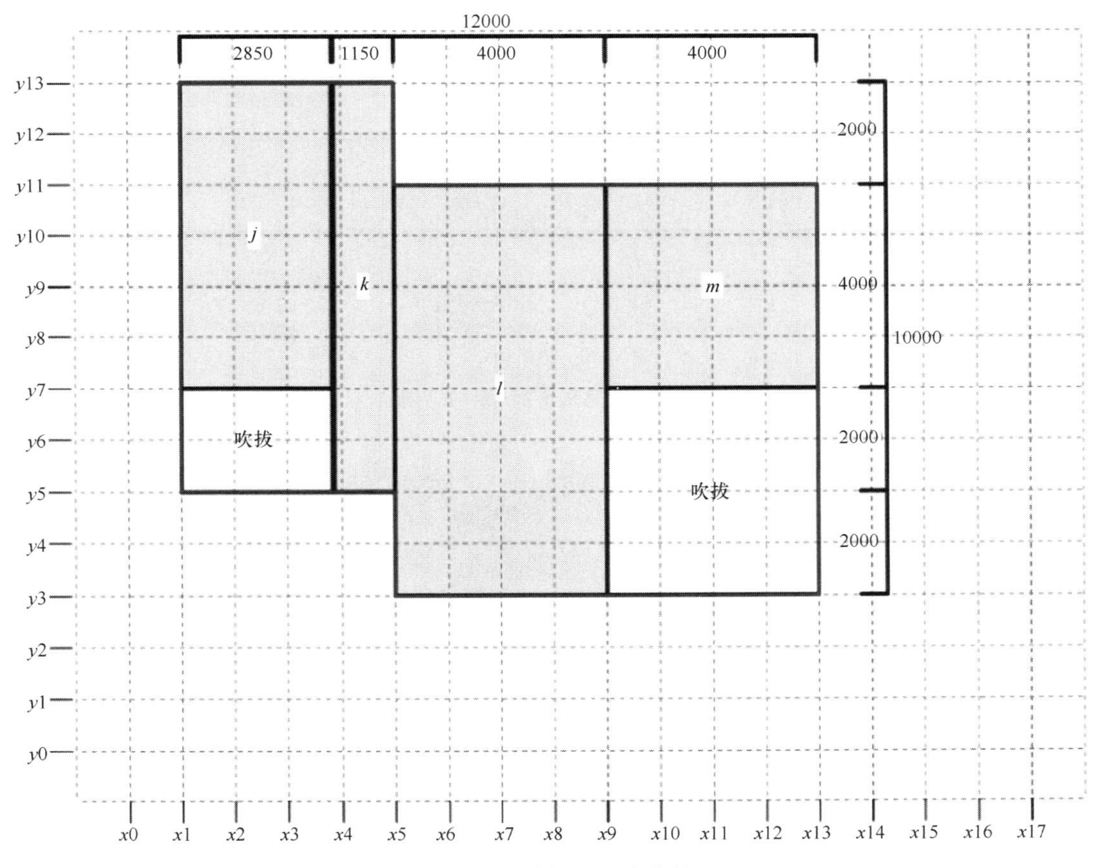

图 9.4　2 层地板面积的分割图

外边面积的分割见图 9.6、图 9.7。各方向上各层外边长 L 如下：

Y 方向2 层：$L = A+B+C+D=9.50+3.25+0.10+4.00=16.85\text{m}$

1 层：$L = E+F+G=16.20+0.65+0.15 = 17.00\text{m}$

X 方向 2 层：$L=C+D+E+F+G=4.00+2.00+0.10+4.10+0.65=10.85\text{m}$

1 层：$L = I+K+L+m=10.35+0.592+1.558+0.35 = 12.85\text{m}$

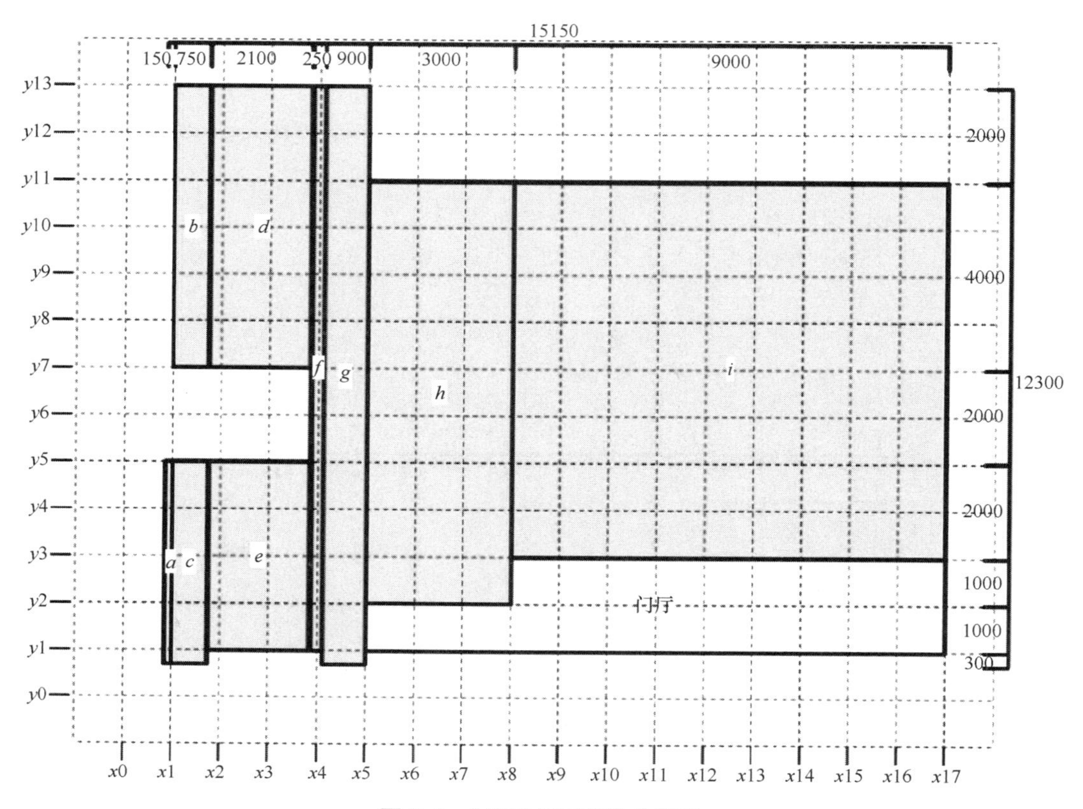

图 9.5　1 层地板面积的分割图

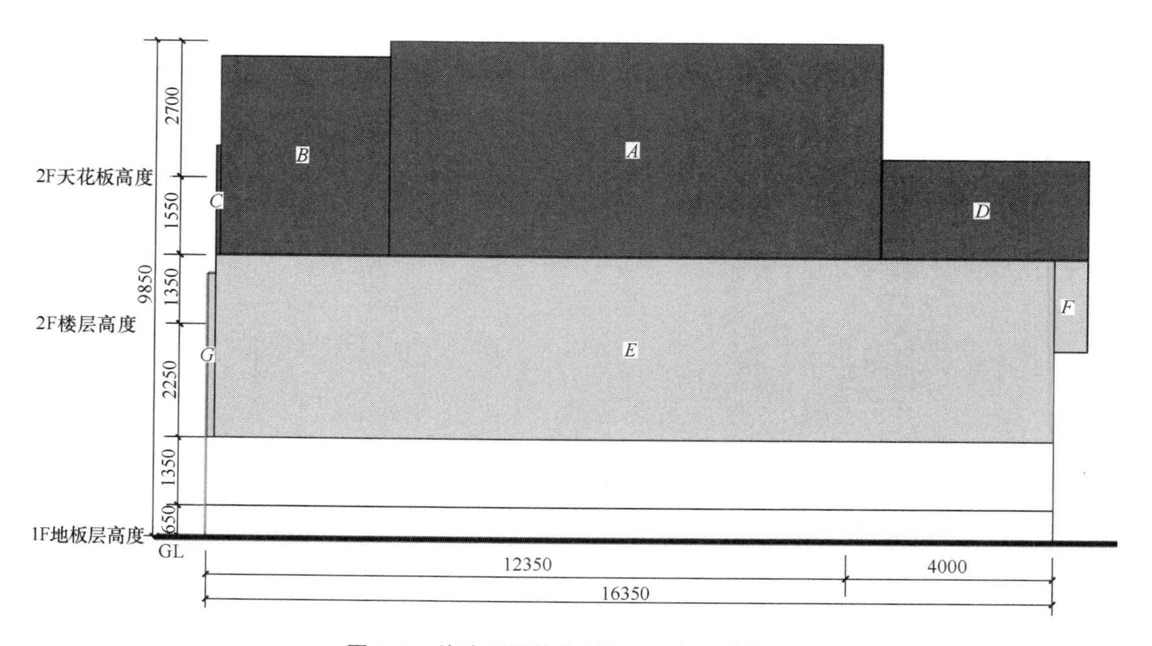

图 9.6　外边面积的分割图（*Y* 方向计算用）

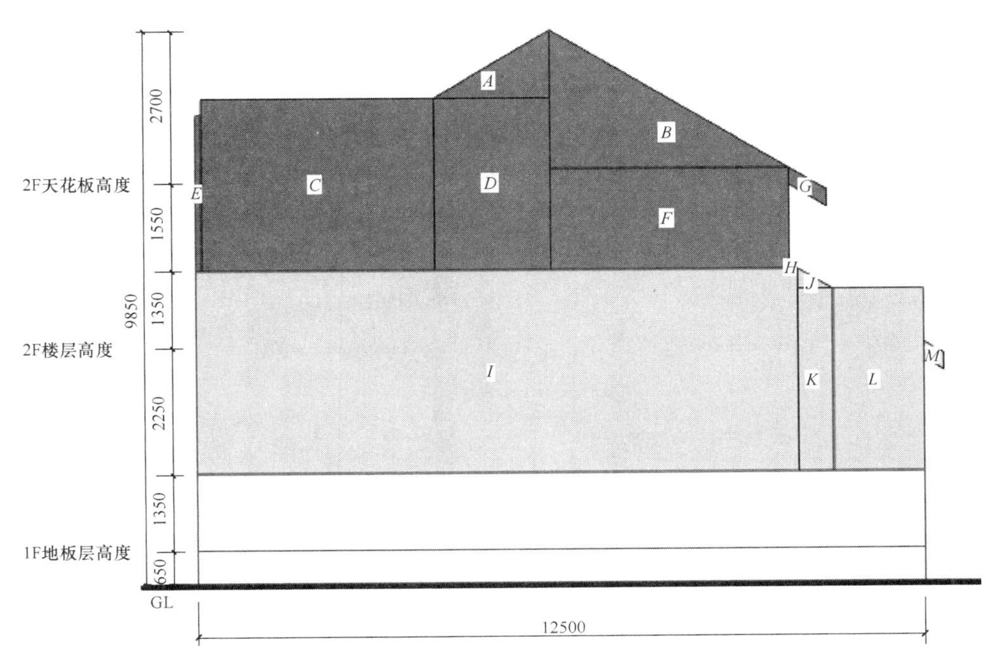

图 9.7　外边面积的分割图（*X* 方向计算用）

9.2.2　剪力墙抗剪力设计值（存在壁量）

剪力墙抗剪力设计值 Q_a 计算式如下：

$$Q_a = \Sigma(P_a \times l_w) \tag{9-3}$$

式中：P_a——剪力墙的抗剪强度设计值；

l_w——剪力墙的长度。

剪力墙的抗剪强度设计值 P_a 如下：

P_a = 5.0kN/m（胶合板厚度 9mm，钉长 50mm，钉间距 150mm 以下）

剪力墙长度 l_w 见图 9.8。另外，斜撑不算入应力要素。

9.2.3　壁量充足率

各层各方向上剪力墙的抗剪力设计值 Q_a 要确认在地震时的要求值 Q_E 以上且在风压时的要求值 Q_W 以上。为此，根据下式计算壁量充足率。

地震时的壁量充足率 Q_a/Q_E 和风压时的壁量充足率 Q_a/Q_W 的计算结果见表 9.1。

壁量充足率的计算结果　　表 9.1

层	方向	地震力的计算			风压的计算			设计值 Q_a (kN)	壁量充足率		判定 ①≥1.0 且 ②≥1.0
		地板面积 A (m²)	系数 $Q_0 \times C_E$ (kN/m²)	要求值 Q_E (kN)	长度 L (m)	系数 $Q_0 \times C_W$ (kN/m)	要求值 Q_W (kN)		地震时 Q_a/Q_E ①	风压时 Q_a/Q_W ②	
2	X	74.30	0.175	13.00	10.85	2.170	23.54	55.75	4.29	2.37	○
	Y	74.30	0.175	13.00	16.85	2.170	36.56	74.00	5.69	2.02	○
1	X	142.44	0.315	44.87	12.85	4.375	56.22	65.00	1.45	1.16	○
	Y	142.44	0.315	44.87	17.00	4.375	74.38	100.00	2.23	1.34	○

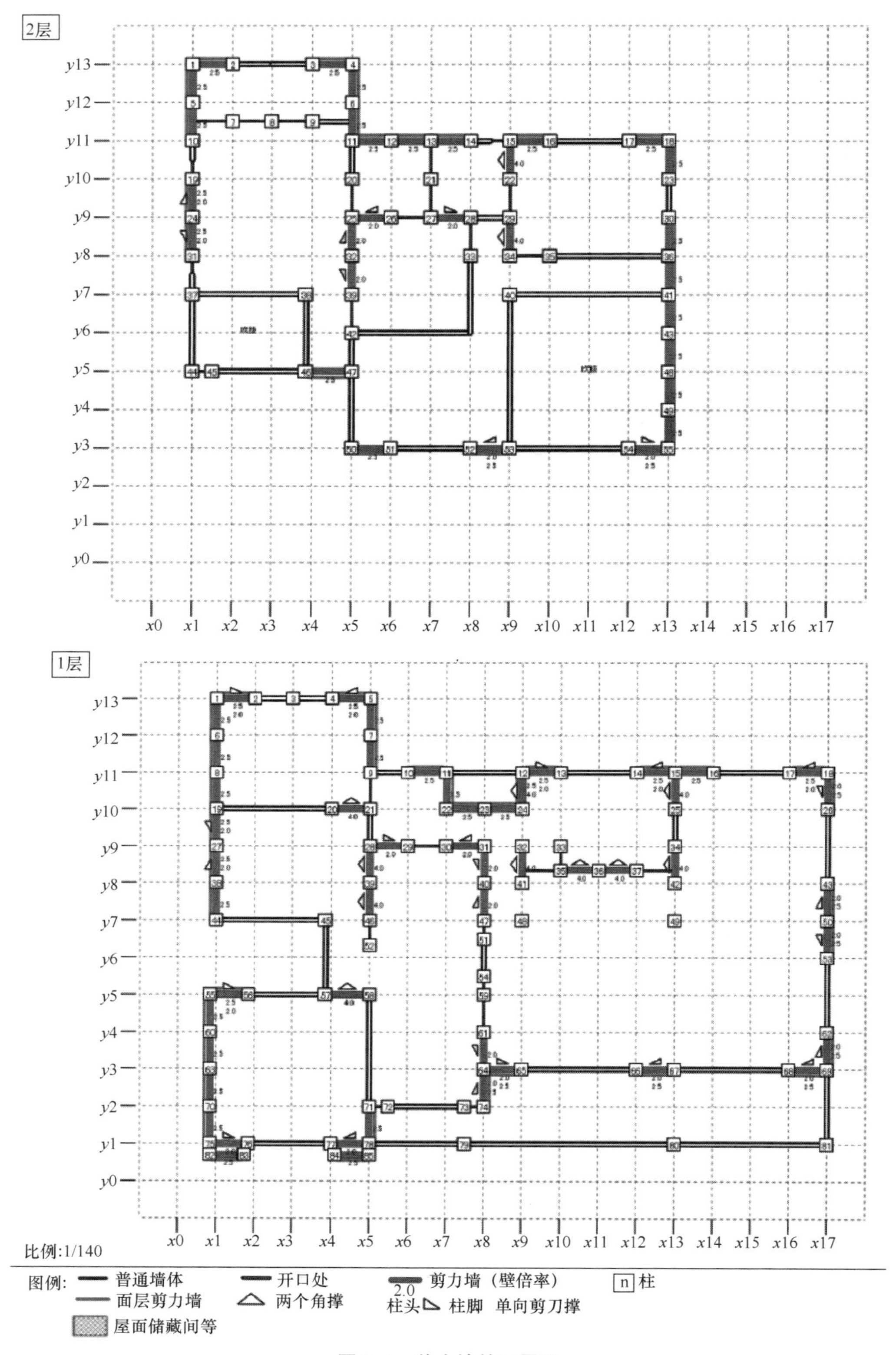
2层
1层
比例:1/140
图例:
普通墙体
面层剪力墙
开口处
两个角撑
剪力墙（壁倍率）
柱头 柱脚 单向剪刀撑
柱
屋面储藏间等

图 9.8 剪力墙的配置图

9.3 基于四分割法的剪力墙配置设计

9.3.1 四分割部分的抗剪力要求值（最小壁量）

基于四分割法的地板面积分割见图9.9。各层各方向上1/4分割部分的抗剪力要求值

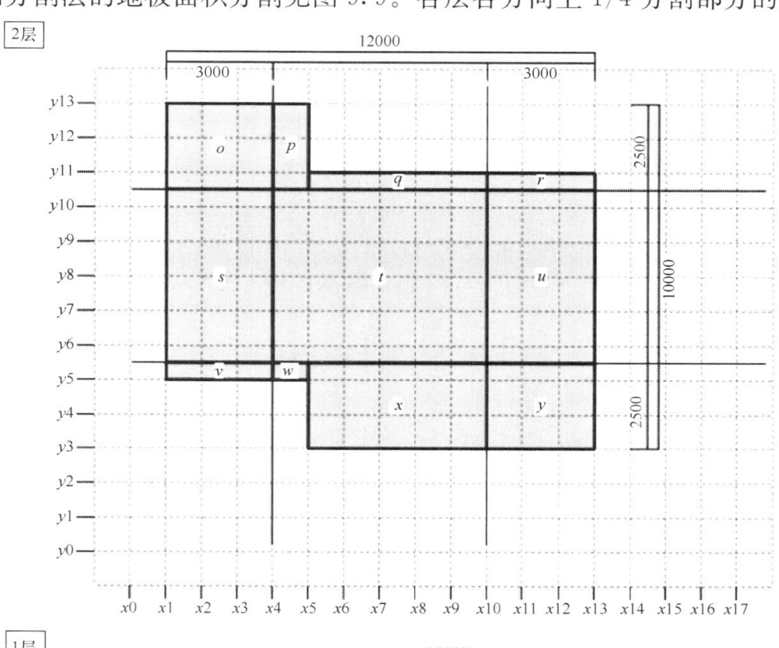

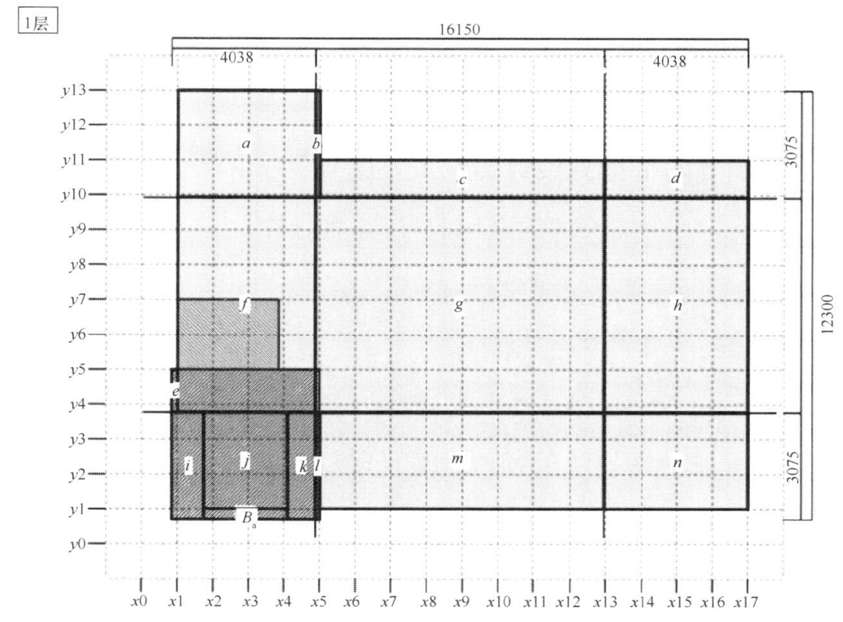

图例: 地板面积分区 外挑 阳台

a b c …… 地板面积分区名称 $B_aB_bB_c$ …… 地板面积分区名称（阳台）

图 9.9 基于四分割法的地板面积分割图

Q_E的计算式如下：

$$Q_E = Q_0 \times C_E \times A_e \tag{9-4}$$

式中：Q_0——基准值（取 3.5kN/m）；

C_E——求地震时的抗剪力要求值所需的系数；

A_e——各层各方向上 1/4 分割部分的地板面积。

地震时的系数 C_E 如下：

2 层：$C_E = 0.05\text{m/m}^2$

1 层：$C_E = 0.09\text{m/m}^2$

（抗震设计烈度：7 级，设计基本地震加速度：0.1g）

各层各方向上 1/4 分割部分的地板面积 A_e 如下：

· 2 层

X 方向 上侧部分：$A_e = o+p+q+r = 7.50+2.50+2.50+1.50 = 14.00\text{m}^2$

下侧部分：$A_e = v+w+x+y = 1.50+0.50+12.50+7.50 = 22.00\text{m}^2$

Y 方向 左侧部分：$A_e = o+s+v = 7.50+15.00+1.50 = 24.00\text{m}^2$

右侧部分：$A_e = r+u+y = 1.50+15.00+7.50 = 24.00\text{m}^2$

· 1 层

X 方向 上侧部分：$A_e = a+b+c+d = 11.96+0.34+8.56+4.34 = 25.20\text{m}^2$

下侧部分：$A_e = i+j+k+l+m+n+B_a \times 0.4$

$= 2.77+6.52+2.42+0.34+22.09+11.21+0.71 \times 0.4$

$= 45.64\text{m}^2$

Y 方向 左侧部分：$A_e = a+e+f+i+j+k+B_a \times 0.4$

$= 11.96 + 0.18 + 23.91 + 2.77 + 6.52 + 2.42 + 0.71 \times 0.4$

$= 48.05\text{m}^2$

右侧部分：$A_e = d+h+n = 4.34+24.83+11.21 = 40.38\text{m}^2$

9.3.2 四分割部分的抗剪力设计值（存在壁量）

各层各方向上 1/4 分割部分的抗剪力设计值 Q_a 的计算式如下：

$$Q_a = \Sigma(P_a \times l_w) \tag{9-5}$$

式中：P_a——剪力墙的抗剪强度设计值；

l_w——剪力墙的长度。

剪力墙的抗剪强度设计值 P_a 如下：

$P_a = 5.0\text{kN/m}$（胶合板厚度 9mm，钉长 50mm，钉间距 150mm 以下）

各层各方向上 1/4 分割部分具有的剪力墙的长度 l_w 见图 9.10、图 9.11。另外，斜撑不算入应力要素。

9.3.3 四分割部分的壁量充足率

各层各方向上 1/4 分割部分具有的剪力墙的抗剪力设计值 Q_a 要确认超过该部分地震时要求值 Q_E 的值。壁量充足率 Q_a/Q_E 的计算结果见表 9.2。

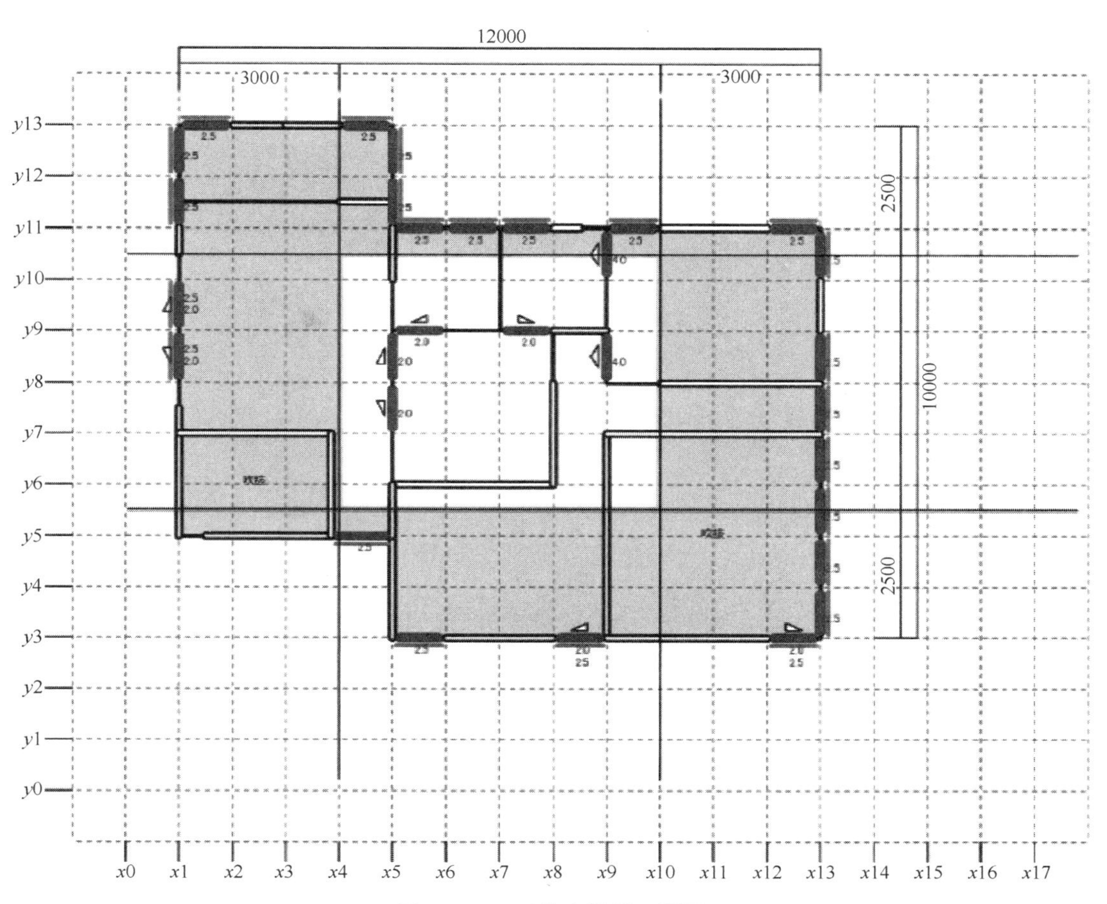

图 9.10 2层剪力墙的配置图

基于四分割法的壁量充足率 表 9.2

层	方向	位置	有效面积 A_e (m^2)	系数 $Q_0 \times C_E$ (kN/m^2)	要求值 Q_E (kN)	设计值 Q_a (kN)	充足率 Q_a/Q_E	判定 $Q_a/Q_E>1$	壁率比 R	判定 $R \geqslant 0.5$
2	X	上	14.00	0.175	2.45	35.00	14.29	○	—	—
		下	22.00	0.175	3.85	20.75	5.39	○		
	Y	左	24.00	0.175	4.20	20.00	4.76	○	—	—
		右	24.00	0.175	4.20	35.00	8.33	○		
1	X	上	25.20	0.315	7.94	45.00	5.67	○	—	—
		下	45.64	0.315	14.38	24.00	1.67	○		
	Y	左	48.05	0.315	15.14	50.00	3.30	○	—	—
		右	40.38	0.315	12.72	20.00	1.57	○		

壁率比 R 是各层各方向的上下或左右的 1/4 分割部分的充足率内，用较大的充足率除以较小的充足率所得的值。壁率比 R 的计算要在充足率的判定结果为［×］时才进行，确认在 0.5 以上。

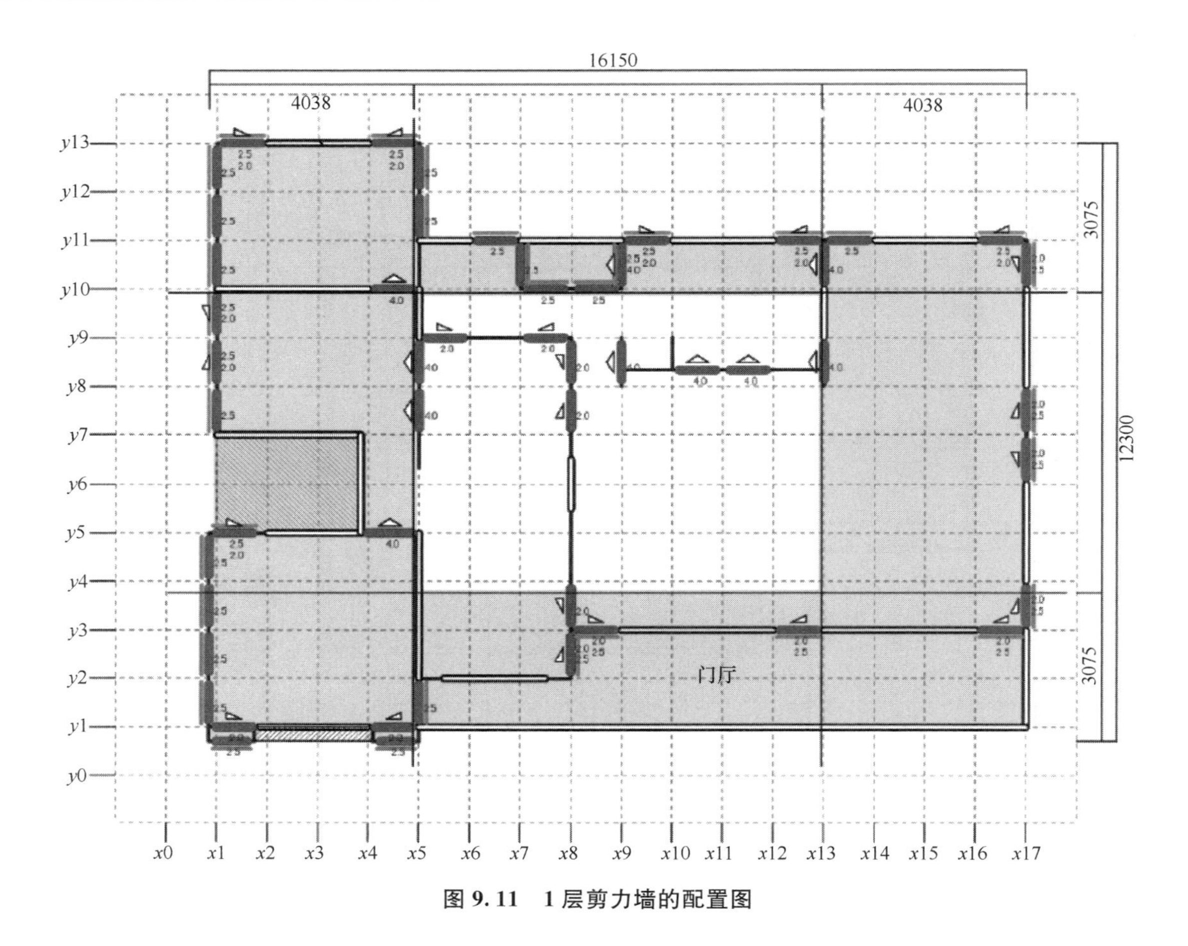

图 9.11　1 层剪力墙的配置图

9.4　柱头柱脚节点的设计

9.4.1　柱头柱脚节点的拉应力要求值

剪力墙两端的柱头柱脚节点的拉应力要求值 T 的计算如下（柱头节点和柱脚节点的拉应力要求值相同）：

1.2 层部分的 2 层柱的情况下（包括平房部分的柱）

$$T = \Delta Q_{a1} \times H_1 \times B_1 - N_w \tag{9-6}$$

$$\Delta Q_{a1} = |P_{aL1} - P_{aR1}|$$

式中：$P_{aL(R)1}$——该柱左侧（右侧）上剪力墙的抗剪强度设计值；

H_1——该层层高；

B_1——表示由该柱周围部件造成的扭曲效果的系数。外角处柱取为 0.8，其他柱取为 0.5；

N_w——垂直荷载引起的该柱的压缩力。在不计算柱压缩力的情况下，外角处柱可取为 2.12kN，其他柱可取为 3.18kN。

2.2层部分的1层柱子的情况下

$$T = \Delta Q_{a1} \times H_1 \times B_1 + \Delta Q_{a2} \times H_2 \times B_2 - N_w \tag{9-7}$$

$$\Delta Q_{a1} = |P_{aL1} - P_{aR1}|, \Delta Q_{a2} = |P_{aL2} - P_{aR2}|$$

式中：$P_{aL(R)1}$——该柱左侧（右侧）上剪力墙的抗剪强度设计值；

$P_{aL(R)2}$——连接该柱的2层柱的左侧（右侧）上剪力墙的抗剪强度设计值；

H_1——该层层高；

H_2——2层层高；

B_1——表示由该柱周围部件造成的扭曲效果的系数。外角处柱取为0.8，其他柱取为0.5；

B_2——表示2层周围部件造成的扭曲效果的系数。2层部分的外角处柱取为0.8，2层部分的其他柱取为0.5；

N_w——垂直荷载引起的该柱的压缩力。在不计算柱压缩力的情况下，外角处柱可取为5.30kN，其他柱可取为8.48kN。

9.4.2　柱头柱脚节点的拉应力设计值

柱头柱脚节点的拉应力设计值 T_a 按照连接方法通过表9.3计算所得。

柱头柱脚节点的拉应力设计值　　**表9.3**

序号	连接方法（包括与之等同以上的连接方法）	拉应力设计值 T_a（kN）
【1】	短榫连接	0.0
【2】	夹具连接	1.08
【3】	长榫连接插头连接	3.81
【4】	L形角型锚件CP-L	3.38
【5】	T形角型锚件CP-T	5.07
【6】	人字板VP	5.88
【7】	系板连接件螺栓 ϕ12mm或长方形锚件（无螺栓的情况下）	7.5
【8】	系板连接件螺栓 ϕ12mm或长方形锚件（有螺栓的情况下）	8.5
【9】	金属紧固件10kN	10.0
【10】	金属紧固件15kN	15.0
【11】	金属紧固件20kN	20.0
【12】	金属紧固件25kN	25.0
【13】	金属紧固件30kN	30.0

注：1. 使用除去表中连接方法的其他连接方法时的拉应力设计值可以通过试验或计算求出。
2. 通过试验求节点的拉应力设计值时，参见本书第5章。

9.4.3　柱头柱脚节点的锚件计算

决定该节点的连接方法，使各层各方向上剪力墙两端的柱头柱脚节点的拉应力设计值 T_a 在该节点的拉应力要求值 T 以上。

按照 Y13（图 9.12）以各层柱子 1 和柱子 2 为设计对象时的计算结果如下（不考虑斜撑的影响）：

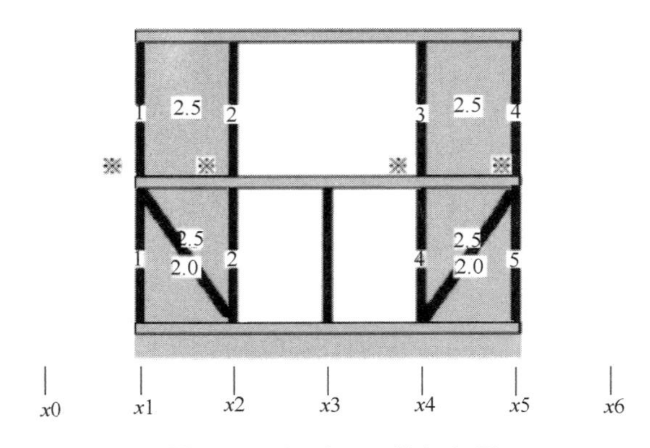

图 9.12　通过 Y13 的框架图

（注：图中※表示不考虑斜撑的影响）

· 通过 Y13 的 2 层柱 1（外角柱）

$$T = \Delta Q_{a1} \times H_1 \times B_1 - N_w = 5.0 \times 2.9 \times 0.8 - 2.12 = 9.48\text{kN}$$

$$\Delta Q_{a1} = |0.0 - 5.0| = 5.0\text{kN/m}$$

在设计中，配置连接序号【9】（T_a=10.0kN）以上的连接锚件。

· 通过 Y13 的 2 层柱 2（其他柱）

$$T = \Delta Q_{a1} \times H_1 \times B_1 - N_w = 5.0 \times 2.9 \times 0.5 - 3.18 = 4.07\text{kN}$$

$$\Delta Q_{a1} = |5.0 - 0.0| = 5.0\text{kN/m}$$

在设计中，配置连接序号【5】（T_a=5.07kN）以上的连接锚件。

· 通过 Y13 的 1 层柱 1（外角柱）

$$\begin{aligned} T &= \Delta Q_{a1} \times H_1 \times B_1 + \Delta Q_{a2} \times H_2 \times B_2 - N_w \\ &= 5.0 \times 3.6 \times 0.8 + 5.0 \times 2.9 \times 0.8 - 5.30 \\ &= 20.70\text{kN} \end{aligned}$$

$$\Delta Q_{a1} = |0.0 - 5.0| = 5.0\text{kN/m}, \Delta Q_{a2} = |0.0 - 5.0| = 5.0\text{kN/m}$$

在设计中，配置连接序号【12】（T_a= 25.0kN）以上的连接锚件。

· 通过 Y13 的 1 层柱 2（其他柱）

$$\begin{aligned} T &= \Delta Q_{a1} \times H_1 \times B_1 + \Delta Q_{a2} \times H_2 \times B_2 - N_w \\ &= 5.0 \times 3.6 \times 0.5 + 5.0 \times 2.9 \times 0.5 - 8.48 \\ &= 7.77\text{kN} \end{aligned}$$

$$\Delta Q_{a1} = |5.0 - 0.0| = 5.0\text{kN/m}, \Delta Q_{a2} = |5.0 - 0.0| = 5.0\text{kN/m}$$

在设计中，配置连接序号【9】（T_a= 10.0kN）以上的连接锚件。

附录1　木框架剪力墙结构中剪力墙的四分割法平面布置规定

1. 将建筑物的各层平面分别按照各个水平方向四等分，从各水平方向两端到墙壁1/4部分（以下称“墙端部分”，图A1.1）所存在的壁量（以下称“存在壁量”）与必需的壁量（以下称“最小壁量”）根据以下规定进行计算。水平方向在这里指的是与建筑物平面垂直相交的两个方向（以下称“X方向”和“Y方向”）中的某一个方向。

（1）各水平方向的存在壁量按照公式（A1-1）计算。在此情况下，如果分割建筑物平面的1/4线上有剪力墙，且墙端部分（包括线上）包含该剪力墙中心线时，则可算入存在壁量中。

$$C_{zD}=\sum_{k=1}^{n} r_{wk}\cdot l_{wkzD} \tag{A1-1}$$

式中：l_{wkzD}——X方向或Y方向的墙端部分的剪力墙k的长度（m）；

r_{wk}——剪力墙k的抗剪强度f_{wdk}（kN/m）；

n——剪力墙的种类数。

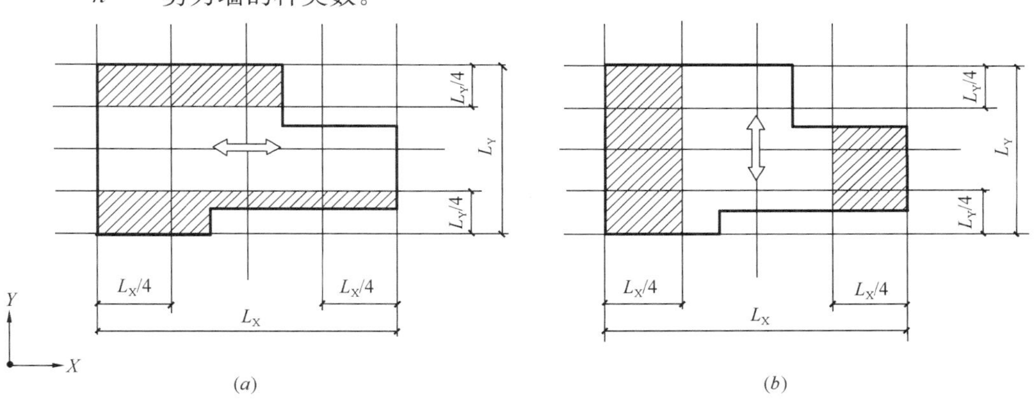

图A1.1　建筑物各楼层平面的墙端部分

（a）X方向计算时；（b）Y方向计算时

（2）各水平方向的最小壁量按照本书第3章“结构设计”中表3.1～表3.4确定。此时，面积A不是建筑物整体的面积，而是指该部分的面积。墙端部分的楼层数不是建筑物整体的楼层数，而是指该部分所在楼层数（图A1.2）。

2. 对于各墙端部分，最小壁量除以存在壁量所得数值（以下称“壁量充足度”）采用公式（A1-2）计算。各墙端部分中的较小的壁量充足度除以较大的壁量充足度所得数值（以下称“壁率比”）采用公式（A1-3）进行计算。

$$S_{aD}=\frac{C_{aD}}{N_{aD}},S_{bD}=\frac{C_{bD}}{N_{bD}} \tag{A1-2}$$

$$R_{SD}=\frac{S_{bD}}{S_{aD}} \tag{A1-3}$$

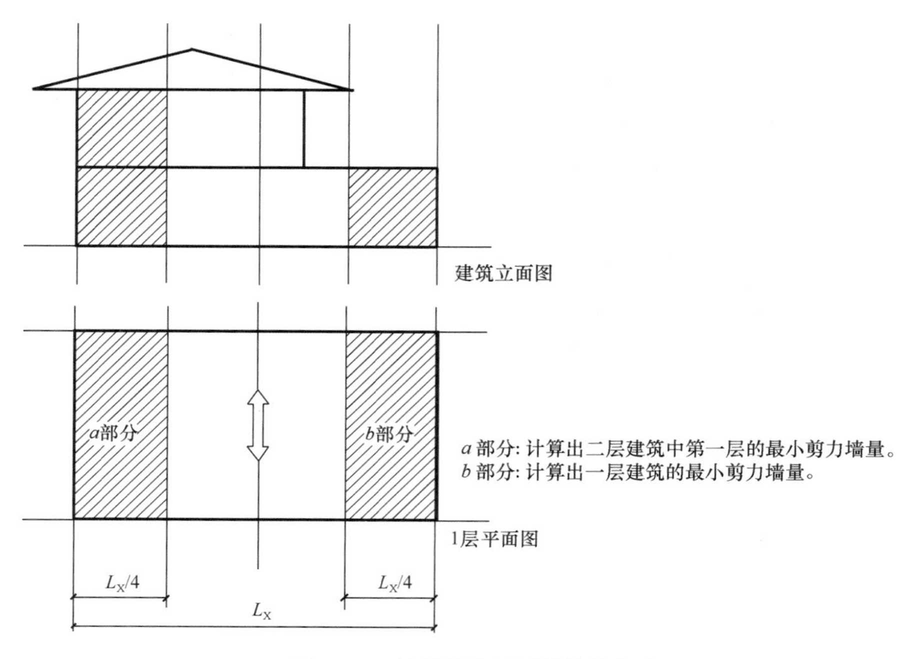

图 A1.2 墙端部分的层数计算方法

其中，$S_{aD} \leqslant S_{bD}$

式中：S_{aD}——X 方向或 Y 方向上两侧墙端部分中 a 部分的壁量充足度；

S_{bD}——X 方向或 Y 方向上两侧墙端部分中 b 部分的壁量充足度；

R_{SD}——X 方向或 Y 方向上的壁率比；

C_{aD}——X 方向或 Y 方向上两侧墙端部分中 a 部分的存在壁量（kN）；

C_{bD}——X 方向或 Y 方向上两侧墙端部分中 b 部分的存在壁量（kN）；

N_{aD}——X 方向或 Y 方向上两侧墙端部分中 a 部分的最小壁量（kN）；

N_{bD}——X 方向或 Y 方向上两侧侧端部分中 b 部分的最小壁量（kN）。

3. 各水平方向应确认满足以下规定中的任一规定：

1）壁率比大于 0.5（$R_{SD} \geqslant 0.5$）。

2）墙端部分的壁量充足度均大于 1（$S_{aD} \geqslant 1$，并且 $S_{bD} \geqslant 1$）。

3）墙端部分的壁量充足度均等于 0（$S_{aD} = 0$，并且 $S_{bD} = 0$）。

附录 2　柱端节点抗拉力计算的 N 值计算法

对剪力墙两侧边界杆件所受轴向力，在《木结构设计标准》GB 50005—2017 中，是按公式（9.3.5）计算来选择适当的金属连接件进行加强连接措施以防倒塌的。该公式之所以成立的前提是视剪力墙为建在基础上的悬臂梁。但是，根据建筑物的足尺试验可以知道，剪力墙并非单独存在，而是同顶壁、裙墙、楼面构成一体成为刚性框架结构，这一刚性框架结构中的柱的轴向力远远小于公式（9.3.5）所算出的数值。因此，柱在受地震作用或者风荷载作用时的轴向力采用考虑了刚性框架结构效应的 N 值计算法更为合理和切合实际。

1. 采用 N 值计算法的柱头、柱脚轴向力的计算方法

（1）平层、2 层、3 层独立住宅的顶层柱的轴向力

$$N_1 = \alpha Q_1 H_1 - W_1 \tag{A2-1}$$

（2）2 层住宅的 1 楼部分、3 层住宅的 2 楼部分的柱的轴向力

$$N_2 = \alpha Q_1 H_1 + \alpha Q_2 H_2 - W_2 \tag{A2-2}$$

（3）3 层住宅的 1 楼部分的柱的轴向力

$$N_3 = \alpha Q_1 H_1 + \alpha Q_2 H_2 + \alpha Q_3 H_3 - W_3 \tag{A2-3}$$

式中：N_1、N_2、N_3——从顶层开始计数的第 1、2、3 层部分的柱的轴向力（kN）；

α——无论柱头、柱脚，阳角柱设为 0.8、其他柱设为 0.5；

Q_1、Q_2、Q_3——从顶层开始计数的第 1、2、3 层部分的某柱两侧剪力墙的剪力差及与某柱连续的上一层柱两侧剪力墙的剪力差（kN/m）；

H_1、H_2、H_3——从顶层开始计数的第 1、2、3 层部分的层高（m）；

W_1、W_2、W_3——从顶层开始计数的第 1、2、3 层部分的某柱所受竖向荷载引起的压缩力。

2. 对 N 值计算法的说明

GB 50005 公式（9.3.5）是基于剪力墙是建在基础上的悬臂梁这一假定条件下，求算柱的轴向力的计算公式。根据该公式，层高 H、剪力为 f_a、f_b 的剪力墙之间柱的柱脚的轴向力可以采用下式计算（参见图 A2.1a）：

$$N = (f_a - f_b)H - W \tag{A2-4}$$

式中：W——作用于该柱的竖向荷载产生的压缩力。

当考虑了刚性框架结构效应并设定使力矩为 0 的高度（拐点高度）为 αH（参见图 A2.1b）时，式（A2-4）可以变换为：

$$N = \alpha(f_a - f_b)H - W \tag{A2-5}$$

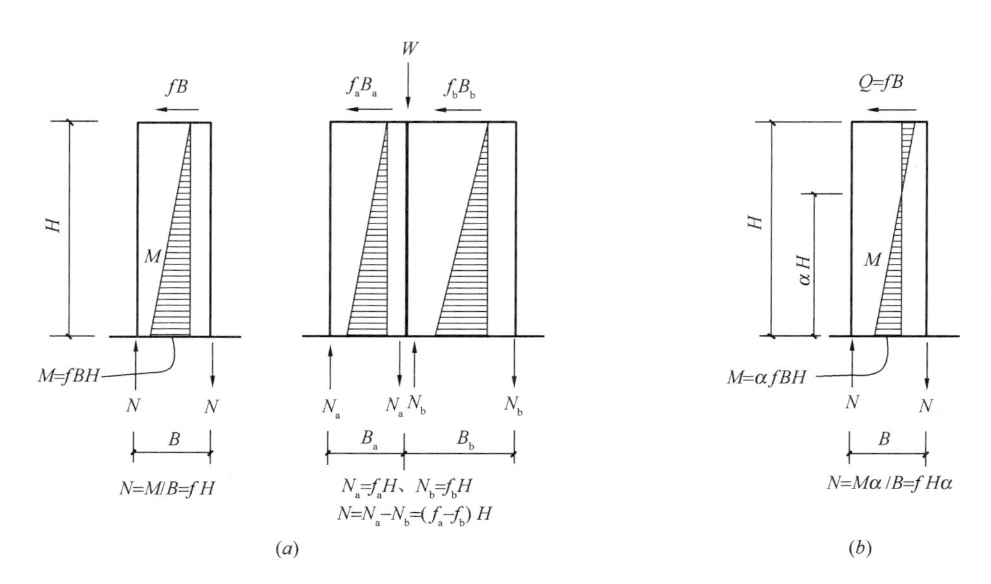

图 A2.1 剪力墙的柱头、柱脚轴向力示意

（a）假定剪力墙为建在基础上的悬臂梁；（b）假定剪力墙为刚性框架中的柱

式中：α——拐点高度比。阳角处的剪力墙由于刚好是刚性框架的端部，从安全角度考虑将刚性框架的拐点高度比定为较低的 0.8。依此，在计算柱头连接部的轴向力时 α 应该取值 0.2，否则相互矛盾，但从安全性考虑同样取值 0.8。竖向荷载引起的压缩力 W 按照实际情况计算。同一根柱，其柱头、柱脚的 W 值是不同的，理应采用不同的金属连接件，但为了简单化和从安全角度考虑，柱头连接处采用与柱脚连接处相同的金属连接件。

附录3　剪力墙的试验方法

1　试件

试件的规格是实物大小的存在物。标准试件的规格如下：

1.1　试件的规格（参见图 A3.1、图 A3.2）

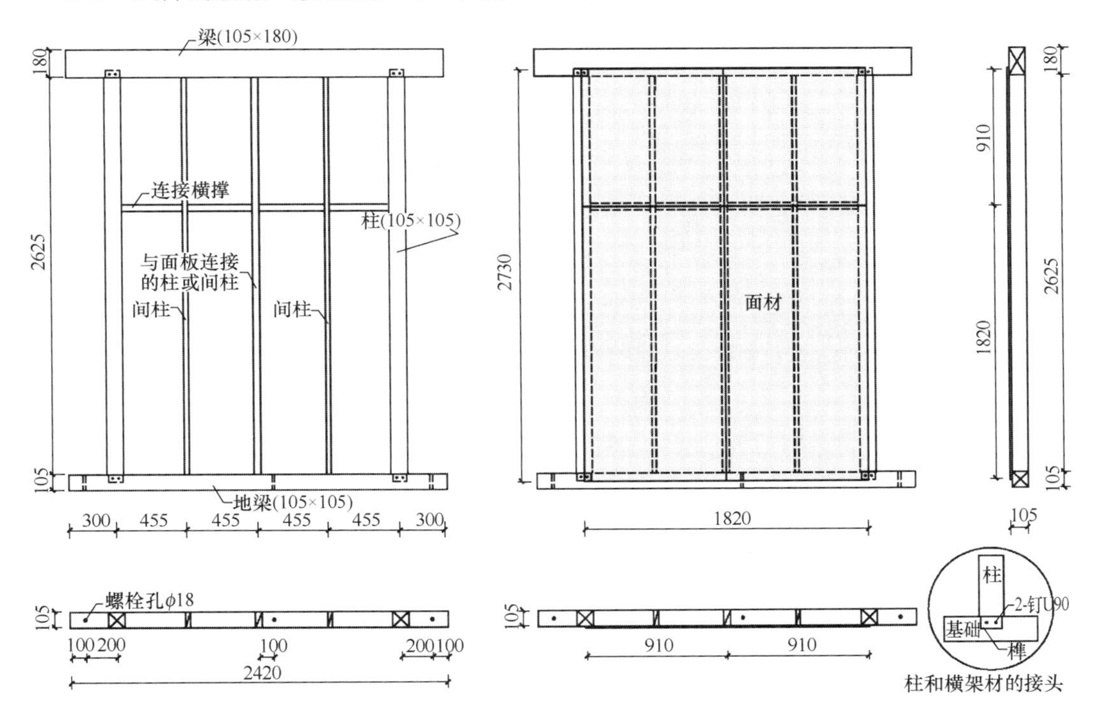

图 A3.1　木结构框架剪力墙试件示例（面材类型、拉杆式时）(mm)

(1) 框架尺寸：宽 910mm、1000mm、1820mm 或 2000mm 左右，高 2730mm 左右。

(2) 木材：

种类：日本柳杉制材（柱、地梁、间柱、横挡等）花旗松制材（量等）。

质量：柱、地梁等，结构用制材的 JAS2 乙种结构材 3 级左右；

　　　梁等，结构用制材的 JAS2 甲种结构材 3 级左右。

截面尺寸：柱、地梁等，标准是 105mm×105mm；

　　　　　梁，标准是 105mm×180mm。

干燥程度：标准是含水率在 20%以下。

(3) 节点：榫卯连接。

(4) 节点的构造方法：

拉杆式时，在榫卯处打入 2 根钉 N90。

载荷式或无载荷式时，节点构造方法的原则是不先行破坏柱头和柱脚。

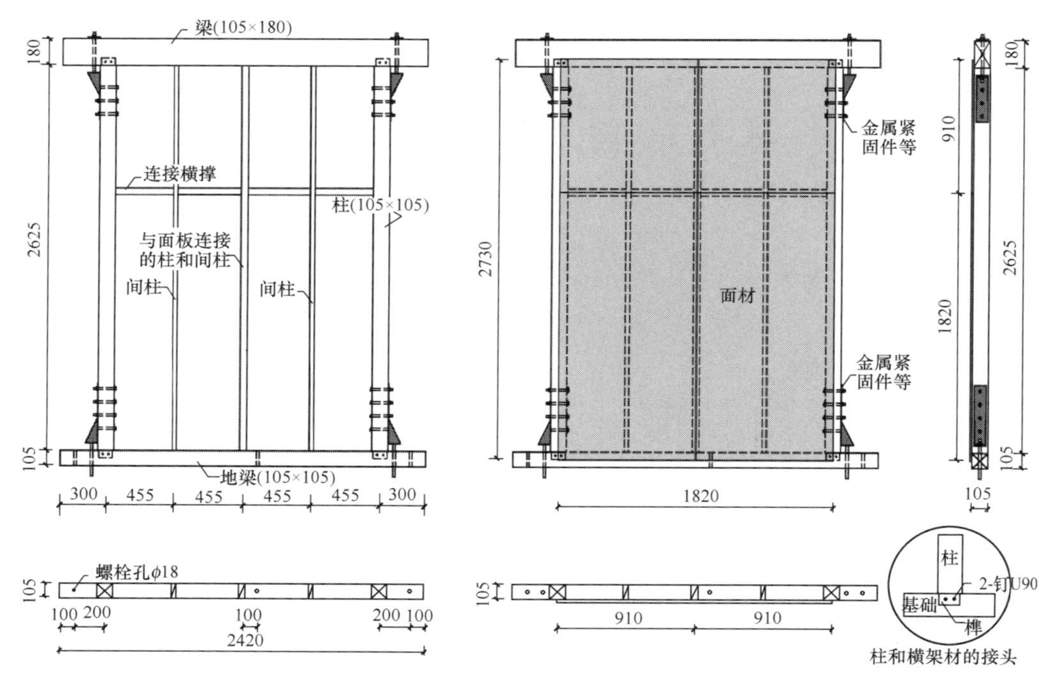

图 A3.2　木结构框架剪力墙试件示例（面材类型、无载荷时）(mm)

1.2　试件数量

试件数量应大于 3 个试件。

2　试验装置

2.1　拉杆式时（参见图 A3.3）

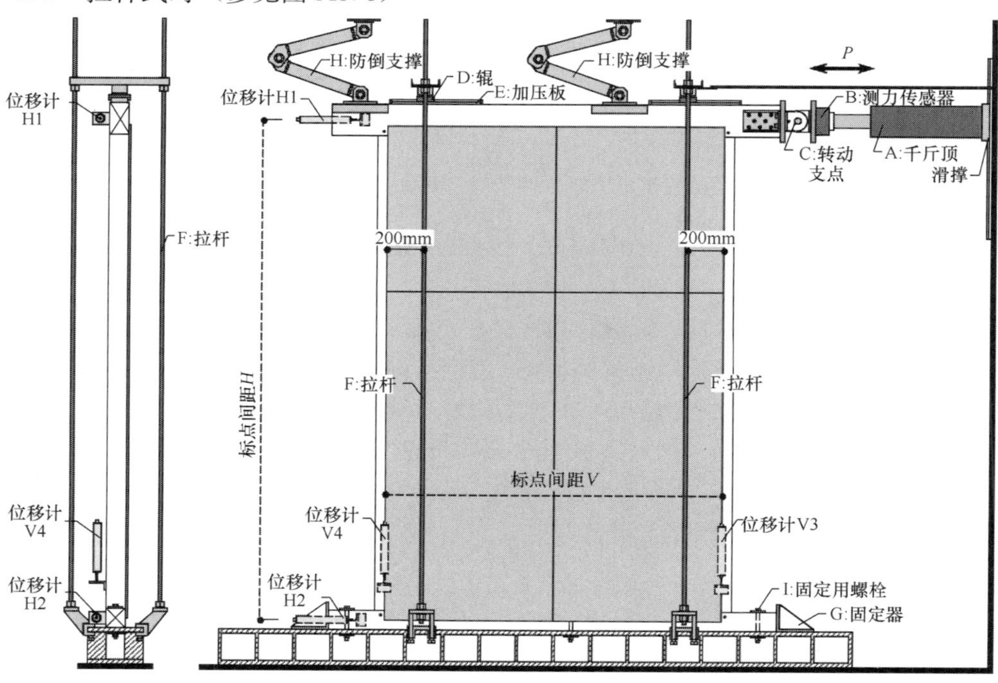

图 A3.3　拉杆式面内剪切试验装置示例

加载装置是可以适当施加重复载荷的装置。

A：液压千斤顶（可以正负轮流加载）

B：测力传感器（可以准确测量试件的载荷）

C：挂钩或铰接部（可以把力从液压千斤顶传到试件上）

D：辊（减轻加压板和试件之间的摩擦）

E：加压板（安装在拉杆上，限制试件的上浮）

F：拉杆（ϕ16～20mm 左右。不施加初始载荷）

G：防滑件或阻塞物（防止试件的水平移动）

H：防倒支撑（防止试件倾倒）

I：固定螺栓（m16 螺栓；试件使用 m16 螺栓和 9mm 厚、80mm 垫片，将地梁的 3 个地方固定在试验装置上）

2.2　载荷式或无载荷式时（参见图 A3.4）

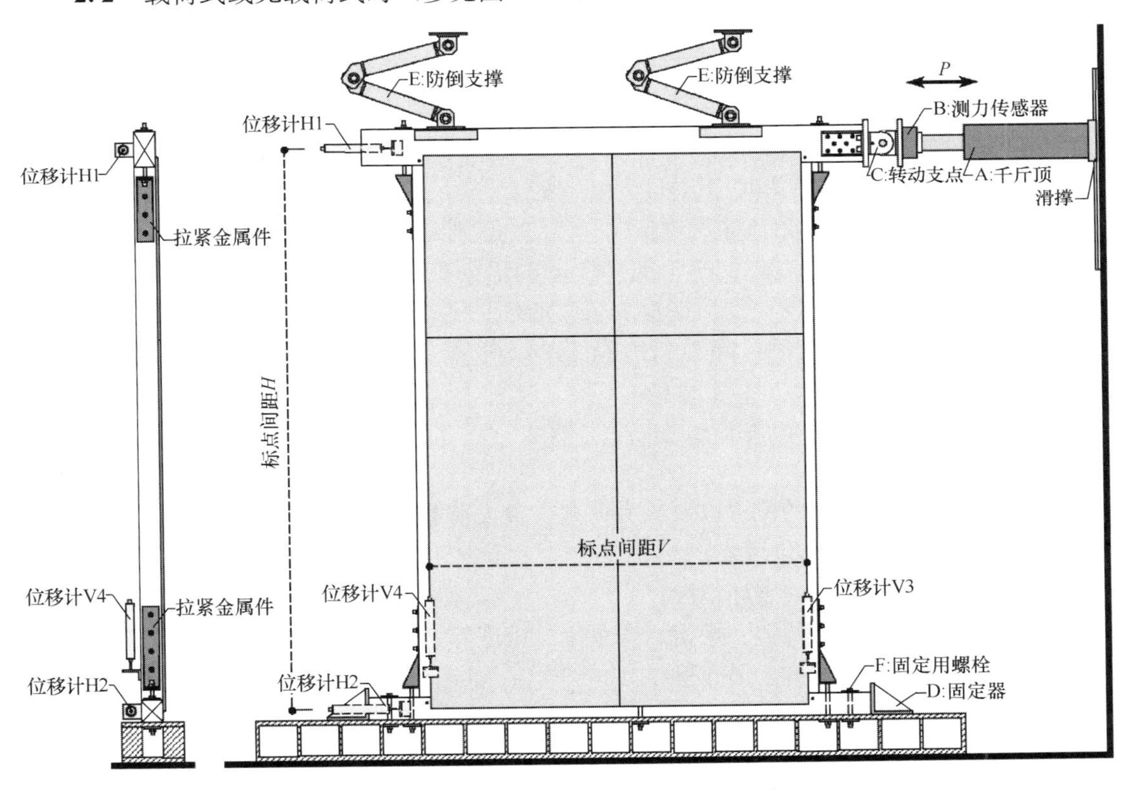

图 A3.4　无载荷式面内剪切试验装置示例

加载装置是可以适当施加重复载荷的装置。

A：液压千斤顶（可以正负轮流加载）

B：测力传感器（可以准确测量试件的载荷）

C：挂钩或铰接部（可以把力从液压千斤顶传到试件上）

D：防滑件或阻塞物（防止试件的水平移动）

E：防倒支撑（防止试件倾倒）

F：固定螺栓（m16 螺栓；试件使用 m16 螺栓和 9mm 厚、80mm 垫片，将地梁的 3 个地方固定在试验装置上）

2.3 位移测量装置

测量位移时，要用度盘式指示器或与之等同的电位移计等。

测量位置如图 A3.3、图 A3.4 所示。安装后可以用位移计 H1 测量梁的水平位移，用位移计 H2 测量地梁的水平位移，用位移计 V3、V4 测量柱脚的垂直位移。

测量各个位移计之间的标点间距（H、V）。

3 试验方法

应采用下列 3.1 或 3.2 的试验方法，斜撑类原则上应使用 3.2 的方法。

3.1 拉杆式时

（1）加载方法为正负轮流重复加载，重复的原则是要在实际剪切变形角为 1/600、1/450、1/300、1/200、1/150、1/100、1/75、1/50rad 的正负变形时进行。

（2）试验的原则是在同一变形层重复 3 次加载。

（3）加载至最大荷载后，降至最大荷载的 80%，或加载到试件变形角为 1/15rad 以上。

（4）测量拉杆的上浮约束力。

3.2 载荷式或无载荷式时

（1）加载方法为正负轮流重复加载，重复的原则是要在实际剪切变形角为 1/450、1/300、1/200、1/150、1/100、1/75、1/50rad 的正负变形时进行。

（2）试验的原则是在同一变形层重复 3 次加载。

（3）加载至最大荷载后，降至最大荷载的 80%，或加载到试件变形角为 1/15rad 以上。

（4）载荷式的载重为 2000N/m 左右。

4 测量项目

（1）荷载、各测量点的位移以及最大荷载、最大荷载时的位移；

（2）荷载-变形曲线或包络线；

（3）试验中试件产生的破坏情况；

（4）面材以及木材的种类、规格、含水率、密度等；

（5）钉等连接件的规格、尺寸等。

5 评价方法

5.1 剪切变形角的计算

按照下式求出面内剪切试验中外表的剪切变形角（γ）、底部剪切变形角（θ）、真正的剪切变形角（γ_0）。

外表剪切变形角 $\gamma=(\delta_1-\delta_2)/H(\text{rad})$ （A3-1）

底部剪切变形角（旋转角） $\theta=(\delta_3-\delta_4)/V(\text{rad})$ （A3-2）

真正剪切变形角 $\gamma_0=\gamma-\theta\ (\text{rad})$ （A3-3）

式中：δ_1——梁的水平位移（mm）（位移计 H1）；

δ_2——地梁的水平位移（mm）（位移计 H2）；

H——位移计 H1 和 H2 之间的标点间距（mm）；

δ_3——柱脚处的垂直位移（mm）（位移计 V3）；

δ_4——柱脚处的垂直位移（mm）（位移计 V4）；

V——位移计 V3 和 V4 之间的标点间距（mm）。

5.2　短期基准抗剪力的计算

短期基准抗剪力 P_0 中以下（a）～（d）项应力（注：所有试件中，按照下列顺序求得的屈服位移 δ_y 比实际剪切变形角 1/300rad 小，且在实际剪切变形角 1/300rad 时没有显著损伤的情况下，以下（d）项应力在试验方法中依然是实际剪切变形角 1/300rad 时的应力，此时为以下（b）～（d）项应力），分别是 3 个试件以上的试验结果平均值乘以变异系数得出的最小数值。另外，变异系数将总样本的分布视为正规分布，并根据统计处理的 75％置信水平的 50％下临界值按照下式求得：

$$\text{变异系数} = 1 - C_V \cdot k \tag{A3-4}$$

式中：C_V——变动系数；

k——由试件数决定的常数（$n=3$ 时，为 0.471）。

（a）屈服应力 P_y

（b）最终应力 P_u 乘以 $0.2 \cdot \sqrt{(2\mu-1)}$

（c）最大荷载 P_{max} 的 2/3

（d）特定变形时的应力（拉杆式时：实际剪切变形角 1/150rad；载荷式或无载荷式时：表面剪切变形角 1/120rad）

上述屈服应力 P_y、最终应力 P_u 等要从荷载-剪切变形曲线最终加载一侧的包络线中，通过如下顺序求得（参照图 A3.5）。

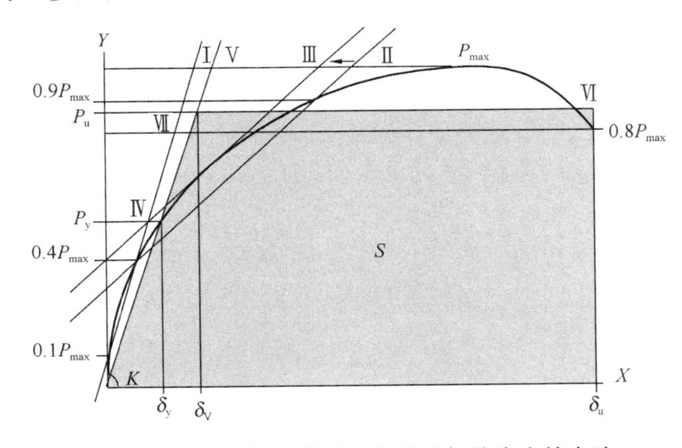

图 A3.5　求最终加载侧包络线引起的应力的方法

· 包络线上画上连接 $0.1P_{max}$ 和 $0.4P_{max}$ 的第Ⅰ直线。

· 包络线上画上连接 $0.4P_{max}$ 和 $0.9P_{max}$ 的第Ⅱ直线。

· 平行移动第Ⅱ直线连接到包络线上，并把它作为第Ⅲ直线。

· 把第Ⅰ直线和第Ⅲ直线交点的荷载作为屈服应力 P_y，并从这一点画平行于 X 轴的第Ⅳ直线。

· 把第Ⅳ直线和包络线的交点位移作为屈服位移 δ_y。

· 把连接原点和（δ_y、P_y）的直线作为第Ⅴ直线，并把它定为初期刚度 K。

· 把最大荷载后的 0.8P_{max}荷载降低区域包络线上的位移或 1/15rad 中较小的位移定为最终位移 δ_u。

· 把使用包络线和 X 轴以及 $X=\delta_u$ 包围的面积作为 S。

· 画平行于 X 轴的第Ⅵ直线，使其与第Ⅴ直线和 $X=\delta_u$ 包围的梯形面积等同于 S。

· 把第Ⅴ直线和第Ⅵ直线交点的荷载定为完全弹塑性模型的最终应力 P_u，把此时的位移作为完全弹塑性模型的屈服点位移 δ_v。

· 把（δ_u/δ_v）作为延展率 μ。

· 当变形角超过 1/15rad 却没有达到最大荷载时，把 1/15rad 时的荷载作为最大荷载 P_{max}。

附录 4　剪力墙的评价方法

1. 荷载-变形关系

通过结构试验或结构分析求取剪力墙、地板、屋顶的荷载-变形关系。

2. 基准抗剪力 P_o

以下（a）～（d）项最小值（kN/m），作为剪力墙、地板和屋顶的基准抗剪力（参见图 A4.1）。

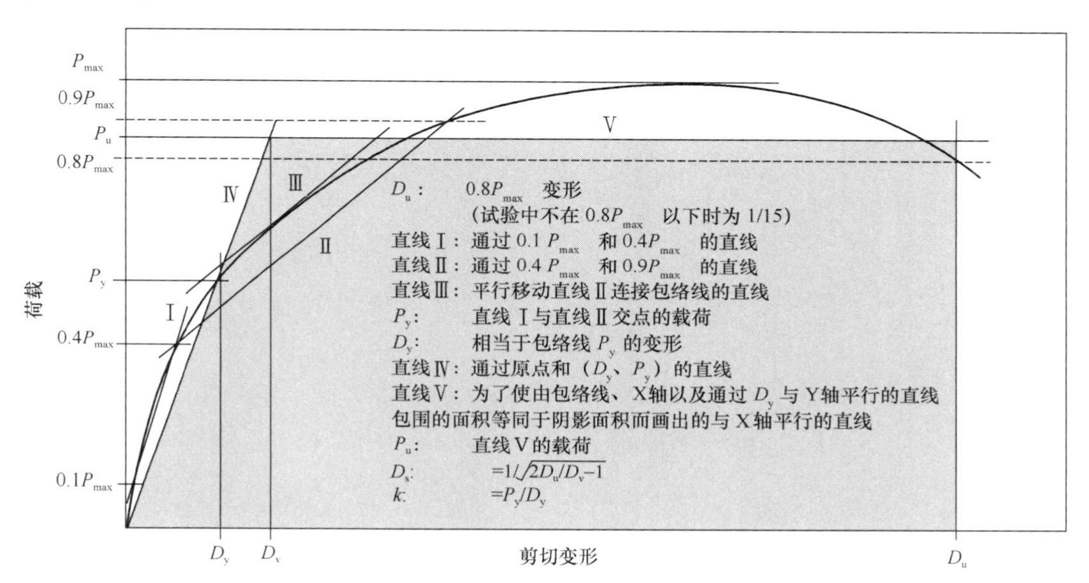

图 A4.1　试验特征值的求取方法

（a）剪切变形为 1/150rad 时的应力；柱脚固定式剪力墙的剪切试验时，外表的剪切变形 γ_a 为 1/120rad 时的应力

（b）最大应力 P_{max}乘以 2/3 的值

（c）屈服应力 P_y

（d）最终应力 P_u乘以（0.2/D_s）的值

在试验中，以上数值是考虑到试验结果变异的置信水平 75％的 50％下临界值；在结构分析中，以上数值是考虑到材料和节点的强度值下限质量的下临界值。

3. 容许抗剪力 P_a

容许抗剪力 P_a是由基准抗剪力 P_o乘以以下衰减系数（α_1～α_4）来决定的：

容许抗剪力　　$P_a = (\alpha_1 \text{ 和 } \alpha_2 \text{ 的最小值}) \times (\alpha_3 \text{ 或 } \alpha_4) \times P_o$　　（A4-1）

式中：α_1——长期使用时与强度劣化有关的衰减系数；

α_2——建设时漏雨情况下的强度衰减系数；

α_3——与钉损、施工精度有关的强度衰减系数；

α_4——由无黏度引起的要进行工学判断的强度衰减系数。

4. 剪切模量 K

剪切模量 K 由下式求出：

剪切模量 $K=P_y/D_y$

附录5　木框架剪力墙结构节点的试验方法和评价方法

1. 适用范围

节点试验分为以下四类：

（1）通过直接对节点加载求得节点的刚度及承载力的强度试验。

（2）为了通过计算求得节点的刚度及承载力而进行的主要材料等的承压强度试验。

（3）为了通过计算求得节点的刚度及承载力而进行的连接件强度试验。

（4）为了求得含水率及持荷时间等对节点的刚度及承载力的影响相关的各调整系数而对节点进行的试验。

本规格只对上述四种试验中与（1）类相关的标准试验方法和评价方法加以规定。

2. 术语的定义

2.1　节点

两个以上构件连接部分的总称。

2.2　榫卯

由两个以上构件成直角或以一定角度连接起来的部分。

2.3　接头

两个构件在其轴心方向上相连接的部分。

2.4　柱头柱脚节点

指柱头节点和柱脚节点。

2.5　横架材节点

指柱梁节点和梁梁节点。

2.6　柱脚节点

指柱与地梁的接头、柱与基础的接头。

柱与地梁端部连接时称为“边柱型”；柱与地梁的中心部相连接时称为“中柱型”。此外，柱与基础直接相连接时称为“锚固型”。

2.7　柱头节点

横架材贯通方式（抬梁式）的梁与柱的接头。

2.8　柱梁节点

竖向材贯通方式（越层柱式）的梁与柱的接头。

2.9　梁梁节点

梁与梁之间相连接的榫卯及接头。

3. 试验的种类

3.1　柱头柱脚节点抗拉试验

3.2　柱头柱脚节点抗剪试验

3.3　横架材端部节点材轴方向抗拉试验

3.4　横架材端部节点厚度方向顺纹抗剪试验

3.5 横架材端部节点厚度方向逆纹抗剪试验

3.6 横架材端部节点材宽方向抗剪试验

4. 试验条件

4.1 试验材料应符合以下规定：

1 木材品质应低于实际使用的木材强度等级。当试验材料为适合强度等级 TC11B 的木材时，该试验结果适用于所有大于强度等级 TC11B 的树种。

2 木材含水率小于 18%。

3 木材密度以 0.32～0.58t/m^3（含水率 15%时）为标准，原则上以采用实际使用树种中密度最低的树种作为试验材料。

4.2 试件所使用的材料尺寸原则上应与建筑物实际使用材料的尺寸和形状相同。试件长度应以不影响试验结果为原则确定。

4.3 同一尺寸和形状的试件的数量原则上为预备试验用 1 个和正式试验用 6 个。但在以各部分的尺寸、材料的品质为参数进行的系列试验中，同一条件的试件数量可以少于 6 个。

4.4 以放置在温度为 20±3℃、湿度为 65%±5%的恒温恒湿条件下的试件为标准试件。但如果试验具有特殊目的，例如对用于特殊环境的节点进行试验，或试验场所受条件限制时，可不满足上述条件，但应记录实际的调湿等试验条件。

4.5 试验的实施机构及实施场所不限于国内或国外。国外实施机构出具的试验报告应翻译成英文或中文。

5. 试验方法

5.1 试件的设置方法应符合以下规定：

（1）柱头柱脚节点的抗拉试验，按照图 A5.1 所示的方法设置试件。

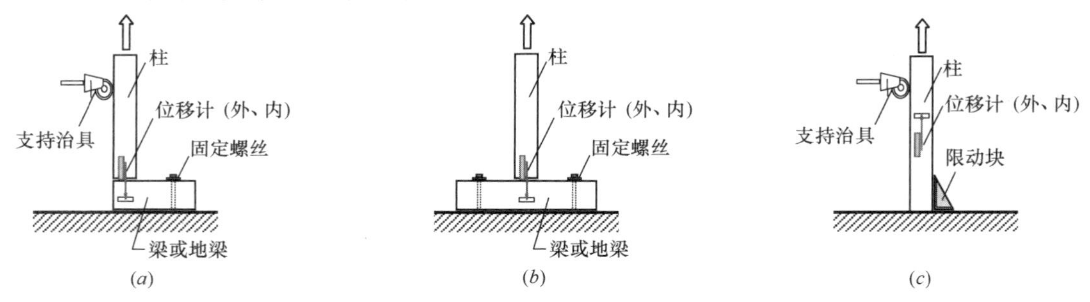

图 A5.1 柱头柱脚节点抗拉试验的试件设置方法示例

（a）边柱型；（b）中柱型；（c）锚固型

（2）柱头柱脚节点的抗剪试验，按照图 A5.2 所示的方法设置试件。

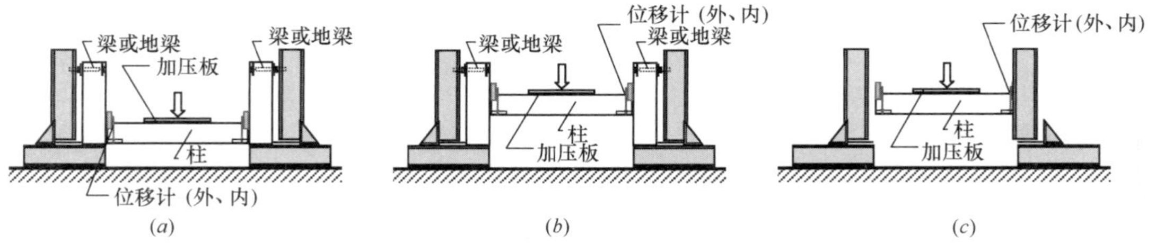

图 A5.2 柱头柱脚节点抗剪试验的试件设置方法示例

（a）边柱型；（b）中柱型；（c）锚固型

（3）横架材端部节点的材轴方向抗拉试验，按照图 A5.3 所示的方法设置试件。

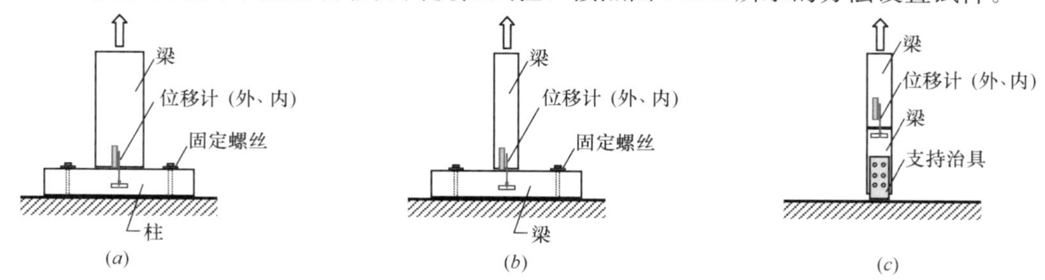

图 A5.3　横架材端部节点材轴方向抗拉试验的试件设置方法示例

（*a*）柱梁连接型；（*b*）梁梁连接型；（*c*）梁梁接头型

（4）横架材端部节点的厚度方向顺纹抗剪试验，按照图 A5.4 所示的方法设置试件。

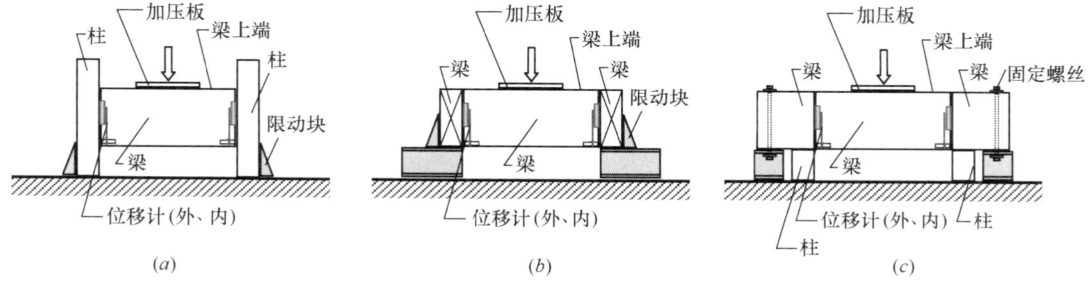

图 A5.4　横架材端部节点厚度方向顺纹抗剪试验的试件设置方法示例

（*a*）柱梁连接型；（*b*）梁梁连接型；（*c*）梁梁接头型

（5）横架材端部节点的厚度方向逆纹抗剪试验，按照图 A5.5 所示的方法设置试件。

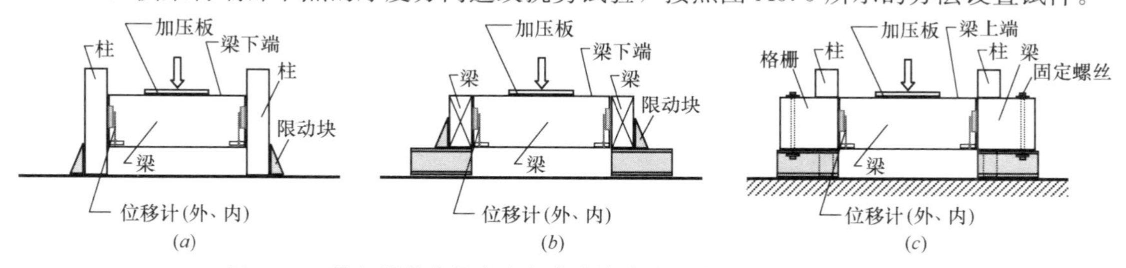

图 A5.5　横架材节点厚度方向逆纹抗剪试验的试件设置方法示例

（*a*）柱梁连接型；（*b*）梁梁连接型；（*c*）梁梁接头型

（6）横架材端部节点的材宽方向抗剪试验，按照图 A 5.6 所示的方法设置试件。

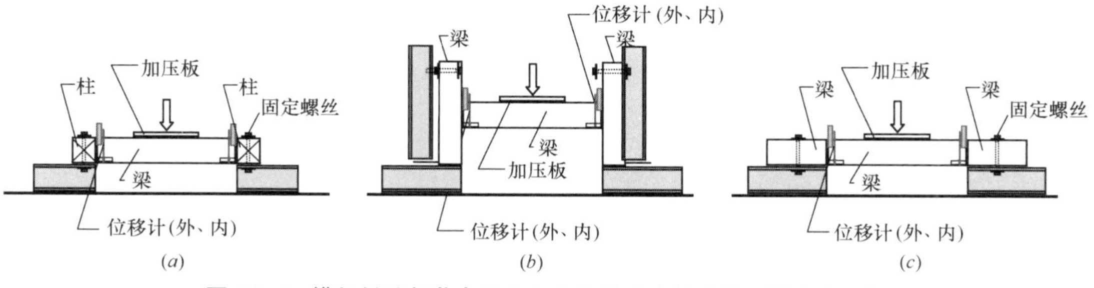

图 A5.6　横架材端部节点材宽方向抗剪试验的试件设置方法示例

（*a*）柱梁连接型；（*b*）梁梁连接型；（*c*）梁梁接头型

5.2 满足以下规定的节点试验加载方法为标准加载方法：

（1）预备试验进行单调加载，正式试验中进行单侧重复加载。

（2）在正式试验中，按照单调加载试验中所得的屈服位移的1/2、1、4、6、8、12、16倍的顺序重复加载。当未得到屈服位移时，按照最大荷载时位移的1/10、2/10、3/10、4/10、5/10、6/10、7/10、1倍的顺序重复加载。

（3）当加载超过最大荷载后，加载一直持续至荷载降至最大荷载的80%时，或节点遭受破坏时。

（4）在单调加载中，到达最大荷载的时间以5～10min为标准。此外，重复加载的加速度最好固定在每秒0.1～10mm的合理数值范围内。

5.3 位移测定应符合以下规定：

（1）使用位移计测定构件间的相对位移和绝对位移中的任意一项或两项均测定。

（2）当在试样前后两处设置位移计时，应取所测定位移的平均值作为该部分的位移。

6. 评价方法

6.1 结构特征值应符合以下规定（图A5.7）

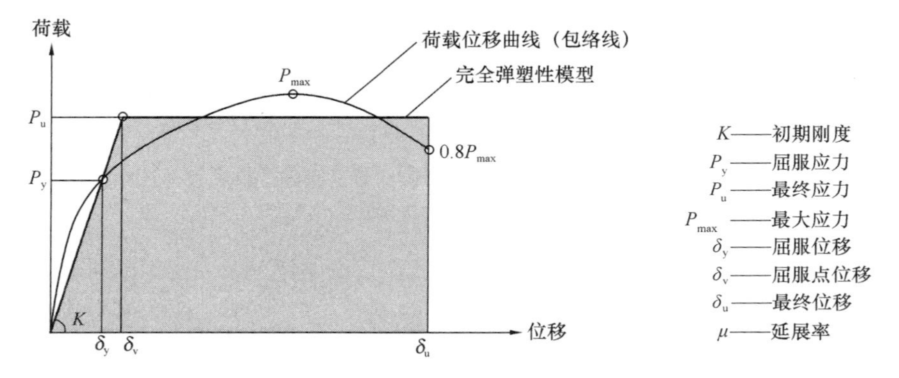

图A5.7 结构特征值的评价方法

（1）节点的包络线根据最终被破坏的节点的荷载-位移曲线制作而成。制作时，将最初开始时的测试点至顶点间的测试点相连，然后将各重复加载的顶点及各测试点依次连接，最后将最大荷载之后的所有测试点连接起来。

（2）屈服应力P_y为$0.1P_{max}$和$0.4P_{max}$连接的直线与$0.4P_{max}$与$0.9P_{max}$相连接直线斜面与荷载-位移曲线（包络线）相接的直线的交点处的荷载值。P_{max}为最大应力。

（3）屈服位移δ_y为节点最初达到屈服应力P_y时的位移。

（4）最大应力P_{max}为到达最终位移δ_u时的最大荷载值。

（5）最终位移δ_u为节点被破坏时的位移、最大荷载后到达$0.8P_{max}$时的位移、特定位移三者中的最小值。标准特定位移值为30mm。

（6）初期刚度K为原点与屈服点之间连线的倾斜。对于经常承受单方向力的节点进行评价时可不考虑初期蠕变。

（7）最终应力P_u为到达最终位移δ_u时所吸收的动能与荷载-位移曲线等价置换后的理想弹塑性模型的屈服应力值。

（8）屈服点位移δ_v为到达最终应力P_u时理想弹塑性模型的位移。

（9）延展率 μ 为最终位移 δ_u 除以屈服点位移 δ_v 所得的值（δ_u/δ_v）。

6.2 设计强度和设计刚度按照以下规定计算：

（1）设计强度为屈服应力 P_y 或最大应力 P_{max} 的 2/3 平均值与各自的变异系数的乘积中的最小值。

（2）前项中的变异系数将总样本的分布视为正规分布，并根据统计处理的 75%置信水平的 95%下临界值按公式（A5-1）求得：

$$C_{TL} = 1 - C_V \cdot k \tag{A5-1}$$

式中：C_{TL}——衰减系数；

C_V——变动系数；

k——求得置信水平 75%的 95%下临界值的系数，根据表 A5.1 求值。

（3）设计刚度适用初期刚度的置信水平为 75%的 50%下临界值。用于计算置信水平为 75%的 50%下临界值所使用的系数 k 应按表 A5.1 的规定取值。

k 值 **表 A5.1**

试样数量 n	3	4	5	6	7	8	9	10	11	12
求算置信水平 75%的 95%下临界值所使用的系数 k 的值	3.152	2.681	2.464	2.336	2.251	2.189	2.142	2.104	2.074	2.048
求算置信水平 75%的 50%下临界值所使用的系数 k 的值	0.471	0.383	0.331	0.297	0.271	0.251	0.235	0.222	0.211	0.203

6.3 其他设计特征值应根据需要对试验结果进行统计处理后得出。

附录6　木结构防火构造的性能试验方法和评价方法

防火构造的性能评价方法主要参考日本指定的性能评价机关“日本综合实验中心（日综试）”的《工作方法书》。

1. 耐火结构的耐火性能试验方法

根据日本法规（耐火结构）规定的与认定相关的性能评价试验应按照下列试验方法进行：

1.1　总则

（1）耐火性能试验应根据第1.2条的规定制作试件，配置第1.3条中规定的试验装置，满足第1.4条规定的试验条件，按第1.5条规定的方法进行测试，并在其测试值满足第1.6条中规定的判定标准的情况下，确定该试件为合格。

（2）耐火性能试验要在同时受到火焰加热的曝火面进行。但是，在进行墙体和楼板表面试验时，性能评价机构可以根据另行实施的耐火性能试验结果为依据，确认该曝火面与其他表面具有相同的耐火性能和认可的情况时，可以不再进行该曝火面的试验。

1.2　试件

（1）试件的材料及构成原则上应与实际结构相同。当实际结构有多种规格时，要根据下列要求进行确定：

1）在对耐火覆盖材料表面实施的凹槽加工等造成的截面缺损有多种规格时，将缺损部分的体积合计为最大的规格作为试验用的试件。

2）在耐火覆盖材料表面装饰层的组成和构成中，具有多种规格时，将有机化合物（以下称“有机质”）合计质量为最多的规格作为试验用的试件。

（2）试件材料的尺寸、组成和密度应在管理范围内。

（3）试件的个数通常情况应按照第1.3条（2）款的规定确定，每个试件曝火面应为2个面。但是，对于试件截面的覆面材料为两面对称的墙体和楼板，可仅对单面进行试验。

（4）通常情况下，试件的形状、大小应与实际结构相同。当难以对与实际尺寸相同的结构试件进行试验的情况下，在不改变试件材料、结构、耐火覆盖层的固定间距、间柱及横撑的间距，不增大试件的耐火性能的条件下，可以改变其形状和大小，并应符合下列各项要求：

1）墙体形状为矩形，宽度大于3000mm的，高度大于3000mm的，厚度与实际结构相同。

2）楼板形状为矩形，根据曝火面分为下列两种情况的：

① 曝火面在板下时，长边的长度大于4000mm，短边的长度大于3000mm（仅以短边支撑试件的情况下，短边的长度大于2000mm），厚度与实际结构相同。

② 曝火面在板上时，长边的长度大于2000mm，短边的长度大于1800mm，厚度与实际结构相同。

3）屋面板形状为矩形，长边的长度大于4000mm的，短边的长度大于3000mm的（仅以短边支撑试件的情况下，短边的长度大于2000mm），厚度与实际结构相同。

4）柱截面形状、大小应与实际结构相同，长度大于3000mm的，用于钢结构柱的试件的型钢标准为H-300×300×10×15（mm）。设有抗震材料或减震装置（以下简称"减震材料"）的柱的试件可不按上述尺寸制作，应按减震材料实际连接的情况，在连接点的两端各取200mm长的柱构件进行试件制作。减震材料应符合日本抗震建筑物结构方法相关的安全技术标准文件"平成12年建设部告示第2009号"第1条第1款第1项的规定。

5）梁截面形状、大小与实际结构相同，长度大于4000mm的，用于钢结构的梁试件型钢标准为H－400×200×8×13（mm）。

6）对于楼梯，踏步板与支撑踏板的楼梯梁的截面形状、大小与实际结构相同，宽度大于1200mm的，踏步板段数大于5层的。

（5）试件的耐火覆盖层的固定间隔应采用实际施工中最大的间距。

（6）在建筑物施工时，出现裂缝或其他防火上的弱点的情况下，要将这些弱点设置在试件的中央部位。耐火覆盖层的设置需要在有效的曝火面内尽可能多地包括各种弱点部分。此外，表面使用瓷砖等粘贴工法的试件的拼接缝应为纵横连续直线的直缝砌缝。

（7）在不确定用于耐火覆盖层拼接缝处的密封材料时，应采用日本"JIS A 5758"中规定的丙烯酸类或聚氨酯系的密封材。

（8）当采用玻璃棉或矿棉作为隔热材料时，试件应采用玻璃棉。

（9）在屋顶面层采用有多种规格的茅草材料时，应选用重量最重的茅草材料用于试件。

（10）折板屋顶的折板截面尺寸有多种规格时，应选用矢高最小且波宽最大的折板规格用于试件。

（11）用于屋顶防水的材料通常应采用有机质量最大的用于试件。

（12）试件应在气干状态下进行干燥。气干状态下组成材料的木材含水率不大于15%；对于含石膏等结晶水的材料，40℃温度下干燥至恒量所得的含水率的值不大于2%；其他材料的含水率为不大于5%的状态。但是，在室内含水率大致处于一定平衡状态的情况下，其含水率的值不受此限制。

1.3　试验装置

（1）加热炉应按第1.4条规定的温度及时间性变化要求，将温度基本均匀地分配到曝火面。

（2）加热炉应具有给墙体试件的单面、楼板试件的上面或下面、屋面试件的下面、除了梁试件的上面外的其他3面（当梁为4面曝火时应为试件的4面），以及柱和楼梯在火灾中同时受到加热的试件的所有表面进行加热的构造。

（3）测定炉内温度的热电偶（以下称"炉内热电偶"）的热接点应在距离试件100mm的位置上进行设置，每个试件的热接点数量应为：墙体试验面应不少于9个点，楼板试验面应不少于8个点，屋顶试验面应不少于6个点，柱试件（含减震材料的柱除外）应不少于12个点，梁试件应不少于8个点，楼梯试件应不少于4个点，含减震材料的柱试件应不少于8个点。试件试验面上应均匀配置炉内热电偶的热接点。

(4) 具有符合第1.4条第(2)、第(3)款规定的荷载重复加载装置。

(5) 加热炉应具备测定炉内压力的装置。

1.4 试验条件

(1) 炉内热电偶测定的温度(以下称“加热温度”)在试验经过的时间内的容许误差应符合下列公式给出的数值:

$$T = 345\log10(8t + 1) + 20 \tag{A6-1}$$

$$d_e = 100(A - A_s)/A_s \tag{A6-2}$$

式中:T——平均炉内温度(℃);

t——试验经过的时间(分钟);

d_e——加热温度的容许误差;按表A6.1确定;

A——炉内实际平均温度时间曲线下的面积;

A_s——标准时间温度曲线下的面积。

加热温度的容许误差 **表A6.1**

序号	加热时间(s)	容许误差 d_e	温度时间曲线的面积计算
1	$5<t\leqslant10$	$d_e\leqslant15\%$	按1min以内的间隔计算面积
2	$10<t\leqslant30$	$d_e=[15-0.5(t-10)](\%)$	按5min以内的间隔合计计算面积
3	$30<t\leqslant60$	$d_e=[5-0.083(t-30)](\%)$	
4	$60\leqslant t$	$d_e=2.5\%$	

注:当试件含有大量可燃材料时,将产生突然着火的情况增加了平均炉内温度,这种情况下没有温度误差限制。

(2) 在承受长期竖向荷载的结构中,试验时通常是在承重结构的主要构件的截面上边加载边进行试验,加载大小为与其长期容许应力相近的值。对于指定房间用途的楼面,其楼面板应按照日本法规的规定确定楼板加载的荷载值。

(3) 屋面板不作为屋面平台使用时,屋面板试件应按每块不大于1m^{2}的面积进行分区。在各个分区的中央部位和楼梯踏步板的中央部位,使用65kg的荷载边加载边进行试验。对于明显没有人群荷载的位置,如以采光为目的的天窗,其玻璃部分不必进行加载试验。

(4) 在承受长期竖向荷载的结构中,主要承重构件采用钢材以及设有减震材料的耐火结构,可以进行不负荷加热试验。

(5) 当楼面板和屋面板的实际支承点的间距已大于试验可能的最大支点间距离时,应按实际的支承点间距离所承受的具体荷载值加载于试件上,并进行试验。

(6) 楼面板和屋面板为连续板形式时,应按照实际结构形式和荷载条件进行试验。

(7) 试验时,按照法令规定的“火灾加热增加时间”(以下称“耐火极限”)的要求,进行相同时间的加热后,保持不加热的状态,放置于耐火极限的3倍时间,并在此期间继续进行下述第1.5条的测定。当构造上主要组成材料采用准不燃材料时,按照耐火极限1.2倍的时间进行加热,并在此期间继续进行下述第1.5条的测定。

(8) 试验面的压力按照下列要求进行确定:

1) 加热炉内的高度方向的压力梯度为每1000mm平均8Pa;

2) 试验开始至5min时间内,试验面压力的误差为±5Pa;试验开始至10min时间内,试验面压力的误差调整为±3Pa；

3）竖向构件的试验面压力是在试件下端起500mm的高度位置处假设梯度为0，但在试件的上端需调整成不超过20Pa的中性轴高度；

4）横架梁的试验面压力是在距试件下表面100mm的位置处20Pa的正压力。当对楼面板上表面进行加热试验时，不受此限制。

1.5 测定

（1）应每隔1min进行温度、压缩量以及挠度值的测定。

（2）对于承受长期竖向荷载的结构，边加载边进行试验的情况下，应测定墙体和柱试件的轴向压缩量和轴向压缩速度。此外，应测定楼面板、屋面板、梁和楼梯试件的挠度值以及变形速度。

（3）对于承受长期竖向荷载的结构不进行加载试验的情况下，主要承重构件使用钢结构时，在钢材表面应均匀配置热电偶，进行钢材温度的测定。测定钢材温度的热电偶热接点的数量应为：在墙体、楼面板和屋面板上不少于5个点，柱（含减震材料的柱除外）和梁上不少于15个点。对于包括减震材料的柱，除减震材料外的柱被认为是另外的耐火结构时，应在减震材料的表面均匀配置热电偶，测定表面温度。热电偶热接点的数量应不少于12个点。

（4）墙体与楼面板背面温度的测定按照下列要求进行：

1）背面温度的测定可采用固定热电偶和可移动热电偶进行测定；

2）在非加热面均匀配置不少于5点的固定热电偶热接点；

3）采用固定热电偶的情况下，应每隔1min测定一次背面温度。采用可移动热电偶时，应通过判断，在背面出现高温的位置直接测定该处的背面温度；

（5）目测观察非加热面是否出现火焰和火焰穿透的裂纹。火焰穿透的裂纹是指火焰通过这些裂纹出现在非加热面，或者通过这些裂纹能够看到加热炉内部（下同）；

（6）在轻质混凝土板（ALC板）、PC板（聚碳酸酯塑料板）等其他成型板中，对于采用的钢筋网的钢筋直径大于3mm的，应进行温度的测定。

1.6 判定

对于加热耐火试验的结果符合下列标准的试件，应判定为合格试件。

（1）对于承受长期竖向荷载的结构，在进行加荷试验的情况下（加热条件为：试验开始后加热的时间与耐火极限相同，并经过3倍耐火极限的时间放置或试验开始后经过1.2倍耐火极限时间的加热。但在加热时间超过1h，加热结束3h后，所有的组成材料的温度都明确表示为最大值，并且试件变形稳定的情况下，此时，试验可视为经过了3倍耐火极限的时间，试验可结束。下同），能在整个试验期间至结束后符合下列规定的试件。

1）墙体和柱试件的最大轴向压缩量与最大轴向压缩速度为以下数值：

① 最大轴向压缩量（mm）：$h/100$，h为试件的初始高度（mm）；

② 最大轴向压缩速度（mm/min）：$3h/1000$，h为试件的初始高度（mm）。

2）楼面板、屋面板和梁的最大挠度值与最大变形速度应小于下列各数值，但在挠度值大于$L/30$之前，不适用最大变形速度。

① 最大挠度值（mm）：$L \cdot 2/400d$；其中L为试件支点间距（mm），d为试件截面的受压边至受拉边的距离（mm）；

② 最大变形速度（mm/min）：$L \cdot 2/9000d$。

3）楼梯踏步板的最大挠度值不应大于踏步板的支撑长度的 1/30。

（2）对于承受长期竖向荷载的结构，在进行不加载试验时测定钢材温度的情况下，钢材温度的最高值或平均值应按照建筑物的部位和结构种类，在整个试验结束前不应超过表 A6.2的规定。

此外，测定减震材料表面温度时，表面温度的最高值在整个试验结束前不应大于性能担保温度。性能担保温度指根据单独实施的 JIS K 6254 或同等受压强度试验所获得的不引起性能降低的明确温度。

构件的最高温度值 **表 A6.2**

结构种类	温度分类	建筑物的部位	
		柱、梁（℃）	楼面板、屋面板、墙体（除非承重墙外）（℃）
钢筋混凝土结构 钢筋混凝土预制板等	最高温度	500	550
预应力混凝土结构	最高温度	400	450
钢结构 薄板轻质结构 钢管混凝土结构（仅限柱的评价）	最高温度	450	500
	平均温度	350	400

（3）墙体（由室内加热外墙的情况除外）或楼面板实施 1h 加热后（非承重的外墙中可蔓延部分以外的其他部分实施加热为 30min），直至试验结束，试件曝火面的背面温度上升的平均值不大于 140K，最高温度值不大于 180K。

（4）结构上主要构成材料为准不燃材料的墙体（由室内加热外墙的情况除外）或楼面板实施 72min 加热后（非承重的外墙中可蔓延部分以外的其他部分实施加热为 36min），在此期间，试件曝火面的背面温度上升的平均值不大于 140K，最高温度值不大于 180K。

（5）墙体和楼面板实施 1h 加热后（非承重的外墙中可蔓延部分以外的其他部分实施加热为 30min），直至试验结束，应满足下列标准：

1）不应向非加热侧持续喷出大于 10s 的火焰；

2）不应在非加热面持续产生大于 10s 的烟雾；

3）不应出现火焰穿透的裂缝等损伤。

（6）结构上主要构成材料均为准不燃材料的墙体和楼面板实施 72min 加热后（非承重的外墙中可蔓延部分以外的其他部分实施加热为 36min），在此期间，应满足下列标准：

1）不应向非加热侧持续喷出大于 10s 的火焰；

2）不应在非加热面持续产生大于 10s 的烟雾；

3）不应出现火焰穿透的裂缝等损伤。

（7）屋面板实施 30min 加热后，直至试验结束，应满足下列标准：

1）不应向非加热侧持续喷出大于 10s 的火焰；

2）不应在非加热面持续产生大于 10s 的烟雾；

3）不应出现火焰穿透的裂缝等损伤。

(8) 结构上主要构成材料为准不燃材料的屋面板实施 36min 加热后，在此期间，应满足下列标准：

1) 不应向非加热侧持续喷出大于 10s 的火焰；

2) 不应在非加热面持续产生大于 10s 的烟雾；

3) 不应出现火焰穿透的裂缝等损伤。

2. 准耐火结构的耐火性能试验方法

根据日本法规（准耐火结构）以及大规模建筑的主要结构构件能够采用以木结构为主的构件的规定，与认定相关的性能评价试验应按照下列试验方法进行：

2.1　总则

(1) 准耐火性能试验应根据第 2.2 条的规定制作试件，配置第 2.3 条中规定的试验装置，满足第 2.4 条规定的试验条件，按第 2.5 条规定的方法进行测试，并在其测试值满足第 2.6 条中规定的判定标准的情况下，确定该试件为合格。

(2) 准耐火性能试验要在同时受到火焰加热的曝火面进行。但是，在进行墙体表面试验时，性能评价机构可以根据另行实施的准耐火性能试验结果为依据，确认该曝火面与其他表面具有相同的耐火性能的情况时，可以不再进行该曝火面的试验。

2.2　试件

(1) 试件的材料及构成原则上应与实际结构相同。实际结构有多种规格时，应根据下列要求进行确定。

1) 在对耐火覆盖材料表面实施的凹槽加工等造成的截面缺损有多种规格时，将缺损部分的体积合计为最大的规格作为试验用的试件。

2) 在耐火覆盖材料表面装饰层的组成和构成中，具有多种规格时，将有机化合物（以下称“有机质”）合计质量为最多的规格作为试验用的试件。

(2) 试件材料的尺寸、组成和密度应在管理范围内。

(3) 试件的个数通常情况应按照下文第 2.3 条 (2) 款的规定确定，每个试件曝火面应为 2 个面。但是，对于试件截面的覆面材料为两面对称的墙体和楼板，可仅对单面进行试验。

(4) 通常情况下，试件的形状、大小应与实际结构相同。但是，难以对与实际尺寸相同的结构试件进行试验的情况下，在不改变试件材料、结构、耐火覆盖层的固定间隔、间柱及横撑的间隔，不增大试件的耐火性能的条件下，可以改变其形状和大小，并应符合下列各项要求：

1) 墙体形状为矩形，宽度大于 3000mm 的，高度大于 3000mm 的，厚度与实际结构相同。

2) 楼面板（曝火面在板上表面除外）或屋面板形状为矩形，长边的长度大于 4000mm，短边的长度大于 3000mm（仅以短边支撑试件的情况下，短边的长度大于 2000mm），厚度与实际结构相同。

3) 长度大于 3000mm 的，柱截面形状、大小应与实际结构相同。

4) 长度大于 4000mm 的，梁截面形状、大小与实际结构相同。

5) 屋顶房檐两侧面的形状和挑檐应与实际结构相同，宽大于 1800mm，并在屋檐下的部分应设置厚度 8mm、密度 $900 \pm 100 kg/m^3$ 的硅酸钙纤维板（以下称标准板）。标准规格是宽 1800mm、檐口挑出 500mm，以试件底面至檐口吊顶面的距离 1800mm 为标准。

6）宽度大于 1200mm 的，踏步板段数大于 5 层的，楼梯踏步板与支撑踏板的楼梯梁的截面形状、大小与实际结构相同。

7）曝火面在板上表面的楼面板形状为矩形时，长边的长度大于 2000mm，短边的长度大于 1800mm，厚度与实际结构相同。

（5）对于各种结构类型的外墙与隔墙试件，标准试件的规格应符合下列规定：

1）用于轻型木结构的间柱，截面尺寸为：38mm×89mm；

2）用于木框架剪力墙结构的间柱，截面尺寸为：105mm×105mm；

3）用于轻钢结构的柱，C-75×45×15×1.6（mm）；

4）外墙的外部装修材为横向铺设；

5）基于 2000 年日本“建设部告示第 1358 号”（以下称“告示第 1358 号”）中规定的规格，外墙的室内侧覆盖层为 30min 耐火规格时，采用单张石膏板（厚度 12.5mm）；45min 耐火规格时，则采用 2 张石膏板（底层石膏板厚度为 12.5mm，面层石膏板厚度为 9.5mm）。此外，基于 2000 年日本“建设部告示第 1380 号”（以下称“告示第 1380 号”）中规定的规格，外墙的室内侧覆盖层为 60min 耐火规格时，采用 2 张石膏板（厚度为 12.5mm）。

（6）对于各种结构类型的楼面板试件，标准试件的规格应符合下列规定：

1）用于轻型木结构的托梁（搁栅），截面尺寸为 38mm×235mm；

2）用于木框架剪力墙结构的搁栅，截面尺寸为 45mm×45mm；

3）在试验面为楼面板的底面（下面或吊顶，以下称下面）的情况下，楼面板上表面（以下称“上面”）采用 45min 耐火规格的材料时，基于告示第 1358 号中规定的规格，应在结构用木基结构板（厚度 12mm）上贴单张石膏板（厚度 9.5mm）；板上面采用 60min 耐火规格的材料时，基于告示第 1380 号中规定的规格，应在结构用木基结构板（厚度 12mm）上贴单张石膏板（厚度 12.5mm）。在试验面为楼面板上面的情况下，板下面采用 45min 耐火规格的材料时，基于告示第 1358 中规定的规格，贴上单张防火石膏板（厚度 15mm）；板下面采用的 60min 耐火规格的材料时，基于告示第 1380 号中规定的规格，应采用 2 张防火石膏板（厚度 12.5mm）。

（7）采用木框架剪力墙结构形式制作的屋盖标准试件，在屋盖内部设置标准板。墙体的室外覆盖层为 2 层硅酸钙纤维板（总厚度 25mm），室内覆盖层为单层石膏板（厚度 12.5mm）。屋面的坡度为 3/10，屋面覆盖层采用 2 层硅酸钙纤维板（总厚度 25mm）。檐口在木质封檐板（130mm×30mm）上贴 2 层硅酸钙纤维板（总厚度 25mm）。作为标准试件采用的木材树种，柱子为花旗松，其他构件为花旗松或铁杉。

（8）试件的防火覆盖材料的安装固定间距应采用实际施工中的最大间距。

（9）在建筑物施工时，出现裂缝或其他防火上的弱点的情况下，要将这些弱点设置在试件的中央部位。耐火覆盖层的设置需要在有效的曝火面内尽可能多地包括各种弱点部分。此外，表面使用瓷砖等粘贴工法的试件的拼接缝应为纵横连续直线的直缝砌缝。

（10）在不确定用于耐火覆盖层拼接缝处的密封材料时，应采用“JIS A 5758”中规定的丙烯酸类或聚氨酯系的密封材。

（11）当采用玻璃棉或矿棉作为隔热材料时，试件应采用玻璃棉。

（12）在屋顶面层采用有多种规格的茅草材料时，应选用重量最重的茅草材料用于试件。

（13）折板屋顶的折板截面尺寸有多种规格时，应选用矢高最小且波宽最大的折板规格用于试件。

（14）用于屋顶防水的材料通常应采用有机质量最大的用于试件。

（15）试件应在气干状态下进行干燥。气干状态下组成材料的木材含水率不大于15%；对于含石膏等结晶水的材料，40℃温度下干燥至恒量所得的含水率的值不大于2%；其他材料的含水率为不大于5%的状态。但是，在室内含水率大致处于一定平衡状态的情况下，其含水率的值不受此限制。

2.3 试验装置

（1）加热炉应按第4条规定的温度及时间性变化要求，将温度基本均匀地分配到曝火面。

（2）加热炉应具有给墙体试件的单面、楼面板、屋盖、屋面试件的下面（加热楼面板上面时为试件上表面）、除了梁试件的上面外的其他3面（当梁为4面曝火时应为试件的4面），以及柱和楼梯在火灾中同时受到加热的试件的所有表面进行加热的构造。

（3）测定炉内温度的热电偶（以下称“炉内热电偶”）的热接点应在距离试件100mm的位置上进行设置，每个试件的热接点数量应为：墙体试验面应不少于9个点，楼板试验面应不少于8个点，屋盖试验面应不少于6个点，柱试件应不少于12个点，梁试件应不少于8个点，屋顶挑檐试件应不少于3个点，楼梯试件应不少于4个点。试件试验面上应均匀配置炉内热电偶的热接点。

（4）具有符合第4条第（2）、第（3）款规定的荷载重复加载装置。

（5）加热炉应具备测定炉内压力的装置。

2.4 试验条件

（1）炉内热电偶测定的温度（以下称“加热温度”）在试验经过的时间内的容许误差应符合公式（A6.1）、公式（A6.2）给出的数值。

（2）在承受长期竖向荷载的结构中，通常是在承重结构的主要构件的截面上边加载边试验，加载大小为与其长期容许应力相近的值。但对于指定房间用途的楼面，其楼面板应按照日本法规的规定确定楼板加载的荷载值。

（3）屋面板不作为屋面平台使用时，屋面板试件应按每块不大于1m² 的面积进行分区。在各个分区的中央部位和楼梯踏步板的中央部位，使用65kg的荷载边加载边试验。对于明显没有人群荷载的位置，如以采光为目的天窗，其玻璃部分不必进行加载试验。

（4）当楼面板和屋面板的实际支承点的间距已大于试验可能的最大支点间距离时，应按实际支承点间距离所承受的具体荷载值加载于试件上，并进行试验。

（5）楼面板和屋面板为连续板的形式时，应按照实际的结构形式和荷载条件进行试验。

（6）试验时，按照法令规定的“火灾加热增加时间”（以下称“耐火极限”）的要求进行加热，同时按下述第2.5条进行测定。

（7）试验面的压力按照下列要求进行确定：

1）加热炉内的高度方向的压力梯度为每1000mm平均8Pa；

2）试验开始至5min时间内，试验面压力的误差为±5Pa；试验开始至10min时间内，试验面压力的误差调整为±3Pa；

3）竖向构件的试验面压力是在试件下端起500mm的高度位置处假设梯度为0，但在试件的上端需调整成不超过20Pa的中性轴高度。

4）横架梁的试验面压力是在距试件下表面100mm的位置处20Pa的正压力。当对楼面板上表面进行加热试验时，不受此限制。

2.5 测定

（1）应每隔1min进行温度、压缩量以及挠度值的测定。

（2）对于承受长期竖向荷载的结构，边加载边试验的情况下，应测定墙体和柱试件的轴向压缩量和轴向压缩速度。此外，应测定楼面板（加热地板上面除外）、屋面板、梁和楼梯试件的挠度值以及变形速度。

（3）墙体与楼面板背面温度的测定按照下列要求进行：

1）背面温度的测定可采用固定热电偶和可移动热电偶进行测定；

2）在非加热面均匀配置不少于5点（挑檐内标准板的非加热面上不少于3点）的固定热电偶热接点；

3）采用固定热电偶的情况下，应每隔1min测定一次背面温度。采用可移动热电偶时，应通过判断，在背面出现高温的位置直接测定该处的背面温度。

（4）目测观察非加热面是否出现火焰和火焰穿透的裂纹。火焰穿透的裂纹是指火焰通过这些裂纹出现在非加热面，或者通过这些裂纹能够看到加热炉内部（下同）。

2.6 判定

对于加热耐火试验的结果符合下列标准的试件，应判定为合格试件。

（1）对于承受长期竖向荷载的结构，在进行加荷试验的情况下，能在整个试验期间至结束后（与要求的耐火极限相同的加热时间）符合下列规定的试件。

1）墙体和柱试件的最大轴向压缩量与最大轴向压缩速度为以下数值：

① 最大轴向压缩量（mm）：$h/100$，h 为试件的初始高度（mm）；

② 最大轴向压缩速度（mm/min）：$3h/1000$，h 为试件的初始高度（mm）。

2）墙面板（从室内加热外墙除外）、楼面板、屋面板和梁的最大挠度值与最大变形速度应小于下列各数值，但是，在挠度值大于 $L/30$ 之前，不适用最大变形速度。

① 最大挠度值（mm）：$L \cdot 2/400d$；其中 L 为试件支点间距（mm），d 为试件截面的受压边至受拉边的距离（mm）；

② 最大变形速度（mm/min）：$L \cdot 2/9000d$。

3）楼梯踏步板的最大挠度值不应大于踏步板的支撑长度的1/30。

（2）墙体（由室内加热外墙的情况除外）、楼面板试件的背面温度、屋盖（被外墙有效遮挡的屋盖内或具有有效防火性能的吊顶除外）标准板的背面温度在加热过程中上升的平均值不大于140K，最高温度值不大于180K。

（3）墙体、楼面板以及屋盖在加热过程中应满足下列标准：

1）不应向非加热侧持续喷出大于10s的火焰；

2）不应在非加热面持续产生大于10s的烟雾；

3）不应出现火焰穿透的裂缝等损伤。

（4）挑檐（被外墙有效遮挡的屋盖内或具有有效防火性能的吊顶除外）在加热过程中应满足下列标准：

1）不应向非加热侧持续喷出大于10s的火焰；

2）不应在非加热面持续产生大于10s的烟雾；

3）不应出现火焰穿透的裂缝等损伤。

3. 防火结构的防火性能试验方法

根据日本法规（防火结构）规定的与认定相关的性能评价试验应按照下列试验方法来进行：

3.1　总则

防火性能试验应根据第3.2条的规定制作试件，配置第3.3条中规定的试验装置，满足第3.4条规定的试验条件，按第3.5条规定的方法进行测试，并在其测试值满足第3.6条中规定的判定标准的情况下，确定该试件为合格。

3.2　试件

（1）试件的材料及构成原则上应与实际结构相同。实际结构有多种规格时，应根据下列要求进行确定。

1）在对耐火覆盖材料表面实施的凹槽加工等造成的截面缺损有多种规格时，将缺损部分的体积合计为最大的规格作为试验用的试件。

2）在耐火覆盖材料表面装饰层的组成和构成中，具有多种规格时，将有机化合物（以下称“有机质”）合计质量为最多的规格作为试验用的试件。

（2）试件材料的尺寸、组成和密度应在管理范围内。

（3）试件的个数通常情况应按照第3.3条（2）款的规定确定，每个试件曝火面应为2个面。

（4）通常情况下，试件的形状、大小应与实际结构相同。但是，难以对与实际尺寸相同的结构试件进行试验的情况下，在不改变试件材料、结构、耐火覆盖层的固定间距、间柱及横撑的间距，在不增大试件的耐火性能的条件下，可以改变其形状和大小，并应符合下列各项要求：

1）外墙形状为矩形，宽度大于3000mm的，高度大于3000mm的，厚度与实际结构相同。

2）屋顶房檐两侧面的形状和挑檐应与实际结构相同，宽度大于1800mm，在屋檐下部应设置厚度8mm、密度900±100kg/m^{3}的硅酸钙纤维板（以下称标准板）。标准规格宽1800mm、檐口挑出500mm，以试件底面至房檐吊顶面的距离1800mm为标准。

（5）各种结构类型的外墙试件中的构件应符合下列标准规格（以下称“标准试件”）：

1）用于轻型木结构的间柱，截面尺寸为：38mm×89mm；

2）用于木框架剪力墙结构的间柱，截面尺寸为：105mm×105mm；

3）用于轻钢结构的柱，C-75×45×15×1.6（mm）；

4）外墙的外部装修材为横向铺设。

（6）采用木框架剪力墙结构形式制作的屋盖标准试件，在屋盖内部设置标准板。墙体的室外覆盖层为2层硅酸钙纤维板（总厚度25mm），室内覆盖层为单层石膏板（厚度12.5mm）。屋面的坡度为3/10，屋面覆盖层采用2层硅酸钙纤维板（总厚度25mm）。檐口在木质封檐板（130mm×30mm）上贴2层硅酸钙纤维板（总厚度25mm）。作为标准试件采用的木材树种，柱子为花旗松，其他构件为花旗松或铁杉。

（7）试件的防火覆盖材料的安装间隔应采用实际施工中的最大规格。

（8）施工建筑物时出现裂缝等防火上的缺点时，要将这些缺点设置在试件的中央部。防火覆盖材料的配置需要包含有效加热面内尽可能多的裂缝等缺点。使用瓷砖等附着结构的试件的接缝为纵横直线连续的直缝砌缝。

（9）没有特别规定用于防火覆盖材料接缝处的密封材时，要使用JIS A 5758中规定的丙烯系或聚氨基甲酸乙酯系密封材。

（10）将玻璃棉或石棉用于保温材料时，试件要采用玻璃棉。

（11）气干状态下的干燥试件。气干状态指构成材料的含水率在木材中为15%以下；在具有石膏等结晶水的材料中，40℃温度下干燥至恒量所求得的含水率的值为2%以下；其他材料中则为5%以下的状态。但是，在室内含水率大致处于一定平衡状态的情况下，其含水率的值不受此限制。

3.3 试验装置

（1）加热炉应按第4条规定的温度及时间性变化要求，将温度基本均匀地分配到曝火面。

（2）加热炉应具有给墙体试件的单面、屋盖试件的下面进行加热的构造。

（3）测定炉内温度的热电偶（以下称“炉内热电偶”）的热接点应在距离试件100mm的位置上进行设置，每个试件的热接点数量应为：外墙试验面应不少于9个点，屋盖试验面应不少于3个点。试件试验面上应均匀配置炉内热电偶的热接点。

（4）具有符合第3.4条第（2）款规定的荷载重复加载装置。

（5）加热炉应具备测定炉内压力的装置。

3.4 试验条件

（1）炉内热电偶测定的温度（以下称“加热温度”）在试验经过的时间内的容许误差应符合公式（A6.1）、公式（A6.2）给出的数值。

（2）在承受长期竖向荷载的结构中，通常是在承重结构的主要构件的截面上边加载边试验，加载的大小为与其长期容许应力相近的值。

（3）试验时，在30min加热的同时按下述第3.5条进行测定。

（4）试验面的压力按照下列要求进行确定：

1）加热炉内的高度方向的压力梯度为每1000mm平均8Pa；

2）试验开始至5min时间内，试验面压力的误差为±5Pa；试验开始至10min时间内，试验面压力的误差调整为±3Pa；

3）竖向构件的试验面压力是在试件下端起500mm的高度位置处假设梯度为0，但在试件的上端需调整成不超过20Pa的中性轴高度。

4）屋盖的试验面压力是在距试件下表面100mm的位置处20Pa的正压力。

3.5 测定

（1）应每隔1min进行温度、压缩量以及挠度值的测定。

（2）对于承受长期竖向荷载的结构，边加载边试验的情况下，应测定轴向压缩量和轴向压缩速度。

（3）屋盖内部温度的测定按照下列要求进行：

1）背面温度的测定可采用固定热电偶和可移动热电偶进行测定；

2）在非加热面均匀配置不少于5点（屋盖内标准板的非加热面不少于3点）的固定热电偶热接点；

3）采用固定热电偶的情况下，应每隔1min测定一次背面温度。采用可移动热电偶时，应通过判断，在背面出现高温的位置直接测定该处的背面温度。

（4）目测观察非加热面是否出现火焰和火焰穿透的裂纹。火焰穿透的裂纹是指火焰通过这些裂纹出现在非加热面，或者通过这些裂纹能够看到加热炉内部（下同）。

3.6　判定

对于加热耐火试验的结果符合下列标准的试件，则判定为合格试件：

（1）对于承受长期竖向荷载的外墙，在试验开始后30min内，试件的最大轴向压缩量及最大轴向压缩速度为以下数值：

1）最大轴向压缩量（mm）：$h/100$，h为试件的初始高度（mm）；

2）最大轴向压缩速度（mm/分）：$3h/1000$，h为试件的初始高度（mm）。

（2）外墙试件的背面温度、屋盖标准板的背面温度在试验开始后30min内，温度上升的平均值不大于140K，最高温度值不大于180K。

（3）外墙在试验开始后30min内，应满足下列标准：

1）不应向非加热侧持续喷出大于10s的火焰；

2）不应在非加热面持续产生大于10s的烟雾；

3）不应出现火焰穿透的裂缝等损伤。

（4）屋盖（被外墙有效遮挡的屋盖内或具有有效防火性能的吊顶除外）在加热过程中，应满足下列标准：

1）不应向标准板的非加热侧持续喷出大于10s的火焰；

2）不应在标准板的非加热面持续产生大于10s的烟雾；

3）标准板不应出现火焰穿透的裂缝等损伤。

4. 准防火结构的防火性能试验方法

根据日本法规（准耐火结构的外墙）规定的与认定相关的性能评价试验应按照下列试验方法进行：

4.1　总则

准防火性能试验应根据第4.2条的规定制作试件，配置第4.3条中规定的试验装置，满足第4.4条规定的试验条件，按第4.5条规定的方法进行测试，并在其测试值满足第4.6条中规定的判定标准的情况下，确定该试件为合格。

4.2　试件

（1）试件的材料及构成原则上应与实际结构相同。实际结构有多种规格时，要根据下列要求进行确定。

1）在对耐火覆盖材料表面实施的凹槽加工等造成的截面缺损有多种规格时，将缺损部分的体积合计为最大的规格作为试验用的试件。

2）在耐火覆盖材料表面装饰层的组成和构成中，具有多种规格时，将有机化合物（以下称“有机质”）合计质量为最多的规格作为试验用的试件。

（2）试件材料的尺寸、组成和密度应在管理范围内。

（3）试件的个数为 2 个。

（4）通常情况下，试件形状、大小应与实际结构相同。但是，难以对与实际尺寸相同的结构试件进行试验的情况下，可将加热面宽度尺寸大于 3000mm、高度尺寸大于 3000mm，并且在不改变试件材料、构成、防火覆盖材料的安装固定间距、间柱及横撑的间距，不增大试件的防火性能的条件下，可改变其形状和大小。

（5）各种结构类型的试件的构件应符合下列标准规格（以下称“标准试件”）：

1）用于轻型木结构的间柱，截面尺寸为 38mm×89mm；

2）用于木框架剪力墙结构的间柱，截面尺寸为 105mm×105mm；

3）外墙的外部装修材为横向铺设；

（6）试件的防火覆盖材料的安装间隔应采用实际施工中的最大规格。

（7）施工建筑物时出现裂缝等防火上的弱点时，要将这些弱点设置在试件的中央部。防火覆盖材料的配置需要包含有效加热面内尽可能多的裂缝等弱点。使用瓷砖等附着结构的试件的接缝为纵横直线连续的直缝砌缝。

（8）没有特别规定用于防火覆盖材料接缝处的密封材时，要使用 JIS A 5758 中规定的丙烯系或聚氨基甲酸乙酯系密封材。

（9）将玻璃棉或石棉用于保温材料时，试件要采用玻璃棉。

（10）气干状态下的干燥试件。气干状态指构成材料的含水率在木材中为 15%以下；在具有石膏等结晶水的材料中，40℃温度下干燥至恒量所求得的含水率的值为 2%以下；在其他材料中则为 5%以下的状态。但是，在室内含水率大致处于一定平衡状态的情况下，其含水率的值不受此限制。

4.3 试验装置

（1）加热炉应按第 4 条规定的温度及时间性变化要求，将温度基本均匀地分配到曝火面。

（2）加热炉应具有给试件的单面进行加热的构造。

（3）测定炉内温度的热电偶（以下称“炉内热电偶”）的热接点应在距离试件 100mm 的位置上进行设置，每个试件的热接点数量应不少于 9 个点，并应均匀配置在试验面上。

（4）具有符合第 4 条第（2）款规定的载荷重复加载装置。

（5）加热炉应具备测定炉内压力的装置。

4.4 试验条件

（1）炉内热电偶测定的温度（以下称“加热温度”）在试验经过的时间内的容许误差应符合公式（A6.1）、公式（A6.2）给出的数值。

（2）在承受长期竖向荷载的结构中，通常是在承重结构的主要构件的截面上边加载边试验，加载的大小为与其长期容许应力相近的值。

（3）试验时，在 20min 加热的同时按下述第 4.5 条进行测定。

（4）试验面的压力按照下列要求进行确定：

1）加热炉内的高度方向的压力梯度为每 1000mm 平均 8Pa；

2）试验开始至 5min 时间内，试验面压力的误差为±5Pa；试验开始至 10min 时间内，试验面压力的误差调整为±3Pa；

3）竖向构件的试验面压力是在试件下端起500mm的高度位置处假设梯度为0，但在试件的上端需调整成不超过20Pa的中性轴高度。

4.5　测定

（1）应每隔1min进行温度和压缩量的测定。

（2）对于承受长期竖向荷载的结构，边加载边试验的情况下，应测定轴向压缩量和轴向压缩速度。

（3）背面温度的测定应按照下列要求进行：

1）背面温度的测定可采用固定热电偶和可移动热电偶进行测定；

2）在非加热面均匀配置不少于5点的固定热电偶热接点；

3）采用固定热电偶的情况下，应每隔1min测定一次背面温度。采用可移动热电偶时，应通过判断，在背面出现高温的位置直接测定该处的背面温度。

（4）目测观察非加热面是否出现火焰和火焰穿透的裂纹。火焰穿透的裂纹是指火焰通过这些裂纹出现在非加热面，或者通过这些裂纹能够看到加热炉内部（下同）。

4.6　判定

对于加热耐火试验的结果符合下列标准的试件，则判定为合格试件：

（1）对于承受长期竖向荷载的外墙，在试验开始后20min内，试件的最大轴向压缩量及最大轴向压缩速度为以下数值：

1）最大轴向压缩量（mm）：$h/100$，h为试件的初始高度（mm）；

2）最大轴向压缩速度（mm/min）：$3h/1000$，h为试件的初始高度（mm）。

（2）试件的背面温度在试验开始后2min内，温度上升的平均值不大于140K，最高温度值不大于180K。

（3）在试验开始后20min内，应满足下列标准：

1）不应向非加热侧持续喷出大于10s的火焰；

2）不应在非加热面持续产生大于10s的烟雾；

3）不应出现火焰穿透的裂缝等损伤。

5. 不燃屋盖的隔火性能试验方法

根据日本法规（具有与准耐火建筑物相等的耐火性能的建筑物的屋顶，以及设置了防火墙的部分屋顶）规定的，与认定相关的性能评价试验应按照下列试验方法进行：

5.1　总则

屋顶隔火性能试验应根据第5.2条的规定制作试件，配置第5.3条中规定的试验装置，满足第5.4条规定的试验条件，按第5.5条规定的方法进行测试，并在其测试值满足第5.6条中规定的判定标准的情况下，确定该试件为合格。

5.2　试件

（1）试件的材料及构成原则上应与实际结构相同。实际结构有多种规格时，要根据下列要求进行确定。

1）在对耐火覆盖材料表面实施的凹槽加工等造成的截面缺损有多种规格时，将缺损部分的体积合计为最大的规格作为试验用的试件。

2）在耐火覆盖材料表面装饰层的组成和构成中，具有多种规格时，将有机化合物（以下称“有机质”）合计质量为最多的规格作为试验用的试件。

（2）试件材料的尺寸、组成和密度应在管理范围内。

（3）试件的个数为2个。

（4）通常情况下，试件形状及大小应与实际结构相同。但是，难以对与实际尺寸相同的结构试件进行试验的情况下，可将加热面长边尺寸大于4000mm、短边尺寸大于3000mm（仅以短边支撑试件的情况下大于2000mm），并且在不改变试件材料、构成、防火覆盖材料的安装固定间距、屋顶桁架的间距，不增大试件的防火性能的条件下，可改变其形状和大小。

（5）试件的防火覆盖材料的安装间隔应采用实际施工中的最大规格。

（6）施工建筑物时出现裂缝等防火上的弱点时，要将这些弱点设置在试件的中央部。防火覆盖材料的配置需要包含有效加热面内尽可能多的裂缝等弱点。使用瓷砖等附着结构的试件的接缝为纵横直线连续的直缝砌缝。

（7）没有特别规定用于防火覆盖材料接缝处的密封材时，要使用JIS A 5758中规定的丙烯系或聚氨基甲酸乙酯系密封材。

（8）将玻璃棉或石棉用于保温材料时，试件要采用玻璃棉。

（9）在屋顶面层采用有多种规格的茅草材料时，应选用重量最重的茅草材料用于试件。

（10）折板屋顶的折板截面尺寸有多种规格时，应选用矢高最小且波宽最大的折板规格用于试件。

（11）用于屋顶防水的材料通常应采用有机质量最大的用于试件。

（12）气干状态的干燥试件。气干状态指构成材料的含水率在木材中为15%以下；在具有石膏等结晶水的材料中，40℃温度下干燥至恒量所求得的含水率的值为2%以下；在其他材料中则为5%以下。但是，在室内含水率大致处于一定平衡状态的情况下，其含水率的值不受此限制。

5.3　试验装置

（1）加热炉应按第5.4条规定的温度及时间性变化要求，将温度基本均匀地分配到曝火面。

（2）加热炉应具有给试件的下面进行加热的构造。

（3）测定炉内温度的热电偶（以下称“炉内热电偶”）的热接点应在距离试件100mm的位置上进行设置，每个试件的热接点数量应不少于6个点，并应均匀配置在试验面上。

（4）具有符合第5.4条第（2）款规定的荷载重复加载装置。

（5）加热炉应具备测定炉内压力的装置。

5.4　试验条件

（1）炉内热电偶测定的温度（以下称“加热温度”）在试验经过的时间内的容许误差应符合公式（A6.1）、公式（A6.2）给出的数值。

（2）试件应按每块不大于1m^{2}的面积进行分区。在各个分区的中央部位，使用65kg的荷载边加载边试验。

（3）当屋盖的实际支承点的间距已大于试验可能的最大支点间距离时，应按实际的支承点间距离所承受的具体载荷值加载于试件上，并进行试验。

（4）屋盖为连续板的形式时，应按照实际的结构形式和荷载条件进行试验。

（5）试验时，在20min加热的同时按下述第5.5条的规定的进行测定。

（6）试验面的压力为，在试件下面起100mm的位置处为20Pa的正压力。此外，试验开始至5min时间内，试验面压力的误差为±5Pa；试验开始至10min时间内，压力的误差调整为±3Pa。

5.5 测定

（1）应每隔1min进行温度的测定。

（2）目测观察非加热面是否出现火焰和火焰穿透的裂纹。火焰穿透的裂纹是指火焰通过这些裂纹出现在非加热面，或者通过这些裂纹能够看到加热炉内部（下同）。

5.6 判定

在试验开始20min内加热试验的结果符合下列标准的试件，则判定为合格试件：

（1）不应向非加热侧持续喷出大于10s的火焰；

（2）不应在非加热面持续产生大于10s的烟雾；

（3）不应出现火焰穿透的裂缝等损伤。

参　考　文　献

[1]　木结构住宅施工规格[分层住宅35]对应．住宅金融支援机构，2015年

[2]　提高木结构建筑物耐久性的要点．一般社团法人 活用木建筑推进协议会

[3]　使用加压注入材—长寿命化住宅规格书．日本木材防腐工业公会，2010年

[4]　加压式保存处理木材入门．日本木材防腐工业公会，2015年